初歩からの数学

隈部正博

(改訂新版)初歩からの数学('18)
©2018　隈部正博

装丁・ブックデザイン：畑中　猛

s-26

まえがき

　本書は，放送大学における講義「初歩からの数学」用の印刷教材としてつくられた。数学をほとんど学ばなかった人や，昔学んだが忘れてしまった人を想定している。放送大学での筆者の経験から，また放送大学という特質上，読者が不便を感じることなく，具体例からゆっくりと自学自習ができるように配慮した。

　本大学の様々な学生層を考え，できるだけ多くの読者が満足いくよう，各章あるいは各節に A，B，C の記号をつけた。A の記号がある部分は，初歩的である。A の部分だけでも読み進めていくことができるようにした。B の部分は，より考えながら読むと思われる。やや難しい部分には C の記号をつけた。定理の意味を理解することは大事であるが，その証明など少しくらいわからない部分があっても先を読み進めてよい。後になって前の部分が理解できるようになることもある。数学を初めて学ぶ読者は A の部分をまず読み進めてもらいたい。そして B の部分もできるだけ読み進めてほしい。それでも飽き足りなければ C の部分を丁寧に読めばよい。本書には多くの例題があるが，これらは同時に演習問題でもある。繰り返し読んで，最後には自力で解けるようにしてもらいたい。

　本書を書くにあたって多くの方々に支えられた。樋口加奈氏，また本大学大学院卒業生である，大滝哲弘，新佐依子，若月洋次氏は本書を精読して多くの助言をいただいた。本書のさまざまなところに反映されている。また編集者の方にも大変御世話になった。これらの方々に感謝の意を表したい。

2018 年 1 月　隈部正博

目次

まえがき　3

1　数の概念　　　　　　　　　　　　　　　　　　　　11
- 1.1　自然数（A）　11
- 1.2　等式の性質その1（A）　14
- 1.3　整　数（A）　15
- 1.4　整数の乗法（A）　18
- 1.5　補　足（B）　18
- 1.6　指数法則その1（A）　21
- 1.7　等式の性質その2（A）　22
- 1.8　不等号（A）　23
- 1.9　不等式の性質（A）　24
- 1.10　絶対値（A）　28
- 1.11　補　足（B）（C）　29

2　式と計算　　　　　　　　　　　　　　　　　　　　31
- 2.1　幾つかの言葉の定義（A）　31
- 2.2　数の演算法則（A）　34
- 2.3　式の展開その1（A）　36
- 2.4　因数分解その1（A）　38
- 2.5　式の展開その2（B）　43
- 2.6　因数分解その2（B）　44

3　有理数　　　　　　　　　　　　　　　　　　　　　46
- 3.1　有理数その1（A）　46
- 3.2　有理数の演算（A）　47

- 3.3 補　足（B）　50
- 3.4 指数法則その2（A）(B)　52
- 3.5 補　足（C）　55
- 3.6 有理数の大小（A）　55
- 3.7 数直線（A）　58

4　実　数　61

- 4.1 実数とは（A）　61
- 4.2 無理数の証明（B）　64
- 4.3 有理数の稠密性（C）　66
- 4.4 n 乗根（A）　67
- 4.5 n 乗根の大小（C）　68
- 4.6 指数法則その3（A）　70
- 4.7 補　足（C）　72
- 4.8 対　数（A）　73

5　方程式と不等式　77

- 5.1 複素数（A）　77
- 5.2 複素数の逆数（B）　79
- 5.3 1次方程式（A）　79
- 5.4 2次方程式（A）　80
- 5.5 因数分解による解法（A）　81
- 5.6 平方完成（B）(C)　82
- 5.7 2次方程式の解の公式（A）　83
- 5.8 補　足（C）　85
- 5.9 多項式（A）　86
- 5.10 定理5.1の証明（C）　88
- 5.11 多項式の割り算（A）　89
- 5.12 因数分解（A）　91

5.13　不等式（A）（C）　　93

6　図形の性質　　96

6.1　角　度（A）　　96
6.2　三角形の面積（A）　　99
6.3　平行線と線分比（C）　　100
6.4　三角形の合同（A）　　101
6.5　相　似（B）　　104
6.6　証　明（C）　　106
6.7　相似条件（C）　　107
6.8　相似条件のまとめ（B）　　108
6.9　三角形の性質その1（A）　　109
6.10　三角形の性質その2（B）　　110
6.11　三平方の定理（A）　　111
6.12　三平方の定理の証明（C）　　111
6.13　円と円周角（A）　　114
6.14　補　足（C）　　116
6.15　幾つかの直角三角形（A）　　116

7　関係と関数　　118

7.1　集　合（A）　　118
7.2　順序対（A）　　122
7.3　関　係（A）　　123
7.4　定義域と値域（A）　　126
7.5　関係から写像（関数）へ（A）　　126
7.6　写像の性質（A）　　128
7.7　逆写像（B）　　132

8 関数の性質　　134

- 8.1 変　数（A）　134
- 8.2 幾つかの合成関数（B）　136
- 8.3 座標平面（A）　139
- 8.4 内分する点（C）　141
- 8.5 1次関数とそのグラフ（A）　143
- 8.6 直線の移動（A）　148
- 8.7 傾　き（A）　151
- 8.8 合成関数とそのグラフ（B）　154

9 様々な関数　　159

- 9.1 2点間の距離（A）　159
- 9.2 円の方程式（A）　161
- 9.3 逆関数（B）　161
- 9.4 2次関数のグラフ（A）（B）　163
- 9.5 関数と方程式（B）　166
- 9.6 指数関数と対数関数（A）（B）　167
- 9.7 三角比その1（A）　169
- 9.8 例（C）　172
- 9.9 弧度法（A）　173
- 9.10 一般角（A）　174
- 9.11 三角比その2（A）　175

10 三角関数　　181

- 10.1 三角関数の性質（A）　181
- 10.2 正弦定理（A）　184
- 10.3 補　足（C）　185
- 10.4 余弦定理（A）　186
- 10.5 余弦定理の証明（C）　186

- 10.6 余弦定理の別証明（C） 187
- 10.7 加法定理（A） 189
- 10.8 加法定理の証明（C） 191
- 10.9 三角関数とそのグラフ（A） 192
- 10.10 三角関数の合成（B） 196

11 場合の数 197

- 11.1 順列その1（A） 197
- 11.2 順列その2（A） 199
- 11.3 順列その3（A） 202
- 11.4 組み合わせ（A） 206
- 11.5 組み合わせの性質（B） 209
- 11.6 シグマ記号（A） 211
- 11.7 二項定理（A） 212
- 11.8 二項定理の証明（C） 214
- 11.9 数学的帰納法（A） 217

12 数　列 222

- 12.1 数列とは（A） 222
- 12.2 等差数列（A） 223
- 12.3 等比数列（A） 224
- 12.4 数列の和（A） 225
- 12.5 等差数列の和（A） 227
- 12.6 等比数列の和（A） 228
- 12.7 階差数列（B） 230
- 12.8 いろいろな数列の和（C） 232

13 極 限　　　　　　　　　　　　　　234

- 13.1 数列の極限（A）　234
- 13.2 数列の性質（A）　240
- 13.3 極限の計算（C）　242
- 13.4 単調な数列（C）　244
- 13.5 無限数列の和（A）　246
- 13.6 幾つかの例（C）　248
- 13.7 関数の値の極限（A）　249
- 13.8 極限の性質（A）　253
- 13.9 連続な関数（A）　255
- 13.10 e の定義その 1（A）　257
- 13.11 前節の証明（C）　258

14 微 分　　　　　　　　　　　　　　261

- 14.1 微分とは（A）　261
- 14.2 導関数（A）　268
- 14.3 導関数の計算（B）　270
- 14.4 接線の方程式（A）　271
- 14.5 e の定義その 2（A）　271
- 14.6 補 足（C）　273
- 14.7 指数関数と対数関数の導関数（A）　274
- 14.8 指数関数の導関数の証明（C）　274
- 14.9 対数関数の導関数の証明（C）　275
- 14.10 三角関数に関する極限（A）　276
- 14.11 式 (14.29) の証明（B）　278
- 14.12 弧 $PS < \overline{AS}$ の補足（C）　279
- 14.13 三角関数の導関数（A）　281
- 14.14 証 明（C）　281

15 ｜ 積　分　　283

- 15.1　微分の計算（A）　283
- 15.2　補　足（B）　285
- 15.3　定理 15.1 の証明（C）　286
- 15.4　平均値の定理（B）　287
- 15.5　積分とは（A）　288
- 15.6　式 (15.3), (15.4) の証明（B）　291
- 15.7　定積分（A）　292
- 15.8　補　足（B）　298
- 15.9　面積の計算（B）　300
- 15.10　積分の平均値の定理（A）(C)　301
- 15.11　微分積分学の基本定理（A）　302
- 15.12　解　説（B）　304
- 15.13　証　明（C）　305

索引　306

1 数の概念

《目標＆ポイント》 人が数学に接する最初で最も身近な概念は，数の概念であろう。自然数や整数について解説し，演算規則を学ぶ。
《キーワード》 自然数，整数，加法，乗法，演算規則

数を数学的に構成したり厳密な議論を展開することはしない。日常生活で得られた直感を大切にしながら，数の概念について整理しようと思う。当たり前と思われることも，改めて見直すと新しい発見があるものである。

1.1 自然数（A）

$$0, 1, 2, 3, 4, \cdots$$

を**自然数**と呼ぶ（多くの人は自然数は 0 を含めないと習ったと思うが，ここでは特別に 0 も自然数に含めることにする）。上の数の列で，自然数は 0 から始まって，右方向に無限に続いている。自然数どうしの足し算（加法）は既知とする。ここで，

$$\begin{aligned}&0+1 \text{ の値は } 1, \\ &1+1 \text{ の値は } 2, \\ &1+1+1 \text{ の値は } 3, \\ &1+1+1+1 \text{ の値は } 4 \quad \text{などなど。}\end{aligned} \tag{1.1}$$

このとき，

$$0+1=1$$
$$1+1=2$$

$$1+1+1=2+1=3$$
$$1+1+1+1=3+1=4 \quad \text{などなど}$$

と書くことができる。ここで，＝は**等号**と呼ばれ，＝の左側（左辺）が表す数（値）と右側（右辺）が表す数（値）が等しいことを示す。等号のある式を**等式**と言う。上述では，0から始め，1を加えるという操作を繰り返すことによって，すべての自然数が順次得られることを示している。

自然数どうしの，乗法（かけ算）× は例えば次のように定義される。

3×4 つまり 3 を 4 倍するとは，

3 を 4 回繰り返し足す，すなわち $3+3+3+3=12$ のことである。

自然数をどれでもいいから勝手にとってこれを a としよう（a は，1でも 2 でも 7 でも 100 でもいかなる数でもあり得る）。このことを，a を（任意の）自然数とする，という言い方をする。a, b を任意の自然数としたとき，

$$a \times 1 = a$$
$$a \times 2 = a + a$$
$$a \times 3 = a + a + a, \quad \text{そして}$$
$$a \times b = \overbrace{a + a + \cdots + a}^{b \text{ 個}}$$

となる。$a \times b$ を以降，$a \cdot b$ あるいは簡単に ab と表す。3 と 2 との積 3×2 は $3 \cdot 2$ とも書くが，もちろん 32 とは書かない。特に，

$$3 \cdot 0 = 0 \cdot 3 = 0, \quad \text{一般に } a \cdot 0 = 0 \cdot a = 0$$

である。

例 1.1 自然数の和と積の演算を幾つか練習しよう。括弧のある式では，括弧のなかの計算を先にする。例えば，

$$(3 \cdot 2) + 1 = 6 + 1 = 7$$
$$3 \cdot (2 + 1) = 3 \cdot 3 = 9$$

括弧が幾つもある場合は，内側の括弧から先に計算をする。例えば，

$$(3 \cdot (3 + 2)) + 1 = (3 \cdot 5) + 1 = 16$$
$$3 + (3 \cdot (2 + 1)) = 3 + (3 \cdot 3) = 12$$

しかし，括弧が幾つもあると煩雑になるので，次のような規則を定めて省略することがある。

- 和よりも，積を優先する。すなわち，$a + b \cdot c$ は $a + (b \cdot c)$ を意味し，$(a + b) \cdot c$ を意味しない。

そうすると，

$1 + 3 \cdot 2$　　は　　$1 + (3 \cdot 2)$　　を意味し，
　　　　　　　　　　$(1 + 3) \cdot 2$　　を意味しない。

$3 + 3 \cdot (2 + 1)$　　は　　$3 + (3 \cdot (2 + 1))$　　を意味し，
　　　　　　　　　　　　$(3 + 3) \cdot (2 + 1)$　　を意味しない。

自然数 a, b の和と積については，次の演算規則が成り立つ。具体例とその一般的な記述を並べて述べる。

$$3 + 0 = 0 + 3 = 3 \qquad\qquad a + 0 = 0 + a = a \qquad (1.2)$$
$$3 + 2 = 2 + 3 = 5 \qquad\qquad a + b = b + a$$

加法の交換法則　　(1.3)

$$(3+2)+4 = 3+(2+4) = 9 \qquad (a+b)+c = a+(b+c)$$
$$\text{加法の結合法則} \quad (1.4)$$
$$3 \cdot 1 = 1 \cdot 3 = 3 \qquad a \cdot 1 = 1 \cdot a = a \qquad (1.5)$$
$$3 \cdot 4 = 4 \cdot 3 = 12 \qquad ab = ba$$
$$\text{乗法の交換法則} \quad (1.6)$$
$$(3 \cdot 2) \cdot 4 = 3 \cdot (2 \cdot 4) = 24 \qquad (ab)c = a(bc)$$
$$\text{乗法の結合法則} \quad (1.7)$$
$$3 \cdot (2+4) = 3 \cdot 2 + 3 \cdot 4 = 18 \qquad a(b+c) = ab + ac$$
$$\text{分配法則} \quad (1.8)$$
$$(2+4) \cdot 3 = 2 \cdot 3 + 4 \cdot 3 = 18 \qquad (b+c)a = ba + ca$$
$$\text{分配法則} \quad (1.9)$$

$ab = 0$ ならば[*1] $a = 0$ であるか $b = 0$ か少なくとも一方が成り立つ。
$$(1.10)$$

(1.2) は，数 0 が加法に関してもつ特別な性質である。(1.4) より，$(a+b)+c$ や $a+(b+c)$ を $a+b+c$ と書いてもよい。(1.7) より，$(ab)c$ や $a(bc)$ を abc と書いてもよい。(1.5) は，数 1 が乗法に関してもつ特別な性質である。(1.10) より次のことが言える。

$$ab = 0 \text{ で } a \neq 0 \text{ ならば，} b = 0 \text{ でなければならない。}$$

1.2 等式の性質その 1（A）

この節では，等式に関する幾つかの性質を述べる。a, b, c を自然数とする。

$a = 3$ のとき，両辺に 2 を加えると，$\quad a + 2 = 3 + 2\, (= 5) \quad$ 一般に，

[*1] 「ならば」は，「が成り立つならば」あるいは「を仮定すると」などという言葉で置き換えても同じことである。

$a = b$ のとき,両辺に c を加えると, $a + c = b + c$ すなわち
等式の両辺に同じ数を加えても,等号はそのまま成り立つ.

逆に,

$a + 2 = 3 + 2$ のとき, $a = 3$
$a + c = b + c$ のとき, $a = b$ すなわち
上式で同じ数を取り除いても,等号はそのまま成り立つ.

積についても同様である.すなわち,

$a = 3$ のとき,両辺に 2 をかけると, $2a = 2 \cdot 3 \, (= 6)$ 一般に,
$a = b$ のとき,両辺に c をかけると, $ca = cb$ すなわち
等式の両辺に同じ数をかけても,等号はそのまま成り立つ.

逆に,

$2a = 2 \cdot 3$ ならば,$a = 3$ が成り立つ.一般に
$c \neq 0$ で $ca = cb$ ならば(c を省略して)$a = b$ が成り立つ.しかし,
$c = 0$ のとき $c \cdot 2 = c \cdot 3 \, (= 0)$ だが,$2 \neq 3$ である.一般に,
$c = 0$ のとき $ca = cb$ だが,$a = b$ とは限らない(c は省略できない).

さらに,

$a = b, c = d$ のとき, $a + c = b + d$ また $ac = bd$

となる.

1.3 整 数 (A)

整数とは,自然数 $0, 1, 2, 3, \cdots$ に,負の数 $-1, -2, -3, \cdots$ を合わせたものである.特に,-0 は 0 に等しいものとする.$-$ を負の符号(マイナスの符号)と呼ぶことにする.0 でない自然数は,**正の整数**と呼

ばれる。すると整数は，負の整数，0 それと，正の整数からなり，次のように書ける。

$$\cdots, -4, -3, -2, -1, 0, 1, 2, 3, 4, \cdots$$

さて，(1.1) と同様に，

$$\begin{aligned} &0 + (-1) = -1 \\ &(-1) + (-1) = -2 \\ &(-1) + (-1) + (-1) = (-2) + (-1) = -3 \\ &(-1) + (-1) + (-1) + (-1) = (-3) + (-1) = -4 \end{aligned} \tag{1.11}$$

などとなる。言い換えると，0 から始め，-1 を加えるという操作を繰り返すことによって，負の数 $-1, -2, -3, \cdots$ が順次得られることを示している。

次に，a, b を任意の整数とする。

$2 + (-3)$ は，$2 - 3$ とも書かれ，$2 + (-3) = 2 - 3$ となる。
$$\tag{1.12}$$

一般に，$a + (-b)$ は，$a - b$ とも書かれ，$a + (-b) = a - b$ である。
$$\tag{1.13}$$

つまり，$-b$ を足すことは，b を引くことに相当する。1 と -1 とは特別な関係がある。すなわち，

$$1 + (-1) = 1 - 1 = 0, \quad -1 + 1 = 0, \quad \text{一般に，} \tag{1.14}$$

$$a + (-a) = a - a = 0, \quad -a + a = 0 \tag{1.15}$$

である。さらに，

$$-(-3) = 3, \quad \text{一般に} \tag{1.16}$$

$$-(-a) = a \quad \text{である}^{*2}. \tag{1.17}$$

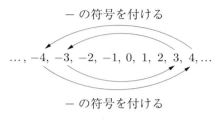

図 1.1

例えば自然数 3 にマイナスの符号を付けると，負の数 -3 になり，さらにマイナスの符号を付けると，3 に戻るということになる。0 でない任意の整数 b について^{*3}，b か $-b$ のどちらかは，必ず正の数になる（b が負の数なら $-b$ は正の数，b が正の数なら $-b$ は負の数）。また，$a-(-b)=a+b$ が成り立つ。なぜならば，

$a-b=a+(-b)$ において，b を改めて $-b$ に置き換えると^{*4}，

$a-(-b)=a+(-(-b))$，ここで $-(-b)=b$ より，

$a-(-b)=a+b$ が成り立つ。例えば，

$3-(-2)=3+2=5$

となる。さらには，次が成り立つ。

$-(2-3)=-2+3=1$　一般に，$-(b-c)=-b+c$ また

$4-(2-3)=4-2+3=5$　一般に，$a-(b-c)=a-b+c$

---

*2 これは定義と思ってもよい。1.5 節参照。
*3 これを，任意の整数 b ($b \neq 0$) について，とも言う。
*4 b は任意の整数であるから，いかなる整数にも置き換えられるが，整数を表す「文字式」に置き換えても構わない。とくに $-b$ も整数となるので，$(-b)$ に置き換えても構わない（括弧をはずして $-b$ と書いても同じ）。

練習 1.1 次の計算をせよ。
(i)　　$-3+(-2)$　　　　　　(ii)　　$-3-(-2)$
(iii)　$3+(-3)$　　　　　　　(iv)　$-(-3)-2$

解答　(i) -5　　(ii) -1　　(iii) 0　　(iv) $3-2=1$

1.4　整数の乗法（A）

整数どうしの乗法は，次のようになる。a, b が正の整数のとき，

(i)　　　　　　$3 \cdot 2 = 6$　　　　　　$a \cdot b$ は ab とも書く。

正の数 a と正の数 b との積は正の数 ab である。

(ii)　　　$(-3) \cdot 2 = -6$　　　$(-a) \cdot b = -(ab)$

負の数 $-a$ と正の数 b との積は負の数 $-(ab)$ である。

(iii)　　　$3 \cdot (-2) = -6$　　　$a \cdot (-b) = -(ab)$

正の数 a と負の数 $-b$ との積は負の数 $-(ab)$ である。

(iv)　　$(-3) \cdot (-2) = 6$　　　$(-a) \cdot (-b) = ab$

負の数 $-a$ と負の数 $-b$ との積は正の数 ab である。

このように負の数どうしの積は，正の数になる（昔は不思議（神秘的）な事に思われた）。上の $(-a)b = -(ab)$ で，この値は通常 $-ab$ と書かれる。また，$-1 \cdot c$ は $-c$ に等しく，通常 $-c$ と書かれる。つまり

　　マイナスの符号を付けることは，-1 倍することに等しい。　　(1.18)

1.5　補　足（B）

負の数と負の数との積が正の数になることの妥当性について考える。最初に例をあげよう。上記 (i), $\cdots$, (iv) に合わせて考える。

(i) 毎日東方向に $a=3\,\mathrm{km}$ 歩く人がいる．ある日の位置を基準にして，$b=2$ 日後にその人はどの位置にいるかを考える．これは $a\cdot b=3\cdot 2$ と計算して，東に $6\,\mathrm{km}$ の位置にいることがわかる．この場合，毎日歩く（方向を考慮した）距離（この場合，a）と日数（この場合，b）との積を計算すればよい．

(ii) こんどは，毎日東方向に $-a=-3\,\mathrm{km}$ 歩く人がいる．ある日の位置を基準にして，$b=2$ 日後にその人はどの位置にいるかを考える．ここで「毎日東方向に $-3\,\mathrm{km}$ 歩く」とは「毎日西（逆方向）に $3\,\mathrm{km}$ 歩く」と解釈する．すると 2 日後には，西に $6\,\mathrm{km}$ の位置，すなわち東に $-6\,\mathrm{km}$ の位置にいることがわかる．この問題は $(-a)\cdot b=(-3)\cdot 2=-6$ と計算して求められる．この場合も，毎日歩く距離（この場合，負の数 $-a$）と日数（この場合，b）との積を計算すればよいことになる．

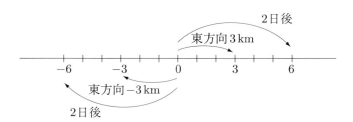

図 1.2

(iii) こんどは，毎日東方向に $a=3\,\mathrm{km}$ 歩く人がいる．ある日の位置を基準にして，$-b=-2$ 日後にその人はどの位置にいるか考える．ここで「-2 日後」とは「2 日前」と解釈する．すると 2 日前には，西に $6\,\mathrm{km}$ の位置，すなわち東に $-6\,\mathrm{km}$ の位置にいる．この問題は $a\cdot(-b)=3\cdot(-2)=-6$ と計算して求まる．この場合も，毎日歩く距離（この場合，a）と日数（この場合，負の数 $-b$）との積を計算すればよい．

(iv) 最後に，毎日東方向に $-a = -3\,\mathrm{km}$ 歩く人がいる．ある日の位置を基準にして，$-b = -2$ 日後にその人はどの位置にいるかを考える．すなわち，毎日西方向に $3\,\mathrm{km}$ 歩く人がいて，2 日前にその人はどの位置にいるかという問題である．すると 2 日前には，西に $-6\,\mathrm{km}$ の位置，すなわち東に $6\,\mathrm{km}$ の位置にいることがわかる．この問題は，$(-a)\cdot(-b) = (-3)\cdot(-2) = 6$ と計算することによって求まる．この場合もやはり，毎日歩く距離（この場合，$-a$）と日数（この場合，$-b$）との積を計算すればよいことになる．このように，負の数 -3 と負の数 -2 の積は，正の数 6 と考えることが妥当であることがわかる．

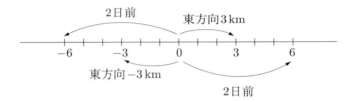

図 1.3

上述の (i), $\cdots$, (iv) の議論で共通していることは，「毎日歩く距離」と「日数」との積によってその人の「位置」を計算できる，ということである．ここで，「毎日歩く距離」や「日数」は正の数でも負の数でもよい．一般に x, y が正でも負でも，毎日東方向に $x\,\mathrm{km}$ 歩く人が，ある日の位置を基準にして，y 日後にその人のいる位置は，統一的に，xy で求められるのである（負の数と負の数の積が正の数と定義することによって，このような統一的な扱いができるようになる）．

負の数と負の数との積が正の数になることの妥当性について，もう 1 つ述べる．我々は自然数の和や積について，(1.2), $\cdots$, (1.10) という便利な性質が成り立つことを知っている．そして数の概念を，自然数から整数

に拡張した。そこで整数についても，やはり，同じ性質 (1.2), $\cdots$, (1.10) が成り立ってもらいたい。例えば，分配法則 $a(b+c) = ab + ac$ が整数（特に負の数）においても成り立てば（右辺から左辺への変形とみて），

$ab + ac = a(b+c)$ の a, c をそれぞれ $-a, -b$ に置き換えて[*5]，

$(-a)b + (-a)(-b) = (-a)\{b + (-b)\} = (-a) \cdot 0 = 0$ となり，

$-ab + (-a)(-b) = 0$ 両辺に ab を足して，$(-a)(-b) = ab$

よって，負の数 $-a$ と負の数 $-b$ の積 $(-a)(-b)$ は正の数 ab になる。

1.6 指数法則その1（A）

a を整数としたとき，

$a \cdot a$ を a^2 と書く。

$a \cdot a \cdot a$ を a^3 と書く。一般に n を正の整数として，

a を n 回かけたもの $\overbrace{a \cdots a}^{n\text{個}}$ を a^n と書く。

a^n の形の式を，a の**累乗**と言い，n を**指数**と言う。指数に関して次の**指数法則**が成り立つ。

$$a^2 \cdot a^3 = (a \cdot a) \cdot (a \cdot a \cdot a) = a^5$$
$$a^3 \cdot a^4 = (a \cdot a \cdot a) \cdot (a \cdot a \cdot a \cdot a) = a^7$$

一般に m, n を正の整数として，$a^m \cdot a^n = a^{m+n}$

また，$(ab)^2 = ab \cdot ab = a^2 b^2$

$(ab)^3 = ab \cdot ab \cdot ab = a^3 b^3$

[*5] 分配の法則 $ab + ac = a(b+c)$ において，a, c は任意の整数と仮定しているから，いかなる整数にも置き換えられる。とくに整数を表す「文字式」$-a, -b$ などに置き換えても構わない。$ab + ac = a(b+c)$ の a, c をそれぞれ（改めて）$-a, -b$ に置き換えると，$(-a)b + (-a)(-b) = (-a)\{b + (-b)\}$ が得られる。

一般に n を正の整数として，$(ab)^n = a^n b^n$

さらに，
$$(a^2)^3 = a^2 a^2 a^2 = a^6$$
$$(a^3)^4 = a^3 a^3 a^3 a^3 = a^{12}$$

一般に m, n を正の整数として，$(a^m)^n = a^{mn}$

練習 1.2 次の計算をせよ。
(i) $a^2 \cdot a^5$ (ii) $(a^2)^5$ (iii) $(ab)^5$ (iv) $(a^2 b)^5$
[解答] (i) a^7 (ii) a^{10} (iii) $a^5 b^5$ (iv) $(a^2 b)^5 = (a^2)^5 b^5 = a^{10} b^5$

1.7 等式の性質その 2（A）

整数の和と積についても，自然数の場合と同様 (1.2), $\cdots$, (1.10) が成り立つ。さらに，等式について次の性質が成り立つ。

$a + 2 = 5$ ならば $a = 5 - 2$ が成り立つ。なぜなら，
$a + 2 = 5$ の両辺に -2 を足すと，$a + 2 + (-2) = 5 + (-2)$
よって $a = 5 + (-2) = 5 - 2$
$a + c = b$ ならば $a = b - c$ が成り立つ。なぜなら，
$a + c = b$ の両辺に $-c$ を足すと，$a + c + (-c) = b + (-c)$
よって $a = b + (-c) = b - c$

このことをふまえた上で，通常 $a + 2 = 5$ は（左辺の）2 を（右辺に）移項して $a = 5 - 2 = 3$ となる，と説明される。

1.8 不等号（A）

整数 a, b において，

a は b より大きいとは，$a = b + c$ となる正の数 c が存在するときである。例えば

3 は 2 より大きい。このとき $c = 1$ として，$3 = 2 + 1$ となる。また，-3 は -4 より大きい。このとき $c = 1$ として，$-3 = -4 + 1$ となる。

a が b より大きいとき，b は a より小さいとも言い，$b < a$ あるいは $a > b$ と書く。$a = b$ あるいは $b < a$ のとき，$b \leq a$（あるいは $a \geq b$）と書く。このとき b は a 以下，あるいは，a は b 以上と言う。$0 \leq a$ となる整数 a は，0 または正の整数，すなわち自然数 $0, 1, 2, 3, \cdots$ である。$0 > a$ となる整数 a は負の整数，すなわち $-1, -2, -3, \cdots$ である。任意の整数 a, b において，$a > b$ か $a = b$ か $a < b$ のいずれかが成り立つ。$<, >$ や $\leq, \geq$ を**不等号**と言う。不等号のある式を**不等式**と言う。

1.4 節の乗法の定義より，a が正なら a^2 は正である。a が負なら，負の数どうしの積 a^2 は正となる。よって，a を整数としたとき，$a^2 \geq 0$ が成り立つ。また，0 でない整数 a, b において，$ab > 0$ が成り立つのは，a と b が同符号のときである。すなわち，

$ab > 0$ ならば，

$(a > 0$ かつ $b > 0)$ または $(a < 0$ かつ $b < 0)$

図 1.1 より，正の数が大きくなればなるほど，マイナスの符号を付けると，負の数として（より）小さくなる。逆に，負の数が小さくなればなるほど，マイナスの符号を付けると，正の数として（より）大きくなる。すると，

$4 > 3$ だが（マイナスの符号を付けると）$-4 < -3$
$4 > -3$ だが（マイナスの符号を付けると）$-4 < -(-3)$
$-3 > -4$ だが（マイナスの符号を付けると）$-(-3) < -(-4)$．一般に
$a > b$ ならば $-a < -b$ と不等号の向きが逆になる．

1.9 不等式の性質（A）

　不等式の両辺に同じ数を足しても，不等式はそのまま成り立つ．

$-1 < 2$ の両辺に 2 を加えると，$-1+2 < 2+2$ で，$1 < 4$
$-1 < 2$ の両辺に -2 を加えると，$-1-2 < 2-2$ で，$-3 < 0$
一般に，$a < b$ のとき，両辺に c を加えると，$a+c < b+c$ となる．

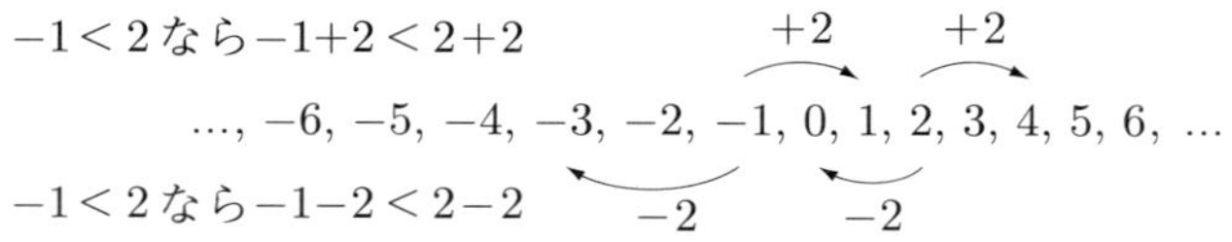

$$-1 < 2 \text{なら} -1+2 < 2+2$$
$$\ldots, -6, -5, -4, -3, -2, -1, 0, 1, 2, 3, 4, 5, 6, \ldots$$
$$-1 < 2 \text{なら} -1-2 < 2-2$$

図 1.4

　不等式の両辺に正の数をかける場合は次のようになる．

$2 < 3$ の両辺に 2 をかけると，$2 \cdot 2 < 3 \cdot 2$ で，$4 < 6$
$-1 < 2$ の両辺に 2 をかけると，$-1 \cdot 2 < 2 \cdot 2$ で，$-2 < 4$
$-3 < -2$ の両辺に 2 をかけると，$-3 \cdot 2 < -2 \cdot 2$ で，$-6 < -4$
一般に，$a < b$ のとき，両辺に $c > 0$ をかけると，$ac < bc$ となる．

(1.19)

(1.19) で，$a = 1$ とすると，

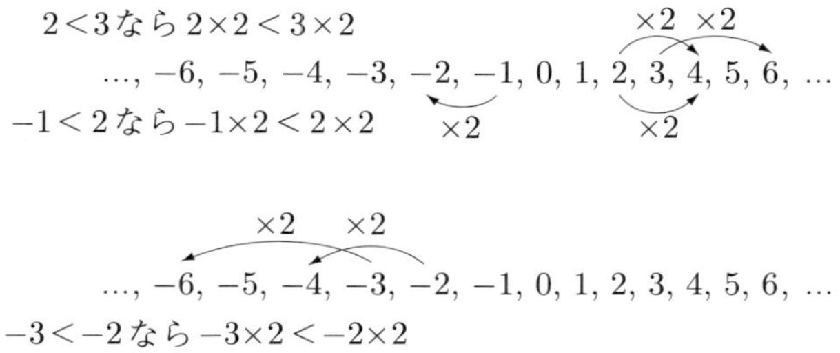

```
   2 < 3 なら 2×2 < 3×2
      ..., −6, −5, −4, −3, −2, −1, 0, 1, 2, 3, 4, 5, 6, ...
−1 < 2 なら −1×2 < 2×2

      ..., −6, −5, −4, −3, −2, −1, 0, 1, 2, 3, 4, 5, 6, ...
−3 < −2 なら −3×2 < −2×2
```

図 1.5

$1 < b$ の両辺に $c > 0$ をかけて，$c < bc$ となる。つまり，

正の数 c に，1 より大きい数 b をかけると，c より大きくなる。(1.20)

今度は (1.19) で，$b = 1$ とすると，

$a < 1$ の両辺に $c > 0$ をかけて，$ac < c$ となる。つまり，

正の数 c に，1 より小さい数 a をかけると，c より小さくなる。

不等式の両辺に負の数をかける場合は注意が必要である。

$c > 0$ に対して，$a < b$ のとき ((1.19) より) $ac < bc$ となり（さらに 1.8 節より）マイナスの符号を付けると $-ac > -bc$ となる。つまり，$a < b$ の両辺に負の数 $-c < 0$ をかけると，$-ac > -bc$ と不等号の向きが逆になる。

次に正の数において，

例えば，$2 < 3$ であり，$2^2 < 3^2$ となる。一般に，

正の数 a, b において，$a < b \Leftrightarrow a^2 < b^2$ となる。 (1.21)

コメント 1.1 ここで ($a, b > 0$ のとき), a, b が $a < b$ を満たすとき, 常に $a^2 < b^2$ となる。これを簡単に「$a < b$ ならば（常に）$a^2 < b^2$」が成り立つと言い, これを $a < b \Rightarrow a^2 < b^2$ と書く。また a, b が $a^2 < b^2$ を満たすとき, 常に $a < b$ となる。言い換えると,「$a^2 < b^2$ ならば（常に）$a < b$」が成り立つと言い, これを $a^2 < b^2 \Rightarrow a < b$ と書く。この 2 つをまとめて, $a < b \Leftrightarrow a^2 < b^2$ と書く。すなわち, 正の数 a, b において, $a^2 < b^2$ という性質と $a < b$ という性質は（記述の仕方は違っても）同じことを意味している（**同値である**）ということである。一般に, A という事柄を仮定すると B が得られ（$A \Rightarrow B$）, B という事柄を仮定すると A が得られる（$B \Rightarrow A$）とき, A と B は同値であると言い, $A \Leftrightarrow B$ と書く。これは, 記述 A と記述 B は同じことを意味しているということであり, 単に記述の仕方が違うにすぎない。「A と B は同値である」は,「A が成り立つことは B が成り立つことに他ならない」などとも言う。なお,「A という事柄を仮定すると B が得られる」は,「A ならば B が成り立つ」とも言われる。

コメント 1.2 例えば, 放送大学の教員の集まりの中で考えよう。「この人は隈部である」という文章を A とし,「この人は初歩からの数学の講師である」という文章を B とする。このとき（本書の授業が放映されている限り, 同じ名前の人がいないとすると）,「この人は隈部である」ならば「この人は初歩からの数学の講師である」であるから, $A \Rightarrow B$ が成り立つ。逆に「この人は初歩からの数学の講師である」ならば「この人は隈部である」であるから, $B \Rightarrow A$ も成り立つ。したがって, $A \Leftrightarrow B$ が成り立つ。つまり「この人」に関する記述の仕方は異なっても, 同一人物をさしているので, A と B は同値である, と言えるのである。もし初歩からの数学の講師が 2 人以上いたら, $B \Rightarrow A$ は成り立たなくなる。

コメント 1.3（C） (1.21) をより詳細に理解しよう。

$a < b$ の両辺に $a > 0$ をかけて，$a^2 < ab$

$a < b$ の両辺に $b > 0$ をかけて，$ab < b^2$

上 2 式より，$a < b$ ならば $a^2 < b^2$ が言える。

逆に，$a^2 < b^2$ ならば $a < b$ も言える[*6]。よって

正の数 a, b において，$a < b \Leftrightarrow a^2 < b^2$ となる。

ところが負の数において，

例えば $-3 < -2$ であるが，$(-3)^2 > (-2)^2$ となる。一般に，負の数 a, b において，$a < b \Leftrightarrow a^2 > b^2$ と不等号の向きが逆になる。 (1.22)

コメント 1.4（C） (1.22) をより詳細に理解しよう。

$a < b$ の両辺に $a < 0$ をかけて，$a^2 > ab$

$a < b$ の両辺に $b < 0$ をかけて，$ab > b^2$

上 2 式より，$a < b$ ならば $a^2 > b^2$ が言える。

逆に，$a^2 > b^2$ ならば $a < b$ も言える[*7]。よって

負の数 a, b において，$a < b \Leftrightarrow a^2 > b^2$ となる。

練習 1.3 次のことは正しいか答えよ。

(i) $a < b \Rightarrow 2a < 2b$ （a が $a < b$ を満たすとき（常に）$2a < 2b$ と

[*6] なぜならもし $a \geq b$ となったと仮定しよう。そうすると，まさに今証明したことから $a^2 \geq b^2$ となってしまい，$a^2 < b^2$ という仮定に矛盾する。したがって $a \geq b$ という仮定が間違っており，$a < b$ が言えることになる。

[*7] なぜならもし $a \geq b$ となったと仮定しよう。そうすると，まさに今証明したことから $a^2 \leq b^2$ となってしまい，$a^2 > b^2$ という仮定に矛盾する。したがって $a \geq b$ という仮定が間違っており，$a < b$ が言えることになる。

なる。以下同様。）
(ii) $a < b \Rightarrow -2a < -2b$ （$a < b$ のとき（常に）$-2a < -2b$）
(iii) $0 < a < b \Rightarrow a^2 < b^2$ （$0 < a < b$ のとき（常に）$a^2 < b^2$）
(iv) $a < b < 0 \Rightarrow a^2 < b^2$ （$a < b < 0$ のとき（常に）$a^2 < b^2$）

解答　(i) 正しい　(ii) 誤り（本文参照）　(iii) 正しい
(iv) 誤り（本文参照）

1.10　絶対値（A）

整数は，正の整数，0，負の整数の3種類に分けられる。

整数 a の**絶対値** $|a|$ とは，
a が正の数であれば，a そのものである。（例 $|3| = 3$）
a が負の数であれば，その負の符号（マイナスの符号）を取り除いて，
正の数にすることを意味する。（例 $|-3| = 3$）
0 の絶対値 $|0|$ は，0 そのものとする。

ここで a が負の数であれば，a の絶対値 $|a|$ は，a にさらに<u>マイナスを付けて正の数にする</u>，とも言える。例えば，

$$|-3| = -(-3) = 3 \quad \text{一般に}$$
$$a < 0 \text{ のとき,} \quad |a| = -a$$

と書ける。このように考えると，

$$\begin{aligned}&\text{整数 } a \text{ の絶対値 } |a| \text{ とは,} \\ &a \geq 0 \text{ であれば, } |a| = a, \\ &a < 0 \text{ であれば, } |a| = -a\end{aligned} \tag{1.23}$$

と言い直すことができる。a, b の積の絶対値 $|a \cdot b|$ について次が成り立つ。

$$|3 \cdot 4| = |3| \cdot |4| = 12$$
$$|(-3) \cdot 4| = |-3| \cdot |4| = 12$$
$$|(-3) \cdot (-4)| = |-3| \cdot |-4| = 12, \quad \text{一般に}$$
$$|ab| = |a| \cdot |b|$$

練習 1.4 次のことは正しいか答えよ（a にいくつか数をあてはめてみよう）。
(i) $\quad a \leq 3 \Rightarrow |a| \leq 3$ （$a \leq 3$ のとき（常に）$|a| \leq 3$）
(ii) $\quad 3 \leq a \Rightarrow 3 \leq |a|$ （$3 \leq a$ のとき（常に）$3 \leq |a|$）
(iii) $\quad a \leq -3 \Rightarrow |a| \leq 3$ （$a \leq -3$ のとき（常に）$|a| \leq 3$）
(iv) $\quad -3 \leq a \Rightarrow 3 \leq |a|$ （$-3 \leq a$ のとき（常に）$3 \leq |a|$）

解答 (i) 誤り（$a = -4$ とすれば，$a \leq 3$ は成り立つが $|a| \leq 3$ は成り立たない）　(ii) 正しい　(iii) 誤り（$a = -4$ とせよ）　(iv) 誤り（$a = -2$ とせよ）

1.11 補　足（B）(C)

$|a| \leq 4$ は，$-4 \leq a \leq 4$ を意味する。
$|a| \leq 7$ は，$-7 \leq a \leq 7$ を意味する。一般に，$c > 0$ のとき，
$|a| \leq c$ は，$-c \leq a \leq c$ を意味する。　　　　　　　　(1.24)

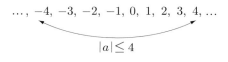

図 1.6

次に，$|a+b|$ と $|a|+|b|$ を比較しよう。例えば，

$(a, b$ 共に正のとき) $|2+3| = |2| + |3|$

$(a, b$ の正負が異なるとき) $|(-2)+3| \leq |-2| + |3|$

$(a, b$ 共に負のとき) $|(-2)+(-3)| = |-2| + |-3|$

となる。一般に（a, b の正負がわからないときは）$|a+b| \leq |a|+|b|$ となる。これを証明しよう。まず (1.23) より，

a が正ならば $a=|a|$ で，負ならば $a=-|a|$　いずれにせよ
$-|a| \leq a \leq |a|$　同様に $-|b| \leq b \leq |b|$　この2式をそれぞれ足して[*8]，
$-|a|-|b| = -(|a|+|b|) \leq a+b \leq |a|+|b|$　すると (1.24) より[*9]，
これは，$|a+b| \leq |a|+|b|$ を意味している。

[*8] 小さいものどうしの和は，大きいものどうしの和より，小さい。

[*9] (1.24) より $|A| \leq C$ は，$-C \leq A \leq C$ と言い換えてもよい。ここで，$A = a+b$, $C = |a|+|b|$ と置き換える。

2 式と計算

《**目標＆ポイント**》 数はわかるが文字式になるとわかりにくく感じる人が多い。数と文字について学び，式について考える。式を展開したり，因数分解することを解説する。
《**キーワード**》 数，文字，式，展開，因数分解

2.1 幾つかの言葉の定義（A）

例えば，$6, 7, 8, \cdots$ を3で割ると，

$6 = 3 \cdot 2$ より，6は3で割り切れる．

$7 = 3 \cdot 2 + 1$ より，7を3で割った商は2で，余りは1である．

$8 = 3 \cdot 2 + 2$ より，8を3で割った商は2で，余りは2である．

$9 = 3 \cdot 2 + 3 = 3 \cdot 3$ より，9は3で割り切れる．$\cdots$

これを繰り返すと，余りは0, 1, 2を繰り返す。したがって3で割った場合，余りは0, 1, 2のどれかである。一般に整数aと，正整数bにおいて，$a = b \cdot c + r$ となる整数cと，$0 \leq r < b$ なる整数rが存在し，このときaをbで割った商はcで余りがrであると言う（余りrは0以上b未満）。$r = 0$のときは，aはbで割り切れると言う。したがって負の数においては

$-7 = 3 \cdot (-3) + 2$ より，-7を3で割った商は-3で，余りは2

となる（$-7 = 3 \cdot (-2) - 1$より商が-2で余りが-1としてはいけない）また，どの整数も1で割り切れ，0はどの整数でも割り切れる。整

数が**偶数**とは，2で割り切れる数のことである。したがって偶数は，$2c$（c は整数）という形で表せ，

$$\cdots, -8, -6, -4, -2, 0, 2, 4, 6, 8, \cdots$$

のことである。同様に，**奇数**とは，2で割って余りが1である数のことであり，$2c+1$（c は整数）という形で表せ，

$$\cdots, -7, -5, -3, -1, 1, 3, 5, 7, \cdots$$

のことである。割り算を実行するには次の計算方法が知られている。123を5で割ると，右図のように，商は24で余りは3となる。また，$123 = 5 \cdot 24 + 3$ と書くことができる。a が b で割り切れるとき，b は a の**約数**あるいは**因数**と言い，a は b の**倍数**と言う。例えば，6 は 18 の約数で，18 は 6 の倍数である。

図 2.1

　素数とは，1 とその数以外に約数をもたない 2 以上の自然数のことで

$$2, 3, 5, 7, 11, 13$$

などは素数である。a の因数（約数）b が素数であるとき，b を a の**素因数**（素数の約数）と言う。

　任意の正の整数は，幾つかの素因数の積の形で表すことができる。例えば，

$$24 = 2^3 \cdot 3, \quad 36 = 2^2 \cdot 3^2, \quad 60 = 2^2 \cdot 3 \cdot 5$$

といった具合である。これを**素因数分解**と言う [*1]。例えば，24 を素因数分解するには次のようにすれば良い。24 を割り切るような最小の素数を見つけ，割り算を行う。この場合 2 で割り切れ，商は 12 である。この商に対して同様のことを行う。すなわち 12 を割り切るような最小の素数，この場合も 2，で割り算を行う。その商は 6 である。さらに 6 を割り

[*1] その表し方は，素因数の順序を除けば，一意的であることが知られている。

切る最小の素数は 2 で商は 3 となる。したがって，$24 = 2 \cdot 2 \cdot 2 \cdot 3 = 2^3 \cdot 3$ と素因数分解される。例えば，24 や 36 の素因数分解の計算は右図のようになる。

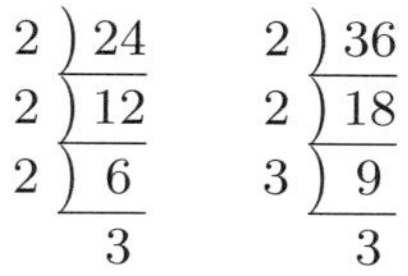

```
2 ) 24      2 ) 36
2 ) 12      2 ) 18
2 )  6      3 )  9
     3           3
```

図 2.2

異なる自然数 a と b が，1 以外の共通の約数をもたないとき，a と b は**互いに素**であると言う。例えば，8 と 15 は，$8 = 2^3$，$15 = 3 \cdot 5$ と素因数分解してみると，1 以外の共通の約数がないため互いに素である。一方，6 と 10 は，$6 = 2 \cdot 3$，$10 = 2 \cdot 5$ と素因数分解してみると，2 が共通の約数であることがわかる。a と b の共通の約数を，a と b の**公約数**という。それらのうち最大のものを**最大公約数**と言う。例えば，8 と 12 は，$8 = 2^3$，$12 = 2^2 \cdot 3$ と素因数分解できるから，その公約数は 1, 2, 4 と 3 つあることがわかる。そして最大公約数は 4 である。a と b の共通の倍数を，a と b の**公倍数**と言う。それらのうち最小のものを**最小公倍数**と言う。例えば，8 と 12 の公倍数は，24, 48, 72, などである。そして最小公倍数は 24 である。最大公約数や最小公倍数は次のようにして計算することができる。例えば，24 と 36 の最大公約数を求めるには，まず，それらの公約数で素数となる最小のものを見つける（素数 2, 3, 5, $\cdots$ で割り切れるか順次見ていく）。この場合 2 で割れるから，24 と 36 をそれぞれ 2 で割った商 12, 18 を書く。そして，この 2 つの商 12, 18 に対して同様のことを繰り返し行う。すなわち，12, 18 の公約数で素数となる最小のものを見つける。この場合（もう一度）2 で割れるから，12 と 18 を 2 で割った商 6, 9 を書く。さらに，この 2 つの商 6, 9 の公約数で素数となる最小のものを見つける。今度は，3 で割れ，その商は 2, 3 となる。2, 3 の公約数は 1 だけだから，これで計算を終える。こうして得られた公約数の積（この場合 $2 \cdot 2 \cdot 3 = 12$）をとれば最大公約数が得られる。一方，24 と 36 の最小公倍数を計算しよう。まず 12 が最大公約数であり，そのとき最後に得られた商 2, 3 と

の積をそれぞれ求めると，もとの数が得られる。すなわち，$24 = 12 \cdot 2$, $36 = 12 \cdot 3$。したがって最小の公倍数は，$12 \cdot 2 \cdot 3 = 72$ と計算される。図に示すと次のようになる。

$$
\begin{array}{r|rr}
2 & 24 & 36 \\
2 & 12 & 18 \\
3 & 6 & 9 \\
\hline
 & 2 & 3
\end{array}
$$

$24 = 2^3 \cdot 3$
$36 = 2^2 \cdot 3^2$ と素因数分解して，
左側の共通部分的なところ $(2^2 \cdot 3)$ が最大公約数，
全部合わせたところ $(2^3 \cdot 3^2)$ が最小公倍数。

図 2.3

練習 2.1 (i) 700 を 6 で割った商と余りを求めよ。
(ii) 14000 を 11 で割った商と余りを求めよ。
(iii) 30 と 54 をそれぞれ素因数分解せよ。
(iv) 30 と 54 の公約数をすべて求めよ。
(v) 30 と 54 の最大公約数と最小公倍数を求めよ。

解答 (i) 商は 116, 余りは 4 (ii) 商は 1272, 余りは 8
(iii) $30 = 2 \cdot 3 \cdot 5, 54 = 2 \cdot 3^3$ (iv) 1, 2, 3, 6 (v) 最大公約数は 6, 最小公倍数は $2 \cdot 3^3 \cdot 5 = 270$

2.2 数の演算法則（A）

今まで述べた整数についての性質を次にまとめることにする。

$$a + 0 = 0 + a = a \tag{2.1}$$

$$a + b = b + a \tag{2.2}$$

$$(a + b) + c = a + (b + c) \tag{2.3}$$

$$a \cdot 1 = 1 \cdot a = a \tag{2.4}$$

$$ab = ba \tag{2.5}$$

$$(ab)c = a(bc) \tag{2.6}$$
$$a(b+c) = ab + ac \tag{2.7}$$
$$(a+b)c = ac + bc \tag{2.8}$$

$ab = 0$ ならば $a = 0$ か $b = 0$ か
少なくとも一方が成り立つ。 (2.9)

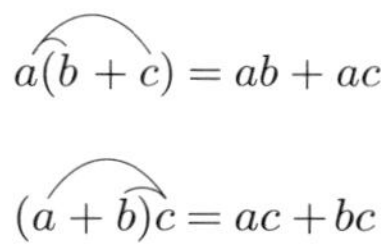

$$\overparen{a(b+c)} = ab + ac$$
$$\overparen{(a+b)c} = ac + bc$$

図 2.4

$$a + (-a) = -a + a = 0 \tag{2.10}$$
$$a + c = b \text{ ならば } a = b - c \tag{2.11}$$
$$-(-b) = b \tag{2.12}$$
$$a - (-b) = a + b \tag{2.13}$$
$$(-a)(-b) = ab \tag{2.14}$$
$$-(a - c) = -a + c \tag{2.15}$$

$ab > 0$ ならば a, b 共に正か，あるいは a, b 共に負である。 (2.16)

分配法則 (2.7), (2.8) は次のように変形されても使われる。

$$a(b-c) = ab - ac \qquad (a-b)c = ac - bc \tag{2.17}$$
$$x(a+b+c) = xa + xb + xc \qquad (a+b+c)x = ax + bx + cx \tag{2.18}$$

交換法則 $ab = ba$ より，$b \cdot a$ や $a \cdot 3$ は，それぞれ $ab, 3a$ と書くことが多い。また，$3a \, (= a \cdot 3) = a + a + a$ である。同様に，$3ab \, (= ab \cdot 3) = ab + ab + ab$ である。

例 2.1 (i) $2a + 3a = 5a$ (ii) $2a - 3a = -a$
(iii) $2ab + 3ba = 5ab$ (iv) $(2a) \cdot (3a) = 6a^2$
(v) $(2ab) \cdot (-3b) = -6ab^2$
(vi) $(2ab)(-3b + 5a) = -6ab^2 + 10a^2 b$

2.3 式の展開その1（A）

次の公式を証明するには，分配法則 が基本的役割を果たしている。無理に覚えようとしなくてよい。

命題 2.1　(i)　$(a+b)^2 = (a+b)(a+b) = a^2 + 2ab + b^2$
(ii)　　$(a-b)^2 = (a-b)(a-b) = a^2 - 2ab + b^2$
(iii)　　$(a+b)(a-b) = a^2 - b^2$
(iv)　　$(x+a)(x+b) = x^2 + (a+b)x + ab$
(v)　　$(ax+b)(cx+d) = acx^2 + (ad+bc)x + bd$
(vi)　　$(a+b+c)^2 = a^2 + b^2 + c^2 + 2ab + 2bc + 2ca$

証明　(i)　$(a+b)c = ac+bc$ において c を $(a+b)$ に置き換えると [*2]，

$$(a+b)(a+b)$$
$$= a(a+b) + b(a+b)$$
$$= a^2 + ab + ba + b^2$$
$$= a^2 + ab + ab + b^2$$
$$= a^2 + 2ab + b^2$$

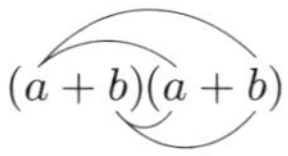

図 2.5

(ii)　$(a-b)c = ac - bc$ において c を $(a-b)$ に置き換えると，

$$(a-b)(a-b) = a(a-b) - b(a-b) = (a^2 - ab) - (ba - b^2)$$
$$= a^2 - ab - ba + b^2 = a^2 - 2ab + b^2$$

(iii)　$(a+b)c = ac + bc$ において c を $(a-b)$ に置き換えると，

$$(a+b)(a-b) = a(a-b) + b(a-b) = (a^2 - ab) + (ba - b^2)$$
$$= a^2 - ab + ab - b^2 = a^2 - b^2$$

(iv)　$(x+a)c = xc + ac$ において c を $(x+b)$ に置き換えると，

[*2] c は任意の整数であるから，いかなる整数にも置き換えられるが，整数を表す「文字式」に置き換えても構わない。とくに $(a+b)$ も整数となるので，$(a+b)$ に置き換えても構わない。

$$(x+a)(x+b) = x(x+b) + a(x+b) = (x^2+xb) + (ax+ab)$$
$$= x^2+bx+ax+ab = x^2+(a+b)x+ab$$

(v) $(ax+b)y = axy+by$ において y を $(cx+d)$ に置き換えると,
$$(ax+b)(cx+d) = ax(cx+d) + b(cx+d)$$
$$= acx^2+adx+bcx+bd = acx^2+(ad+bc)x+bd$$

(vi) $(a+b+c)x = ax+bx+cx$ において x を $(a+b+c)$ に置き換えると,
$$(a+b+c)(a+b+c)$$
$$= a(a+b+c) + b(a+b+c) + c(a+b+c)$$
$$= (a^2+ab+ac) + (ba+b^2+bc) + (ca+cb+c^2)$$
$$= a^2+b^2+c^2+ab+ba+bc+cb+ac+ca$$
$$= a^2+b^2+c^2+2ab+2bc+2ca$$

上記命題のように，左辺のような積の形の式を計算して，右辺を導くことを，**式を展開する**と言う。

練習 2.2 次の式を展開せよ。

(i) $(a+2)^2$ (ii) $(a-2)^2$
(iii) $(a-2)(a+2)$ (iv) $(x+1)(x-2)$
(v) $(2x+1)(3x-2)$ (vi) $(a^2+a+1)^2$

解答 (i) $(a+2)^2 = a^2+4a+4$ (ii) $(a-2)^2 = a^2-4a+4$
(iii) $(a-2)(a+2) = a^2-4$ (iv) $(x+1)(x-2) = x^2-x-2$
(v) $(2x+1)(3x-2) = 6x^2-x-2$ (vi) $(a^2+a+1)^2 = a^4+2a^3+3a^2+2a+1$

2.4 因数分解その1 (A)

前節の公式において逆に,右辺の式から左辺を導くこと,すなわち与えられた式を幾つかの式の積の形に表すことを,**因数分解**すると言う.その公式を以下に列挙する.無理に覚えようとしなくてよい.

命題 2.2　(i)　$a^2 + 2ab + b^2 = (a+b)^2$
(ii)　　$a^2 - 2ab + b^2 = (a-b)^2$
(iii)　　$a^2 - b^2 = (a+b)(a-b)$
(iv)　　$x^2 + (a+b)x + ab = (x+a)(x+b)$　(たすきがけの方法)
(v)　　$acx^2 + (ad+bc)x + bd = (ax+b)(cx+d)$　(たすきがけの方法)
(vi)　　$a^2 + b^2 + c^2 + 2ab + 2bc + 2ca = (a+b+c)^2$

例えば,式 $a^2 - b^2$ を因数分解すると $(a+b)(a-b)$ となる.このとき,積の形になった各々の式(この場合 $a+b$ や $a-b$)を(もとの式の)**因数**と言う.式の展開や因数分解をスムーズに計算するには,対応する公式をどう適用するかに気づくことが大切である.以下に,公式と具体例を並べて書くことにする.左辺から右辺への導き方,右辺から左辺への導き方,のコツをつかんでもらいたい.

(i)　　　　　　　　　$a^2 + 2 \cdot a \cdot b + b^2 \;=\; (a+b)^2$
$$a^2 + 4a + 4 = a^2 + 2 \cdot a \cdot 2 + 2^2 \;=\; (a+2)^2$$

上で,$4 = 2^2$ だから,b を 2 とすればよいと見通そう.次の (ii), (iii) についても同様である.

(ii)　　　　　　　　　$a^2 - 2 \cdot a \cdot b + b^2 \;=\; (a-b)^2$
$$a^2 - 4a + 4 = a^2 - 2 \cdot a \cdot 2 + 2^2 \;=\; (a-2)^2$$

(iii)　　　　　　　　　$a^2 - b^2 \;=\; (a+b)(a-b)$
$$a^2 - 4 = a^2 - 2^2 \;=\; (a+2)(a-2)$$

(iv) $$x^2 + (a+b)x + ab = (x+a)(x+b)$$
$$x^2 + 3x + 2 = x^2 + (2+1)x + 2\cdot 1 = (x+2)(x+1)$$

上式で，式 x^2+3x+2 を，$(x+2)(x+1)$ と因数分解する方法を考えよう．上の2つの式 $x^2+(a+b)x+ab$ と x^2+3x+2 を見比べ，$ab=2$, $a+b=3$ と考え，これを満たす a,b（つまり積が2で和が3となる2つの数）をみつければよい．まず，2を2つの数の積（上の ab の形）にどう表すかである．この場合は，$2=2\cdot 1$ とすればよい．そしてこのとき，2つの数2と1の和（上の $a+b$ のこと）が確かに3になっている．これを図示すると次の図のように書ける．

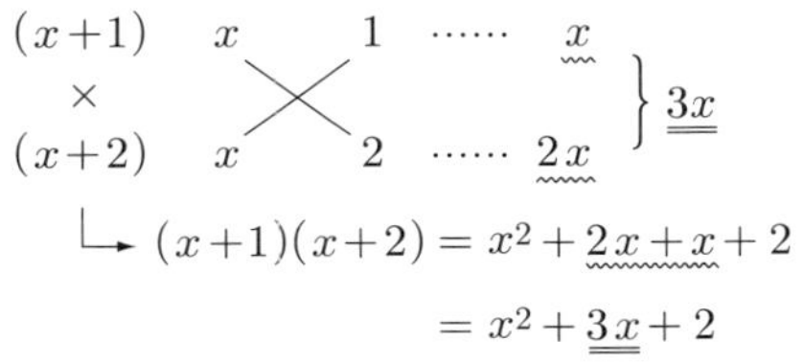

$$\begin{array}{cccc} (x+1) & x & 1 & \cdots\cdots & x \\ \times & & \times & & \\ (x+2) & x & 2 & \cdots\cdots & 2x \end{array} \Big\} \underline{\underline{3x}}$$
$$\hookrightarrow (x+1)(x+2) = x^2 + \underline{2x + x} + 2$$
$$= x^2 + \underline{\underline{3x}} + 2$$

図 2.6

よって，$x^2+3x+2 = (x+2)(x+1)$ と因数分解されることがわかる．上の方法を，**たすきがけの方法**と言う．

(iv) $$x^2 + (a+b)x + ab = (x+a)(x+b)$$
$$x^2 - x - 2 = x^2 + (1+(-2))x + 1\cdot(-2) = (x+1)(x-2)$$

上式で，式 x^2-x-2 から $(x+1)(x-2)$ と因数分解するのを，たすきがけの方法で考えよう．上の2つの式 $x^2+(a+b)x+ab$ と x^2-x-2 を見比べ，$ab=-2, a+b=-1$ と考えて，これを満たす a,b（つまり積が -2 で和が -1 となる2つの数）をみつければよい．まず，2を2つの数の積（上の ab の形）をみつければよい．まず，-2 を2つの数の積

（上の ab の形）にどう表すかである。すなわち，$-2 = 1 \cdot (-2)$ とするか，$-2 = (-1) \cdot 2$ とするか，である。このとき，その2つの数の和（上の $a+b$ のこと）が -1 となるには，$-2 = 1 \cdot (-2)$ とすればよいことがわかる。これを図示すると次の図のように書ける。

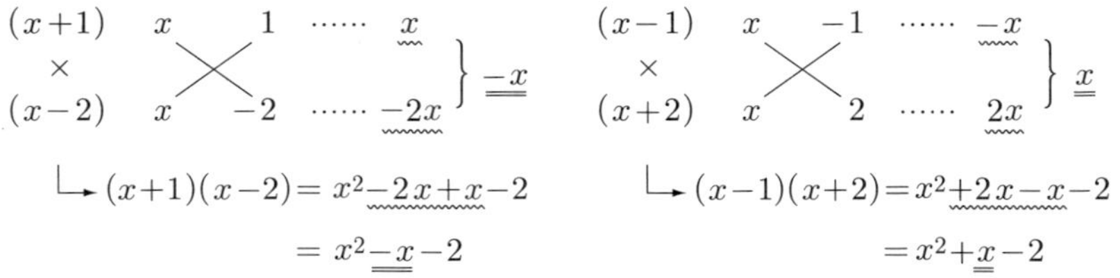

$$
\begin{array}{c}
(x+1) \quad x \quad\quad 1 \quad \cdots\cdots \quad \underline{x} \\
\times \qquad\quad \diagdown\!\!\!\!\diagup \\
(x-2) \quad x \quad -2 \quad \cdots\cdots \quad \underline{-2x}
\end{array}
\Bigg\} \underline{\underline{-x}}
\qquad
\begin{array}{c}
(x-1) \quad x \quad -1 \quad \cdots\cdots \quad \underline{-x} \\
\times \qquad\quad \diagdown\!\!\!\!\diagup \\
(x+2) \quad x \quad\quad 2 \quad \cdots\cdots \quad \underline{2x}
\end{array}
\Bigg\} \underline{\underline{x}}
$$

$\quad\hookrightarrow (x+1)(x-2) = x^2 - 2x + x - 2 \qquad \hookrightarrow (x-1)(x+2) = x^2 + 2x - x - 2$
$\qquad\qquad\qquad\qquad = x^2 \underline{\underline{-x}} - 2 \qquad\qquad\qquad\qquad\qquad = x^2 \underline{\underline{+x}} - 2$

図 2.7

よって，$x^2 - x - 2 = (x+1)(x-2)$ と因数分解されることがわかる。

(v) $\qquad\qquad a \cdot c x^2 + (a \cdot d + b \cdot c) x + b \cdot d = (ax+b)(cx+d)$
$6x^2 + 7x + 2 = 2 \cdot 3 x^2 + (2 \cdot 2 + 1 \cdot 3) x + 1 \cdot 2 = (2x+1)(3x+2)$

上式で，式 $6x^2 + 7x + 2$ から $(2x+1)(3x+2)$ と因数分解するのを，たすきがけの方法で考えよう。上の2つの式 $a \cdot c x^2 + (a \cdot d + b \cdot c) x + b \cdot d$ と $6x^2 + 7x + 2$ を見比べ，$ac = 6, bd = 2, ad + bc = 7$ と考えて，これを満たす a, b, c, d をみつければよい。まず，6を2つの数の積 ac，そして2を2つの数の積 bd にどう表すかである。そして $ad + bc = 7$ となるようにしたい。例えば，$6 = 2 \cdot 3$ そして，$2 = 2 \cdot 1$ としてみよう。このとき，$ad + bc$ が7となるようにしたい。次の図 2.8 のような2種類の組み合わせが考えられる。

すると，左側の組み合わせが $7x$（つまり $ad + bc$ の値が7になる）となるから，$6x^2 + 7x + 2 = (2x+1)(3x+2)$ と因数分解される。

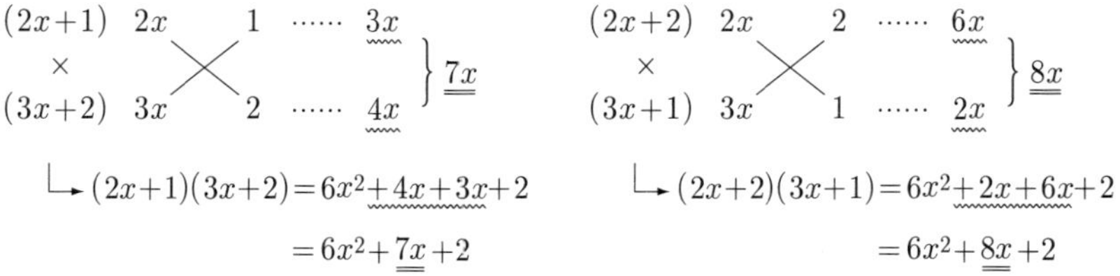

$$(2x+1) \quad 2x \quad 1 \quad \cdots\cdots \quad 3x$$
$$\times \qquad\qquad\qquad\qquad\qquad\qquad\Bigr\}\underline{\underline{7x}}$$
$$(3x+2) \quad 3x \quad 2 \quad \cdots\cdots \quad 4x$$

$$\hookrightarrow (2x+1)(3x+2) = 6x^2 + 4x + 3x + 2$$
$$= 6x^2 + \underline{7x} + 2$$

$$(2x+2) \quad 2x \quad 2 \quad \cdots\cdots \quad 6x$$
$$\times \qquad\qquad\qquad\qquad\qquad\qquad\Bigr\}\underline{\underline{8x}}$$
$$(3x+1) \quad 3x \quad 1 \quad \cdots\cdots \quad 2x$$

$$\hookrightarrow (2x+2)(3x+1) = 6x^2 + 2x + 6x + 2$$
$$= 6x^2 + \underline{8x} + 2$$

図 2.8

(v) $\qquad a \cdot c x^2 + (a \cdot d + b \cdot c) x + b \cdot d = (ax+b)(cx+d)$
$\qquad\qquad 6x^2 - x - 2 =$
$2 \cdot 3x^2 + (2 \cdot (-2) + 1 \cdot 3)x + 1 \cdot (-2) = (2x+1)(3x-2)$

上式で，式 $6x^2 - x - 2$ から $(2x+1)(3x-2)$ と因数分解するのを，たすきがけの方法で考えよう．上の 2 つの式 $a \cdot cx^2 + (a \cdot d + b \cdot c)x + b \cdot d$ と $6x^2 - x - 2$ を見比べ，$ac = 6, bd = -2, ad + bc = -1$ と考えて，これを満たす a, b, c, d をみつければよい．まず，6 を 2 つの数の積 ac, そして -2 を 2 つの数の積 bd にどう表すかである．そして $ad + bc = -1$ となるようにしたい．例えば，$6 = 2 \cdot 3$ そして，$-2 = (-2) \cdot 1$ としてみよう．このとき，$ad + bc$ が -1 となるようにしたい．次の図のような 2 種類の組み合わせが考えられる．

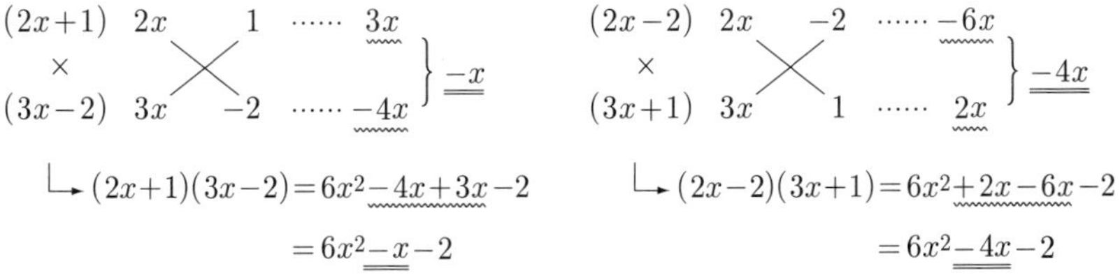

$$(2x+1) \quad 2x \quad 1 \quad \cdots\cdots \quad 3x$$
$$\times \qquad\qquad\qquad\qquad\qquad\qquad\Bigr\}\underline{\underline{-x}}$$
$$(3x-2) \quad 3x \quad -2 \quad \cdots\cdots \quad -4x$$

$$\hookrightarrow (2x+1)(3x-2) = 6x^2 - 4x + 3x - 2$$
$$= 6x^2 - \underline{x} - 2$$

$$(2x-2) \quad 2x \quad -2 \quad \cdots\cdots \quad -6x$$
$$\times \qquad\qquad\qquad\qquad\qquad\qquad\Bigr\}\underline{\underline{-4x}}$$
$$(3x+1) \quad 3x \quad 1 \quad \cdots\cdots \quad 2x$$

$$\hookrightarrow (2x-2)(3x+1) = 6x^2 + 2x - 6x - 2$$
$$= 6x^2 - \underline{4x} - 2$$

図 2.9

すると，左側の組み合わせが $-x$（つまり $ad+bc$ の値が -1 になる）となるから，$6x^2-x-2 = (2x+1)(3x-2)$ と因数分解される。

(vi) $\quad a^2+b^2+c^2+2ab+2bc+2ca = (a+b+c)^2$

$$a^4+2a^3+3a^2+2a+1 =$$
$$(a^2)^2+a^2+1^2+2a^2\cdot a+2a\cdot 1+2\cdot 1\cdot a^2 = (a^2+a+1)^2 \text{ *3}$$

例 2.2 $\quad a^2-6a+9 = a^2-2\cdot 3a+3^2 = (a-3)^2$

$$a^2-9 = a^2-3^2 = (a+3)(a-3)$$
$$a^2+5a+6 = a^2+(3+2)a+3\cdot 2 = (a+3)(a+2)$$
$$12a^2+17a+6 = (4\cdot 3)a^2+(4\cdot 2+3\cdot 3)a+3\cdot 2$$
$$= (4a+3)(3a+2)$$
$$a^2+4b^2+9c^2+4ab+12bc+6ca$$
$$= a^2+(2b)^2+(3c)^2+2\cdot a(2b)+2\cdot (2b)(3c)+2\cdot (3c)a$$
$$= (a+2b+3c)^2$$

練習 2.3 次の式を因数分解せよ。

(i) $\quad a^2+8a+16$ $\qquad$ (ii) $\quad a^2-8a+16$
(iii) $\quad a^2-9b^2$ $\qquad$ (iv) $\quad a^2+8a+15$
(v) $\quad 2a^2+13a+20$ $\qquad$ (vi) $\quad a^2+4b^2+4c^2-4ab+8bc-4ca$

解答 (i) $(a+4)^2$ $\quad$ (ii) $(a-4)^2$
(iii) $(a+3b)(a-3b)$ $\quad$ (iv) $(a+5)(a+3)$
(v) $2a^2+13a+20 = 2\cdot 1\cdot a^2+(2\cdot 4+5\cdot 1)a+5\cdot 4 = (2a+5)(a+4)$
(vi) $a^2+4b^2+4c^2-4ab+8bc-4ca$
$$= a^2+(-2b)^2+(-2c)^2+2a(-2b)+2(-2b)(-2c)+2(-2c)a$$
$$= (a-2b-2c)^2$$

---

*3 上の公式で，a, b, c をそれぞれ，$a^2, a, 1$ に置き換えればよい。

2.5 式の展開その2（B）

次の公式も無理に覚えようとしなくてよい。$n > 1$ とする。

命題 2.3 (i) $(a+b)^3 = a^3 + 3a^2b + 3ab^2 + b^3$
(ii) $(a-b)^3 = a^3 - 3a^2b + 3ab^2 - b^3$
(iii) $(a+b)(a^2 - ab + b^2) = a^3 + b^3$
(iv) $(a-b)(a^2 + ab + b^2) = a^3 - b^3$
(v) $(x-a)(x^{n-1} + x^{n-2}a + x^{n-3}a^2 + \cdots + x^2 a^{n-3} + xa^{n-2} + a^{n-1})$
$= x^n - a^n$ *4
(vi) $(x-1)(x^{n-1} + x^{n-2} + x^{n-3} + \cdots + x^2 + x + 1) = x^n - 1$

証明 (i) $(a+b)^3 = (a+b)(a+b)^2$
$= a(a+b)^2 + b(a+b)^2$
$= a(a^2 + 2ab + b^2) + b(a^2 + 2ab + b^2)$
$= a^3 + 2a^2b + ab^2 + a^2b + 2ab^2 + b^3$
$= a^3 + 3a^2b + 3ab^2 + b^3$

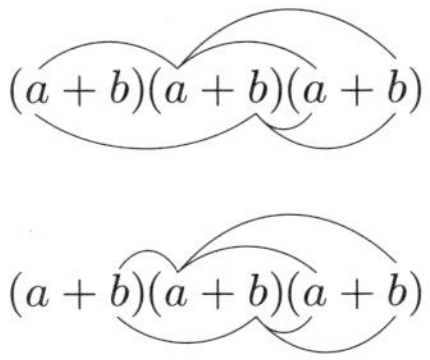

図 2.10

(ii) $(a-b)^3 = (a-b)(a-b)^2$
$= a(a-b)^2 - b(a-b)^2$
$= a(a^2 - 2ab + b^2) - b(a^2 - 2ab + b^2)$
$= a^3 - 2a^2b + ab^2 - a^2b + 2ab^2 - b^3$
$= a^3 - 3a^2b + 3ab^2 - b^3$

(iii) $(a+b)(a^2 - ab + b^2) = a(a^2 - ab + b^2) + b(a^2 - ab + b^2)$
$= a^3 - a^2b + ab^2 + a^2b - ab^2 + b^3 = a^3 + b^3$

(iv) $(a-b)(a^2 + ab + b^2) = a(a^2 + ab + b^2) - b(a^2 + ab + b^2)$
$= a^3 + a^2b + ab^2 - a^2b - ab^2 - b^3 = a^3 - b^3$

---

*4 左辺の右側の括弧内で x の指数部分は，$n-1$ から1つずつ減っていくとみる。

(v) $(x-a)(x^{n-1}+x^{n-2}a+x^{n-3}a^2+\cdots+x^2a^{n-3}+xa^{n-2}+a^{n-1})$
$= x^n + x^{n-1}a + x^{n-2}a^2 + \cdots + x^3a^{n-3} + x^2a^{n-2} + xa^{n-1}$
$\quad - (x^{n-1}a + x^{n-2}a^2 + x^{n-3}a^3 + \cdots + x^2a^{n-2} + xa^{n-1} + a^n)$
$= x^n - a^n$

(vi) (v) で $a = 1$ とおけばよい。

練習 2.4 次の式を展開せよ。
(i) $(a+2)^3$ (ii) $(a-2)^3$
(iii) $(a+1)(a^2-a+1)$ (iv) $(a-2)(a^2+2a+4)$
(v) $(x-1)(x^3+x^2+x+1)$

解答 (i) $a^3+6a^2+12a+8$ (ii) $a^3-6a^2+12a-8$ (iii) a^3+1
(iv) a^3-8 (v) x^4-1

2.6 因数分解その2（B）

次の公式も無理に覚えようとしなくてよい。$n > 1$ とする。

命題 2.4 (i) $a^3 + 3a^2b + 3ab^2 + b^3 = (a+b)^3$
(ii) $a^3 - 3a^2b + 3ab^2 - b^3 = (a-b)^3$
(iii) $a^3 + b^3 = (a+b)(a^2 - ab + b^2)$
(iv) $a^3 - b^3 = (a-b)(a^2 + ab + b^2)$
(v) $x^n - a^n = (x-a)(x^{n-1} + x^{n-2}a + x^{n-3}a^2 + \cdots + x^2a^{n-3} + xa^{n-2} + a^{n-1})$
(vi) $x^n - 1 = (x-1)(x^{n-1} + x^{n-2} + x^{n-3} + \cdots + x^2 + x + 1)$

(v) で, $n = 2$ とすれば, 公式 $x^2 - a^2 = (x-a)(x+a)$ が得られる。

以下に, 公式と具体例を並べて書くことにする。左辺から右辺への導き方, 右辺から左辺への導き方, のコツをつかんでもらいたい。

(i) $\qquad a^3 + 3a^2 \cdot b + 3a \cdot b^2 + b^3 = (a+b)^3$
$a^3 + 6a^2 + 12a + 8 = a^3 + 3a^2 \cdot 2 + 3a \cdot 2^2 + 2^3 = (a+2)^3$
(ii) $\qquad a^3 - 3a^2 \cdot b + 3a \cdot b^2 - b^3 = (a-b)^3$
$a^3 - 6a^2 + 12a - 8 = a^3 - 3a^2 \cdot 2 + 3a \cdot 2^2 - 2^3 = (a-2)^3$
(iii) $\quad a^3 + b^3 = (a+b)(a^2 - a \cdot b + b^2)$
$a^3 + 1 = a^3 + 1^3 = (a+1)(a^2 - a \cdot 1 + 1^2) = (a+1)(a^2 - a + 1)$
(iv) $\quad a^3 - b^3 = (a-b)(a^2 + a \cdot b + b^2)$
$a^3 - 8 = a^3 - 2^3 = (a-2)(a^2 + a \cdot 2 + 2^2) = (a-2)(a^2 + 2a + 4)$

例 2.3 $\quad a^3 - 9a^2 + 27a - 27 = a^3 - 3a^2 \cdot 3 + 3a \cdot 3^2 - 3^3 = (a-3)^3$
$a^3 + 27 = (a+3)(a^2 - 3a + 9)$
$a^3 - 27 = (a-3)(a^2 + 3a + 9)$
$x^4 - a^4 = (x-a)(x^3 + x^2 a + x a^2 + a^3)$ *5
$x^5 - 1 = (x-1)(x^4 + x^3 + x^2 + x + 1)$
$x^6 - 1 = (x-1)(x^5 + x^4 + x^3 + x^2 + x + 1)$ *6

練習 2.5 次の式を因数分解せよ。
(i) $\quad a^3 + 3a^2 + 3a + 1$ (ii) $\quad a^3 - 3a^2 + 3a - 1$
(iii) $\quad a^3 + 27$ (iv) $\quad a^3 - 1$

解答 (i) $a^3 + 3a^2 + 3a + 1 = a^3 + 3a^2 \cdot 1 + 3a \cdot 1^2 + 1^3 = (a+1)^3$
(ii) $a^3 - 3a^2 + 3a - 1 = a^3 - 3a^2 \cdot 1 + 3a \cdot 1^2 - 1^3 = (a-1)^3$
(iii) $(a+3)(a^2 - 3a + 9)$ (iv) $(a-1)(a^2 + a + 1)$

---

*5 $x^4 - a^4 = (x^2 - a^2)(x^2 + a^2) = (x-a)(x+a)(x^2 + a^2)$ とすることもできる。
*6 $x^6 - 1 = (x^3 - 1)(x^3 + 1) = (x-1)(x+1)(x^2 + x + 1)(x^2 - x + 1)$ とも因数分解できるし,$x^6 - 1 = (x^2)^3 - 1 = (x^2 - 1)(x^4 + x^2 + 1) = (x-1)(x+1)((x^2+1)^2 - x^2) = (x-1)(x+1)(x^2 - x + 1)(x^2 + x + 1)$ と変形してもよい。

3 有 理 数

《目標＆ポイント》 有理数とはどういうものかを学び，それらの演算規則を解説する。また，指数法則を負の数に拡張する事について考える。
《キーワード》 分数，有理数，演算規則，指数法則

3.1 有理数その1（A）

整数 a, b（ただし $a \neq 0$）に対し，$\dfrac{b}{a}$ と分数で表される数を**有理数** [*1]と言う。a を**分母**，b を**分子**と言う。ここで，

$$\frac{8}{1} = 8 \quad \text{また，} \quad \frac{0}{8} = 0 \quad \text{一般に，}$$

$$\frac{b}{1} = b \quad \text{また，} \quad \frac{0}{a} = 0 \quad \text{ここで } a \neq 0$$

である。また，

$$\frac{2}{8} = \frac{2}{4 \cdot 2} = \frac{1}{4} \quad \left(\frac{2}{8} \text{の分母，分子をそれぞれ 2 で割る}\right)$$

$$\frac{12}{9} = \frac{3 \cdot 4}{3 \cdot 3} = \frac{4}{3} \quad \left(\frac{12}{9} \text{の分母，分子をそれぞれ 3 で割る}\right) \quad \text{一般に，}$$

$$\frac{ab}{ac} = \frac{b}{c} \quad \text{（左辺の分母，分子をそれぞれ } a \neq 0 \text{ で割る）} \tag{3.1}$$

これらは**約分**と言う。分母と分子が互いに素でない場合には（共通の約数があるから）約分できることになる。逆に (3.1) の右辺の分母，分子に $a \neq 0$ をかければ，左辺が導かれる。以上より，与えられた分数の分母，分子に（0 でない）同じ数をかけても（割っても）値は変わらない。分母が等しい分数どうしの和は，次のように計算される。

[*1] 割り算の言葉を使えば，$b \div a$ の値が $\dfrac{b}{a}$ である。

$$\frac{2}{8} + \frac{3}{8} = \frac{2+3}{8} = \frac{5}{8} \quad \text{一般に,}$$
$$\frac{b}{a} + \frac{d}{a} = \frac{b+d}{a}$$

とくに,
$$\frac{2}{3} + \frac{-2}{3} = \frac{2+(-2)}{3} = \frac{0}{3} = 0 \quad \text{一般に,}$$
$$\frac{b}{a} + \frac{-b}{a} = \frac{b+(-b)}{a} = \frac{0}{a} = 0$$

ここで, $-\dfrac{b}{a}$ は, $\dfrac{b}{a} + \left(-\dfrac{b}{a}\right) = 0$ を満たす数であるから, 上式と比較すれば, $\dfrac{-b}{a}$ を $-\dfrac{b}{a}$ とも書く (両者は等しい)。また, (3.1) より, $\dfrac{-b}{a}$ の分母, 分子を -1 倍すれば (マイナスの符号をつければ) $\dfrac{-b}{a} = \dfrac{-(-b)}{-a} = \dfrac{b}{-a}$ ((1.17) [p.17] *2, (1.18) [p.18] 参照)。以上より,

$$-\frac{b}{a} = \frac{-b}{a} = \frac{b}{-a} \quad \text{例えば,} \quad -\frac{2}{3} = \frac{-2}{3} = \frac{2}{-3}$$

となる。つまり, 負の符号は, 分数の前に出しても, 分子に付けても, 分母に付けても, いずれでもよい。

3.2 有理数の演算 (A)

有理数 $\dfrac{a}{b}$ において, $b > 0$ としたときに,
$a > 0$ なら, $\dfrac{a}{b}$ を正の有理数, $a < 0$ なら, $\dfrac{a}{b}$ を負の有理数と言う。
例えば, $\dfrac{2}{3}$ は正の有理数で, $\dfrac{-2}{3}$ は負の有理数

となる。したがって, もちろん, $\dfrac{2}{-3}$ や $-\dfrac{2}{3}$ も負の有理数である。

---

*2 [p.17] は異なる章にある (1.17) のある参照ページを示した。以下同様。

分母が異なる有理数の和は，分母を揃えることで次のように計算される。
$$\frac{2}{3}+\frac{1}{4}=\frac{2\cdot 4}{3\cdot 4}+\frac{1\cdot 3}{4\cdot 3}=\frac{8}{12}+\frac{3}{12}=\frac{11}{12} \quad \text{一般に，}$$
$$\frac{b}{a}+\frac{d}{c}=\frac{bc}{ac}+\frac{ad}{ac}=\frac{bc+ad}{ac}$$
これは通常，**通分**と言い，約分の逆の操作である。

有理数の積は次のように計算される。
$$\frac{1}{3}\cdot\frac{1}{2}=\frac{1\cdot 1}{3\cdot 2}=\frac{1}{6}, \quad \frac{2}{5}\cdot\frac{1}{3}=\frac{2\cdot 1}{5\cdot 3}=\frac{2}{15} \quad \text{一般に，} \frac{b}{a}\cdot\frac{d}{c}=\frac{bd}{ac}$$
また，
$$a\cdot\frac{1}{b}=\frac{a}{1}\cdot\frac{1}{b}=\frac{a\cdot 1}{1\cdot b}=\frac{a}{b} \quad \text{よって，}$$
$$\frac{a}{b} \text{ つまり } a \text{ を「} b \text{ で割る」ことは，}$$
$$a\cdot\frac{1}{b} \text{ つまり } a \text{ に「} \frac{1}{b} \text{ をかける」ことに等しい。} \tag{3.2}$$

$a, b \neq 0$ とは，a, b 共に 0 でないことを意味する。このとき，
$$\frac{2}{3}\cdot\frac{3}{2}=\frac{2\cdot 3}{3\cdot 2}=1 \quad \text{一般に，}$$
$$\frac{b}{a}\cdot\frac{a}{b}=\frac{b\cdot a}{a\cdot b}=1 \quad (a, b \neq 0)$$
つまり，$\frac{a}{b}$ とその逆数[*3] $\frac{b}{a}$ の積は 1 に等しい。また，
$$\frac{1}{\frac{a}{b}}=\frac{b}{a} \text{ となる．特に } \frac{1}{\frac{1}{b}}=\frac{b}{1}=b \text{ (コメント 3.1 参照)．} \tag{3.3}$$

r や $s=\frac{a}{b}$ を有理数としたときも，(3.2) と同様に，

[*3] 分数 $\frac{a}{b}$ に対して，分母と分子を入れ替えて得られる分数 $\frac{b}{a}$ を，$\frac{a}{b}$ の**逆数**と言う。特に ($b=1$ として) a の逆数は $\frac{1}{a}$ である。

$\dfrac{r}{s}$ つまり r を $\left\lceil s = \dfrac{a}{b}\text{ で割る} \right\rfloor$ ことは,

r に $\left\lceil \dfrac{1}{s}\text{ をかける} \right\rfloor$ ことに等しく,これは

$\left(\text{(3.3) より } \dfrac{1}{s} = \dfrac{1}{\frac{a}{b}} = \dfrac{b}{a}\text{ だから}\right)$

r に $\left(\dfrac{a}{b}\text{ の逆数}\right) \left\lceil \dfrac{b}{a}\text{ をかける} \right\rfloor$ ことに等しい。まとめると

$$\dfrac{r}{\frac{a}{b}} = r \cdot \dfrac{b}{a} \tag{3.4}$$

コメント 3.1（C） $\dfrac{a}{b}$ を s と表すことにすると,

$\dfrac{1}{s}$ は,$s \cdot \dfrac{1}{s} = 1$ となる数である。

ここで,$s \cdot \dfrac{b}{a} = \dfrac{a}{b} \cdot \dfrac{b}{a} = 1$ となり上式と見比べて,$\dfrac{1}{s} = \dfrac{b}{a}$ となる。

よって,$\dfrac{1}{s} = \dfrac{1}{\frac{a}{b}} = \dfrac{b}{a}$ となる。特に,$a = 1$ として,

$$\dfrac{1}{\frac{1}{b}} = \dfrac{b}{1} = b \text{ となる。}$$

有理数の和や積の演算においても,今まで整数において述べた性質はそのまま成り立つ。例えば,$c \neq 0$ として,

$2a = 6$ ならば,両辺に $\dfrac{1}{2}$ をかけて $\dfrac{1}{2} \cdot 2a = \dfrac{1}{2} \cdot 6$　よって,$a = 3$

$ca = b$ ならば,両辺に $\dfrac{1}{c}$ をかけて $\dfrac{1}{c} \cdot ca = \dfrac{1}{c} \cdot b$　よって,$a = \dfrac{b}{c}$

上の最初の行は $2a = 6$ の両辺を 2 で割って $a = 3$,ともいう。約分

は分母分子が積の形のとき適用されるので，次に注意。

$\dfrac{15+3c}{3d} = \dfrac{3(5+c)}{3d} = \dfrac{5+c}{d}$ である。$\dfrac{3c}{3d} = \dfrac{c}{d}$ であるが，

$\dfrac{5+3c}{3d} = \dfrac{5+c}{d}$ としてはいけない。一般に，

$\dfrac{ab+ac}{ad} = \dfrac{a(b+c)}{ad} = \dfrac{b+c}{d}$ である。$\dfrac{ac}{ad} = \dfrac{c}{d}$ であるが，

$\dfrac{b+ac}{ad} = \dfrac{b+c}{d}$ としてはいけない。

練習 3.1 次の計算をせよ。

(i) $\dfrac{1}{6} + \dfrac{2}{6}$ (ii) $\dfrac{1}{6} - \dfrac{2}{6}$

(iii) $-\dfrac{1}{5} - \dfrac{2}{-5}$ (iv) $-\dfrac{1}{5} + \dfrac{2}{-5}$

(v) $\dfrac{1}{6} + \dfrac{1}{4}$ (vi) $\dfrac{1}{6} \cdot \dfrac{3}{4}$

(vii) $\dfrac{6+2a}{4a}$ を簡単にせよ。

解答 (i) $\dfrac{1}{6} + \dfrac{2}{6} = \dfrac{1+2}{6} = \dfrac{3}{6} = \dfrac{1}{2}$ (ii) $\dfrac{1}{6} - \dfrac{2}{6} = \dfrac{1-2}{6} = -\dfrac{1}{6}$

(iii) $-\dfrac{1}{5} - \dfrac{2}{-5} = -\dfrac{1}{5} - \left(-\dfrac{2}{5}\right) = -\dfrac{1}{5} + \dfrac{2}{5} = \dfrac{1}{5}$

(iv) $-\dfrac{1}{5} + \dfrac{2}{-5} = -\dfrac{1}{5} - \dfrac{2}{5} = -\dfrac{3}{5}$ (v) $\dfrac{1}{6} + \dfrac{1}{4} = \dfrac{2}{12} + \dfrac{3}{12} = \dfrac{5}{12}$

(vi) $\dfrac{1}{6} \cdot \dfrac{3}{4} = \dfrac{1 \cdot 3}{6 \cdot 4} = \dfrac{1}{8}$ (vii) $\dfrac{6+2a}{4a} = \dfrac{2(3+a)}{4a} = \dfrac{3+a}{2a}$

3.3 補足 (B)

分数を具体例で理解しよう。例えば，$\dfrac{2}{8}$ をイメージするには，ピザ1枚全部を1として，それを8等分したうちの2つ分を表すと思えばよい。

また，$\dfrac{1}{4}$ は，ピザ 1 枚を 4 等分したうちの 1 つ分である。すると，ピザ 1 枚を 8 等分したうちの 2 つ分は，ピザ 1 枚を 4 等分したうちの 1 つ分に等しい。よって，$\dfrac{2}{8} = \dfrac{1}{4}$ である。数学的には，$\dfrac{2}{8}$ は，約分（分母，分子をそれぞれ 2 で割る）して $\dfrac{1}{4}$ に等しいと説明される。

したがって，$\dfrac{2}{8}$ は，全体を 8 とみたときの 2 つ分の占める割合とみなせる。一方，$\dfrac{1}{4}$ は，全体を 4 とみたときの 1 つ分の占める割合である。このように考えると，分数 $\dfrac{a}{b}$ は，分子 a と分母 b との間の「割合（比）」を表している，と言える。つまり，全体を b としたときの，a の占める割合（比）が $\dfrac{a}{b}$ と言うことである。この意味で，$\dfrac{a}{b}$ を $a:b$ とも書く[*4]。$a:b$ は，a と b との**比**と呼ばれる。$a:b = 1:4$ と書いたときは，$\dfrac{a}{b} = \dfrac{1}{4}$ であるが，これは a の大きさを 1 とすると b の大きさは 4 にあたる（逆に b の大きさを 4 とすると a の大きさは 1 にあたる）と言うことである。比を簡単にすることは，約分することに相当する。すなわち，

$$\dfrac{ad}{bd} = \dfrac{a}{b} \text{ だから，} ad:bd = a:b \tag{3.5}$$

また，

$\dfrac{a}{b} = \dfrac{c}{d}$ のとき，両辺に bd をかけて，$ad = bc$
よって，$a:b = c:d$ のとき，$ad = bc$ $\tag{3.6}$

$a:b = c:d$ において，b, c を**内項**，a, d を**外項**と呼ぶ。すると，$ad = bc$ は「内項の積 bc は外項の積 ad に等しい」と言える。例えば，$a:b = 1:4$ のとき，$b = 4a$ となる。また，$b' > b$ そして $c' > c$ のとき，

$c':c = b':b$ のとき，$\dfrac{c'}{c} = \dfrac{b'}{b}$ だから，

[*4] $a:b$ の値が $\dfrac{a}{b}$ であるとも言う。

$$\frac{c'-c}{c} = \frac{c'}{c} - 1 = \frac{b'}{b} - 1 = \frac{b'-b}{b} \quad \text{で,} \quad c'-c : c = b'-b : b$$
よって，$c' : c = b' : b$ のとき，
$$c'-c : c = b'-b : b \quad (c : c'-c = b : b'-b) \tag{3.7}$$

$a : b$ という表記を使う利点は，3つ以上の数の比を見通しよく表せることである。例えば，$a : b : c = 1 : 2 : 3$ の場合は，a の大きさを1とすると，b の大きさは2，c の大きさは3にあたる，という意味である。

3.4　指数法則その2（A）（B）

1.6節より，m, n を正の整数として，次の**指数法則**が成り立つ。
$$a^m \cdot a^n = a^{m+n} \tag{3.8}$$
$$(ab)^n = a^n b^n \tag{3.9}$$
$$(a^m)^n = a^{mn} \tag{3.10}$$

さて，負の整数 $-n$ において，a^{-n} はまだ定義していないので，これを
$$a^{-n} = \frac{1}{a^n}, \quad \text{また } a^0 = 1$$
と定義する。ここで，$a \neq 0$ とする。このように定義すると，m, n が（正の整数のみならず）整数のときにも，上の3つの指数法則が成り立つ。このことをみてみよう。まず，(3.8) が成り立つことは次のように確かめられる。まず，具体例でみてみると，
$$a^{-3} \cdot a^3 = \frac{1}{a^3} \cdot a^3 = 1 = a^0 \text{ となり,}$$
$$a^{-3} \cdot a^3 = a^{-3+3} = a^0 \text{ と計算してよい。}$$
$$a^{-5} \cdot a^3 = \frac{1}{a^5} \cdot a^3 = \frac{1}{a^2} = a^{-2} \text{ となり,}$$
$$a^{-5} \cdot a^3 = a^{-5+3} = a^{-2} \text{ と計算してよい。}$$

$$a^5 \cdot a^{-3} = a^5 \cdot \frac{1}{a^3} = a^2 \text{ となり,}$$
$$a^5 \cdot a^{-3} = a^{5+(-3)} = a^2 \text{ と計算してよい。一般に,}$$
m, n を整数としても， $a^m \cdot a^n = a^{m+n}$

(したがって $a^m \cdot a^{-n} = a^{m-n}$) となり，指数法則 (3.8) が成り立つ。(3.9) については，
$$(ab)^{-3} = \frac{1}{(ab)^3} = \frac{1}{a^3 b^3} = \frac{1}{a^3} \cdot \frac{1}{b^3} = a^{-3} b^{-3}$$
となる。一般に，n を正の整数として，
$$(ab)^{-n} = \frac{1}{(ab)^n} = \frac{1}{a^n b^n} = \frac{1}{a^n} \cdot \frac{1}{b^n} = a^{-n} b^{-n}$$
となり，指数法則 (3.9) が成り立つ。最後に，指数法則 (3.10) が任意の (負の数が混じった) 整数について成り立つためには, $m = 0$ または $n = 0$ のときは, $(a^m)^n = a^{mn} = a^0 = 1$ だから, 0 でない整数において, (i) 負の数 $-m$ と正の数 n について成り立つ, (ii) 正の数 m と負の数 $-n$ について成り立つ, (iii) そして負の数 $-m$ と負の数 $-n$ について成り立つ, この 3 つの事柄を示す必要がある。(i) については,
$$(a^{-3})^2 = \left(\frac{1}{a^3}\right)^2 = \frac{1}{a^3} \cdot \frac{1}{a^3} = \frac{1}{(a^3)^2} = \frac{1}{a^6} = a^{-6} \text{ となり,}$$
$$(a^{-3})^2 = a^{-3 \cdot 2} = a^{-6} \text{ と計算してよい。一般に,}$$
m, n を正の数として,
$$(a^{-m})^n = \left(\frac{1}{a^m}\right)^n = \underbrace{\frac{1}{a^m} \cdot \frac{1}{a^m} \cdots \cdots \frac{1}{a^m}}_{n \text{ 個}} = \frac{1}{(a^m)^n} = \frac{1}{a^{mn}} = a^{-mn}$$
が成り立つ。(ii) については,
$$(a^3)^{-2} = \frac{1}{(a^3)^2} = \frac{1}{a^6} = a^{-6} \text{ となり,}$$

$(a^3)^{-2} = a^{3 \cdot (-2)} = a^{-6}$ と計算してよい。一般に，

m, n を正の数として，

$$(a^m)^{-n} = \frac{1}{(a^m)^n} = \frac{1}{a^{mn}} = a^{-mn}$$

が成り立つ。最後に (iii) については，$m > 0$ として，(3.3) より，$\dfrac{1}{a^{-m}} = \dfrac{1}{\dfrac{1}{a^m}} = a^m$ に注意すると，

$$(a^{-3})^{-2} = \frac{1}{(a^{-3})^2} = \frac{1}{a^{-6}} = a^6 \text{ となり,}$$

$(a^{-3})^{-2} = a^{(-3) \cdot (-2)} = a^6$ と計算してよい。一般に，

m, n を正の数として，

$$(a^{-m})^{-n} = \frac{1}{(a^{-m})^n} = \frac{1}{a^{-mn}} = a^{mn}$$

となる。以上 (i), (ii), (iii) で，m, n を整数としても指数法則 (3.10) が成り立つことがわかる。こうして，$a^0 = 1$, $a^{-n} = \dfrac{1}{a^n}$ と定義すれば，m, n が整数の場合にも，指数法則 (3.8), (3.9), (3.10) が成り立つことがわかる。

練習 3.2 次の計算をせよ。

(i)　　$a^2 \cdot a^{-5}$　　　　(ii)　　$(a^2)^{-5}$　　　　(iii)　　$(ab)^{-5}$

(iv)　　$(a^2 b)^{-5}$　　　　(v)　　2^{a-2}

解答　(i) a^{-3}　(ii) a^{-10}　(iii) $a^{-5} b^{-5}$
(iv) $(a^2 b)^{-5} = (a^2)^{-5} b^{-5} = a^{-10} b^{-5}$　　(v) $2^a \cdot 2^{-2} = \dfrac{1}{4} \cdot 2^a$

3.5 補 足（C）

負の整数 $-n$ において，a^{-n} を，なぜ $a^{-n} = \dfrac{1}{a^n}$ と定義するのか，その理由を以下に述べる。負の整数 $-n$ において，a^{-n} を新たに定義するとき，うまく定義して，m, n が正でも負のときも，3.4 節の 3 つの指数法則 (3.8)，(3.9)，(3.10) が，やはり，成り立つようにしたい（自然数で成り立つ性質が整数でも同様に成り立つように，うまく定義したいわけである [*5]）。最初の指数法則 (3.8) が，整数 m, n で成り立つのであれば，m を負の数 $-n$ に置き換えても，等式が成り立っていなければならない。すなわち，(3.8) において，m を負の数 $-n$ に置き換えると，

$a^{-n} \cdot a^n = a^{-n+n} = a^0 = 1$ が成り立つ。そのためには，
$a^{-n} = \dfrac{1}{a^n}$ と定義しなければならない（定義せざるを得ない）。例えば，
$a^{-3} \cdot a^3 = a^{-3+3} = a^0 = 1$ が成り立つ。そのためには，
$a^{-3} = \dfrac{1}{a^3}$ と定義する。

そして，このように定義すれば，m, n が整数のときでも，3 つの指数法則が成り立つことは前節でみた通りである。

3.6 有理数の大小（A）

分母が正の数で等しい有理数の大小をみるのは易しい。

$21 > 20$ だから，$\dfrac{21}{35} > \dfrac{20}{35}$

$-20 > -21$ だから，$\dfrac{-20}{35} > \dfrac{-21}{35}$ 　一般に，

$b > 0$ で，$a > c \Leftrightarrow \dfrac{a}{b} > \dfrac{c}{b}$

[*5] 同様の考え方は，1.5 節 [p.18] における，負の数と負の数との積が正の数となることの議論の最後にもみられる。

すなわち $b>0$ のとき，$\dfrac{a}{b} > \dfrac{c}{b}$ は（分子を比較することによって）$a > c$ と同じことを意味する。

分母が異なる有理数 $\dfrac{3}{5}$ と $\dfrac{4}{7}$ がどちらが大きいかをみるのは，正の数で通分して分子を比べるとよい。例えば，

$$\dfrac{3}{5} = \dfrac{3 \cdot 7}{5 \cdot 7} = \dfrac{21}{35}, \qquad \dfrac{4}{7} = \dfrac{4 \cdot 5}{7 \cdot 5} = \dfrac{20}{35} \text{ より}$$

$$\dfrac{3}{5} > \dfrac{4}{7}$$

また，

$$\dfrac{-3}{5} = \dfrac{-3 \cdot 7}{5 \cdot 7} = \dfrac{-21}{35}, \qquad \dfrac{-4}{7} = \dfrac{-4 \cdot 5}{7 \cdot 5} = \dfrac{-20}{35}$$

ここで $-21 < -20$ だから

$$\dfrac{-3}{5} < \dfrac{-4}{7}$$

一般に，有理数 $\dfrac{a}{b}$ と $\dfrac{c}{d}$ との大小を比較するには，$b, d > 0$（つまり $b > 0, d > 0$）として，

$$\dfrac{a}{b} = \dfrac{ad}{bd}, \qquad \dfrac{c}{d} = \dfrac{bc}{bd} \text{ と通分すれば，}$$

$$\dfrac{a}{b} < \dfrac{c}{d} \Leftrightarrow \dfrac{ad}{bd} < \dfrac{bc}{bd} \Leftrightarrow ad < bc$$

すなわち，$\dfrac{a}{b} < \dfrac{c}{d}$ は（通分することによって）$\dfrac{ad}{bd} < \dfrac{bc}{bd}$ と同値で（そして分子どうしを比較して）$ad < bc$ と同値である。

次に，例えば，

$$0 < 2 < 3 \text{ で}, \qquad \dfrac{1}{2} = \dfrac{3}{6} > \dfrac{2}{6} = \dfrac{1}{3} \quad \text{より}, \qquad \dfrac{1}{2} > \dfrac{1}{3}$$

$$-3 < -2 < 0 \text{ で}, \quad \dfrac{1}{-3} = \dfrac{-2}{6} > \dfrac{-3}{6} = \dfrac{1}{-2} \quad \text{より}, \quad -\dfrac{1}{3} > -\dfrac{1}{2}$$

一般に，$a, b \neq 0$ が同符号（共に正かあるいは，共に負）のとき，$ab > 0$

であるから,

$$b > a \text{ ならば}, \quad \frac{1}{a} = \frac{b}{ab} > \frac{a}{ab} = \frac{1}{b} \text{ より}, \quad \frac{1}{a} > \frac{1}{b}$$

となる。つまり，$a, b \neq 0$ が同符号で $a < b$ のとき，a, b の逆数 $\frac{1}{a}, \frac{1}{b}$ をとると，$\frac{1}{a} > \frac{1}{b}$ となり，不等号の向きが逆になる。また，

$1 < a$ のとき，両辺に a をかけると，$a < a^2$ となる。

$a < a^2$ の両辺に a をかけて，$a^2 < a^3$ となる。これを繰り返し,

$$1 < a \text{ のとき}, \quad 1 < a < a^2 < a^3 < a^4 \cdots \tag{3.11}$$

今度は，$1 > a > 0$ のとき，両辺に a をかけると，$a > a^2$ となる。

$a > a^2$ の両辺に a をかけて，$a^2 > a^3$ となる。これを繰り返し,

$$0 < a < 1 \text{ のとき}, \quad 1 > a > a^2 > a^3 > a^4 \cdots \tag{3.12}$$

となる。

　有理数 a が正なら a^2 は正である。有理数 a が負なら，負の数どうしの積 a^2 は正となる。さらに $0 \cdot 0 = 0$ を考慮すると，有理数 a において $a^2 \geq 0$ となる。

練習 3.3　(i) $\frac{4}{5}$ と $\frac{6}{7}$ の大小を比べよ。

(ii) $-\frac{4}{5}$ と $-\frac{6}{7}$ の大小を比べよ。

解答　(i) $\frac{4}{5} = \frac{28}{35} < \frac{30}{35} = \frac{6}{7}$

(ii) $-\frac{4}{5} = \frac{-28}{35} > \frac{-30}{35} = -\frac{6}{7}$

3.7 数直線 (A)

数を視覚的に理解しよう．まず，**数直線**とは，原点 O と単位当たりの長さ 1 を与える点が備わったもので，次の図のようなものである．

①原点Oと長さ1を与える点　　②1に対応する点，2に対応する点，……

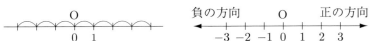

図 3.1

原点から見て，単位当たりの長さ 1 を与える点の方向，すなわち上図の右方向を，この数直線の**正の方向**と言う．そして逆の方向，すなわち上図の左方向を，この数直線の**負の方向**と言う．すると，数 a が与えられたとき，原点から正の方向へ a だけ進んだ数直線上の点を対応させることができる．例えば，3 という数には，原点から正の方向（上図の右方向）に 3 だけ進んだ点を対応させることができる．また -3 という数には，原点から正の方向に -3 だけ進んだ点，言い換えると，原点から負の方向（上図の左方向）に 3 だけ進んだ点を対応させることができる．より一般的に言うと，a が正の数であれば，原点から右に a だけ進んだ点を考えることとし，また，a が負の数であれば，原点から左に $|a|$ だけ進んだ点を考えるのである．このように考えると，任意の数に対して，それに対応する数直線上の点を考えることができる．

ここで，分数と小数との対応を考えよう．有理数 $\dfrac{a}{b}$ を小数で表すには，a を b で割ればよい．例えば，

$$\frac{1}{4} = 0.25, \quad \frac{7}{6} = 1.1666\cdots, \quad \frac{22}{7} = 3.142857142857\cdots$$

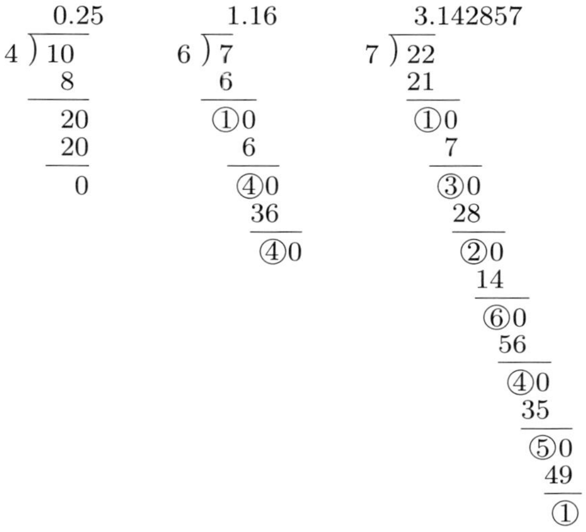

```
       0.25           1.16          3.142857
    4)10          6)7            7)22
      8             6              21
     ──            ──             ──
     20            ①0             ①0
     20             6              7
     ──            ──             ──
      0            ④0             ③0
                   36             28
                   ──             ──
                   ④0             ②0
                                  14
                                  ──
                                  ⑥0
                                  56
                                  ──
                                  ④0
                                  35
                                  ──
                                  ⑤0
                                  49
                                  ──
                                   ①
```

図 3.2

となる。上の 0.25 のように有限表示できる(有限で終わる)小数を**有限小数**と言う。有限表示で表せない小数を**無限小数**と言う。小数表示したとき,ある所から先に,幾つかの数の並びが無限に繰り返されているとき,これを**循環小数**と言う。上の例で言えば,$\frac{7}{6}$ は,1.1 より後は,6 が無限に続くから循環小数である。このとき,$\frac{7}{6} = 1.1\dot{6}$ と書く($\dot{6}$ は 6 が無限に続くことを表している)。同様に,$\frac{22}{7}$ は小数点以下は,142857 が無限に繰り返し続くから循環小数である。このとき,$\frac{22}{7} = 3.\dot{1}4285\dot{7}$ と書く($\dot{1}4285\dot{7}$ は 2 つのドットとその間の数が繰り返し無限に続くことを表している)。上の計算からわかるように,有理数を小数で表すと,有限小数か,あるいは循環小数になる。その理由は次の通りである。例えば,$\frac{22}{7}$ の割り算を実行したときに(有限小数で表せないならば)割り算

の各余りの部分（図 3.2 で丸印をつけた部分）には 0 から 6 までの数が無限に並ぶが，7 回以内には余りの部分に同じ数が 2 度現れ，その後はその（同じ 2 つの数の）間の計算が繰り返されるからである。

このように有理数は，小数表示すれば，数直線に対応させやすい。

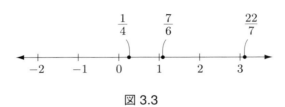

図 3.3

逆に，循環小数を分数の形に書き直すこともできる。例えば，$x = 0.1\dot{3}4\dot{5}$（0.1 の後に，345 が繰り返し無限に続く小数である）は，

$$10000x = 1345.345345\cdots$$
$$10x = 1.345345345\cdots \quad \text{上の式から下の式を引くと}$$
$$9990x = 1344 \quad \text{よって } x = \frac{1344}{9990} = \frac{672}{4995} \text{ となる。}$$

練習 3.4 (i) $\dfrac{4}{33}$ を小数で表せ。

(ii) $x = 0.1\dot{2}\dot{3}$ を分数で表せ。

解答 (i) 割り算を実行すればよい。$\dfrac{4}{33} = 0.\dot{1}\dot{2}$

(ii)
$$1000x = 123.2323\cdots$$
$$10x = 1.2323\cdots \quad \text{上の式から下の式を引くと}$$
$$990x = 122 \quad \text{よって } x = \frac{122}{990} = \frac{61}{495}$$

4 実数

《目標&ポイント》 実数について解説する。また，指数と対数の概念を学ぶ。そしてこれらの持つ諸性質を学ぶ。
《キーワード》 実数，稠密性，背理法，指数法則，対数法則

4.1 実数とは（A）

循環しない無限小数を**無理数**と言う。無理数と有理数を合わせて，**実数**と言う。

$$
実数\begin{cases} 有理数 \begin{pmatrix} 有限小数 \\ 循環する無限小数 \end{pmatrix} \begin{cases} 整数 \begin{cases} 自然数 \\ 負の整数 \end{cases} \\ 分数 \end{cases} \\ 無理数 \quad (循環しない無限小数) \end{cases}
$$

図 4.1

実数の和や積の演算でも，有理数の場合と同様の性質が成り立つ。

ところで，正の数 x で，$x^2 = 2$ となるような数はどんな数であろうか。このような x を $\sqrt{2}$ で表すことにしよう。すると，$(\sqrt{2})^2 = 2$ である。ここで，$1 < \sqrt{2} < 2$ である。なぜならば，$0 < x < 1$ なる数 x は 2 乗すると 1 より小さくなってしまうし，$2 \leq x$ なる x は 2 乗すると 4 以上になってしまうから，2 乗して 2 になる数は，1 と 2 の間にある。

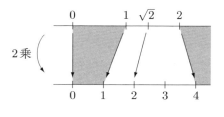

図 4.2

$x^2 = 2$ となる x は，$\sqrt{2}$ の他に負の数 $-\sqrt{2}$ もそうである。なぜなら，
$$(-\sqrt{2})^2 = (-1 \cdot \sqrt{2})^2 = (\sqrt{2})^2 = 2$$
だからである。よって，$x^2 = 2$ となる数を，2 の**平方根**（**2 乗根**）と呼ぶことにすれば，2 の平方根は，$\pm\sqrt{2}$ と 2 つあることになる[*1]。一般に，$a > 0$ として，$x^2 = a$ となるような数 $x > 0$ を $\sqrt{a}$ で表すことにする。$x^2 = a$ となる数は，$\sqrt{a}$ の他に $-\sqrt{a}$ もそうである。なぜなら，
$$(-\sqrt{a})^2 = (-1 \cdot \sqrt{a})^2 = (\sqrt{a})^2 = a$$
だからである。よって，$x^2 = a$ となる数を，a の平方根と呼ぶことにすれば，a の平方根は，$\pm\sqrt{a}$ と 2 つある。

コメント 4.1 このように $\sqrt{a}$ を定義すると，$a > 0$ ならば，$\sqrt{a}$ は常に正である。すると，次のことに注意しよう。

$\sqrt{2^2} = \sqrt{4} = 2$
$\sqrt{(-2)^2} = \sqrt{4} = 2$ となり $\sqrt{(-2)^2} = -2$ ではない。よって，
$\sqrt{b^2} = |b|$ （b は正か負かわからないので）

次に，$a, b > 0$ のとき，$\sqrt{a}\sqrt{b} = \sqrt{ab}$ が成り立つ。なぜなら，
$$(\sqrt{a}\sqrt{b})^2 = \sqrt{a}\sqrt{b} \cdot \sqrt{a}\sqrt{b} = (\sqrt{a})^2(\sqrt{b})^2 = ab$$
$$(\sqrt{ab})^2 = \sqrt{ab} \cdot \sqrt{ab} = ab \quad \text{よって，}$$
上 2 式は共に 2 乗して ab になるから，$\sqrt{a}\sqrt{b} = \sqrt{ab}$ [*2]

また，$\sqrt{\dfrac{a}{b}} = \dfrac{\sqrt{a}}{\sqrt{b}}$ が成り立つ。なぜなら，

[*1] $\sqrt{2}$ と $-\sqrt{2}$ の 2 つをまとめて $\pm\sqrt{2}$ とも書く。
[*2] $A, B \geq 0$ のとき，$A^2 = B^2 \Leftrightarrow A = B$ という性質を使う。$A = \sqrt{a}\sqrt{b}$，$B = \sqrt{ab}$ と置き換えれば，上の 2 式より $A^2 = B^2 = ab$ となるから，いま述べた性質から $A = B$ である。

$$\left(\sqrt{\frac{a}{b}}\right)^2 = \sqrt{\frac{a}{b}} \cdot \sqrt{\frac{a}{b}} = \frac{a}{b}$$

$$\left(\frac{\sqrt{a}}{\sqrt{b}}\right)^2 = \frac{\sqrt{a}}{\sqrt{b}} \cdot \frac{\sqrt{a}}{\sqrt{b}} = \frac{(\sqrt{a})^2}{(\sqrt{b})^2} = \frac{a}{b} \quad \text{よって，}$$

上 2 式は共に 2 乗して $\frac{a}{b}$ になるから，$\sqrt{\frac{a}{b}} = \frac{\sqrt{a}}{\sqrt{b}}$

さらに，0 以上の実数 a, b で，

$(\sqrt{a} - \sqrt{b})^2 \geq 0$　左辺を展開して，$a + b - 2\sqrt{a}\sqrt{b} \geq 0$

したがって，$a + b \geq 2\sqrt{a}\sqrt{b}$ となり，$\frac{a+b}{2} \geq \sqrt{ab}$

最後の式の左辺 $\frac{a+b}{2}$ を**相加平均**と呼び，右辺 $\sqrt{ab}$ を**相乗平均**と言う。相加平均は相乗平均以上である。

例 4.1　$\sqrt{8} + \sqrt{18} = \sqrt{2}\sqrt{4} + \sqrt{2}\sqrt{9} = 2\sqrt{2} + 3\sqrt{2} = 5\sqrt{2}$

$(\sqrt{2} + \sqrt{3})^2 = (\sqrt{2})^2 + 2\sqrt{2}\sqrt{3} + (\sqrt{3})^2 = 5 + 2\sqrt{6}$

$\sqrt{2} \cdot \sqrt{3} \cdot \sqrt{6} = \sqrt{2} \cdot \sqrt{3} \cdot \sqrt{2} \cdot \sqrt{3} = 6$

$\sqrt{\frac{2}{9}} = \frac{\sqrt{2}}{\sqrt{9}} = \frac{\sqrt{2}}{3}$

練習 4.1　次の計算をせよ。

(i)　$(\sqrt{3} + \sqrt{2})(\sqrt{3} - \sqrt{2})$　(ii)　$\sqrt{6} \cdot \frac{\sqrt{3}}{\sqrt{2}}$

解答　(i) $(\sqrt{3} + \sqrt{2})(\sqrt{3} - \sqrt{2}) = \sqrt{3}^2 - \sqrt{2}^2 = 1$

(ii) $\sqrt{6} \cdot \frac{\sqrt{3}}{\sqrt{2}} = \sqrt{\frac{6 \cdot 3}{2}} = \sqrt{9} = 3$

4.2 無理数の証明（B）

さて，$\sqrt{2}$ は有理数であろうか。そのことを以下に考える。まず，すべての自然数は，偶数か奇数かのいずれかである。すると，

偶数は $2k$ という形で表せ，2 乗すると $(2k)^2 = 4k^2 = 2(2k^2)$ で偶数である。

奇数は $2k+1$ という形で表せ，2 乗すると，
$(2k+1)^2 = 4k^2 + 4k + 1 = 2(2k^2 + 2k) + 1$ で奇数になる。

よって，x^2 が偶数であれば，x も偶数でなければならない。　　　(4.1)

さて，$\sqrt{2}$ が有理数であると仮定しよう。すると，

$$\text{ある自然数 } a, b \text{ が存在して，} \sqrt{2} = \frac{a}{b} \quad (b \neq 0)$$

と分数で表すことができる。ここで，$\dfrac{a}{b}$ はこれ以上約分できない形（に整理されている）と仮定しても構わない。したがって，a と b は互いに素である。上の式の両辺を 2 乗すると，

$$2 = \frac{a^2}{b^2} \quad \text{よって，} 2b^2 = a^2 \text{ となる。}$$

ここで，$2b^2$ は偶数であるから，a^2 も偶数である。

よって，(4.1) より a も偶数である。よって，$a = 2k$ という形で表すことができる。すると，

$2b^2 = a^2 = (2k)^2 = 4k^2$ となる。これより，

$b^2 = 2k^2$ となり，b^2 は偶数となる。再び (4.1) より b も偶数となる。

すると，a, b 共に偶数で 2 で割れるから，互いに素であることに矛盾する。これは最初に $\sqrt{2}$ が有理数と仮定して，議論を進めた結果矛盾が出た。したがって，最初の仮定が間違っている。

よって，$\sqrt{2}$ は有理数でない。

$\sqrt{2}$ は有理数でないから，小数で表したとき，循環しない小数となる。
さて，上の $\sqrt{2}$ が無理数であることの証明のように，ある事柄 A が成り立たないこと（上の場合は $\sqrt{2}$ は有理数でないということ）を示すのに，A が成り立つと仮定して議論を進めて，矛盾を導きだすことができれば，それは A が成り立たないことを示したことになる。この論法を**背理法**と言う。まとめると，

ある事柄 A が成り立たないことを示すには，

　　A が成り立つと仮定して議論を進めて，矛盾を導きだせばよい。

　同様に，ある事柄 A が成り立つことを示すには，

　　A が成り立たないと仮定して議論を進めて，矛盾を導きだせばよい。

さて，$\sqrt{2}$ を小数で表すとどうなるであろうか。

$$1^2 = 1,\ 2^2 = 4,\ 3^2 = 9\ \text{だから，}$$

2 乗して 2 より小さい数 1 と大きな数 2 を選んで，

$$1^2 < 2 = (\sqrt{2})^2 < 2^2 \quad \text{ここで 2 乗を削除して}$$

$$1 < \sqrt{2} < 2$$

であることがわかる[*3]。同様に，小数第 1 位までの小数で考えて，

$$(1.3)^2 = 1.69,\ (1.4)^2 = 1.96,\ (1.5)^2 = 2.25,\ (1.6)^2 = 2.56$$

ここで，2 乗して 2 より小さい数 1.4 と大きな数 1.5 を選んで，

$$(1.4)^2 < 2 = (\sqrt{2})^2 < (1.5)^2 \quad \text{ここで 2 乗を削除して}$$

$$1.4 < \sqrt{2} < 1.5$$

となる。この議論を繰り返すことによって，実数 $\sqrt{2}$ を小数で表すと，

[*3] (1.21) [p.25] 参照。$a < b \Leftrightarrow a^2 < b^2$ において，例えば $a = 1$，$b = \sqrt{2}$ と置き換えれば，$1^2 < (\sqrt{2})^2$ より，$1 < \sqrt{2}$ が得られる。

$$\sqrt{2} = 1.41421356\cdots$$

と続く（循環しない）無限小数になる。

4.3 有理数の稠密性（C）

r_n を，$\sqrt{2}$ の小数点以下第 n 桁目までの有限小数（有理数）とする。そして列，

$$r_0 = 1$$
$$r_1 = 1.4$$
$$r_2 = 1.41$$
$$r_3 = 1.414$$
$$r_4 = 1.4142$$
$$\vdots$$

を考えると，n を（どんどん）大きくすると，r_n は限りなく $\sqrt{2}$ に近づく。よって，

$\sqrt{2}$ に近いどんな実数 $a < \sqrt{2}$ が与えられても，n を十分大きくとれば，a よりもっと近い $a < r_n < \sqrt{2}$ となる有理数 r_n を選べる。

例えば，

$\sqrt{2}$ に近い実数 $a = 1.4142135498\cdots < \sqrt{2} = 1.41421356\cdots$ が与えられても，もっと近い $a < r_n < \sqrt{2}$ となる有理数 r_n として，例えば，

$$r_8 = 1.41421356 \text{ を選べる}$$

上で $\sqrt{2}$ を任意の実数 b に置き換えると，一般に次が成り立つ [*4]。

[*4] b が有限小数の場合，例えば $b = 1.23$ ならば，$r_0 = 1$, $r_1 = 1.2$, $r_2 = 1.22$ そして $n > 2$ のときは $r_n = 1.22\underbrace{99\cdots 9}_{n-2\text{個}}$ とする。

2つの実数 $a < b$ が任意に与えられたとき，

$a < c < b$ となる有理数 c が存在する．

これを，有理数の**稠密**（ちゅうみつ）**性**と言う．

実数 r が与えられれば（小数表示することで 3.7 節でみたように）それを数直線上に点として示すことができ，また逆に，数直線上の点 P をとると，それに対応して P を小数で表すことができる．このように考えると，数直線上の点と実数とを対応させることができる．したがって，「数直線」を「無数の点の集まり」そしてそれは「実数を集めたもの（実数の集合）」とみることもできる．

練習 4.2 上の方法にならって，$\sqrt{3}$ を小数第一位まで求めよ．

解答　　$(1.7)^2 = 2.89 < 3 < (1.8)^2 = 3.24$ より，

$(1.7)^2 < (\sqrt{3})^2 < (1.8)^2$ となり，

$1.7 < \sqrt{3} < 1.8$

よって，$\sqrt{3}$ を小数第一位まで求めると，1.7 となる．

4.4　n 乗根 (A)

$x^2 = 2$ を満たす x を，2 の 2 乗根（平方根）と言った．
2 の 2 乗根で正の数を，$\sqrt[2]{2}$ あるいは，$\sqrt{2}$ で表す．
よって，$(\sqrt{2})^2 = 2$ である．また，$(-\sqrt{2})^2 = 2$ でもある．
したがって，2 の 2 乗根は，$\sqrt{2}$ と $-\sqrt{2}$ の 2 つある．

また，

　　$x^3 = 2$ を満たす x を，2 の **3 乗根**（**立方根**）と言う．

2の3乗根で正の数を，$\sqrt[3]{2}$ で表す [*5]。
よって，$(\sqrt[3]{2})^3 = 2$ である。しかし，$(-\sqrt[3]{2})^3 = -2$ である。
したがって，2の3乗根は $\sqrt[3]{2}$ ただ1つである。

一般に，a を正の数，$n > 0$ を自然数としたとき，

$x^n = a$ を満たす x を，a の **n 乗根** と言う。

a の n 乗根を（2つあるときは正のほうを）$\sqrt[n]{a}$ で表す。ここで，
n が偶数のとき a の n 乗根は $\pm\sqrt[n]{a}$ の2つあり，$(\pm\sqrt[n]{a})^n = a$，
n が奇数のとき a の n 乗根はただ1つ $\sqrt[n]{a}$ で，$\quad (\sqrt[n]{a})^n = a$ [*6]

a が負の数のときは注意が必要である。例えば，

$x^2 = -2$ となる x は存在しない。
$x^3 = -2$ となる x は $-\sqrt[3]{2}$ ただ1つである。一般に，$a < 0$ の場合，
n が偶数のとき，$x^n = a$ となる a の n 乗根 x は存在しない，　　　(4.2)
n が奇数のとき，$x^n = a$ となる a の n 乗根 x は $-\sqrt[n]{|a|}$ ただ1つ [*7]。

4.5　n 乗根の大小（C）

例 4.2　まず，$1 < b$ とする。

$a = \sqrt[n]{b}$ とすると，$1 < b = a^n$　　ここで，$1 < a = \sqrt[n]{b}$ である [*8]。
(3.11) より，$1 < a < a^2 < a^3 < \cdots < a^n$
すなわち，$1 < \sqrt[n]{b} < (\sqrt[n]{b})^2 < (\sqrt[n]{b})^3 < \cdots < (\sqrt[n]{b})^n = b$　　(4.3)

[*5]　$1 < \sqrt[3]{2} < 2$ である。なぜならば，$0 < x < 1$ なる数 x は3乗すると1より小さくなってしまうし，$2 \leq x$ なる x は3乗すると8以上になってしまうから，3乗して2になる数は，1と2の間にある。

[*6]　複素数まで拡張するとこのことは成り立たなくなる（例5.11参照）。

[*7]　複素数まで拡張するとこのことは成り立たなくなる。

[*8]　もし $a < 1$ なら，(3.12) より，$1 > a > a^2 > a^3 > \cdots$ で $1 > a^n = b$ となってしまう。

同様に，$0 < b < 1$ のとき，

$a = \sqrt[n]{b}$ とすると，$1 > b = a^n$。ここで $1 > a = \sqrt[n]{b}$ である^{*9}。
(3.12) [p.57] より，$1 > a > a^2 > a^3 > \cdots > a^n$
すなわち，$1 > \sqrt[n]{b} > (\sqrt[n]{b})^2 > (\sqrt[n]{b})^3 > \cdots > (\sqrt[n]{b})^n = b$ (4.4)

例 4.3 $a > 1$ のとき，(4.3) より，$(\sqrt[2]{a})^3 > (\sqrt[2]{a})^2$，$(\sqrt[4]{a})^4 > (\sqrt[4]{a})^3$ だから，

$(\sqrt[2]{a})^3 > (\sqrt[2]{a})^2 = a = (\sqrt[3]{a})^3 = (\sqrt[4]{a})^4 > (\sqrt[4]{a})^3$ となり，
$(\sqrt[2]{a})^3 > (\sqrt[3]{a})^3 > (\sqrt[4]{a})^3$

よって，$\sqrt[2]{a} > \sqrt[3]{a} > \sqrt[4]{a}$ となる^{*10}。この議論を繰り返し，
$\sqrt[2]{a} > \sqrt[3]{a} > \sqrt[4]{a} > \sqrt[5]{a} > \sqrt[6]{a} > \cdots > 1$ となる^{*11}。 (4.5)

次に，$0 < a < 1$ のとき，(4.4) より，$(\sqrt[2]{a})^3 < (\sqrt[2]{a})^2$，$(\sqrt[4]{a})^4 < (\sqrt[4]{a})^3$ だから，

$(\sqrt[2]{a})^3 < (\sqrt[2]{a})^2 = a = (\sqrt[3]{a})^3 = (\sqrt[4]{a})^4 < (\sqrt[4]{a})^3$ となり，
$\sqrt[2]{a} < \sqrt[3]{a} < \sqrt[4]{a}$ となる。この議論を繰り返し，
$\sqrt[2]{a} < \sqrt[3]{a} < \sqrt[4]{a} < \sqrt[5]{a} < \sqrt[6]{a} < \cdots < 1$ となる^{*12}。

---

*9 もし $a > 1$ なら，(3.11) [p.57] より，$1 < a < a^2 < a^3 < \cdots$ で $1 < a^n = b$ となってしまう。

*10 $A, B \geq 0$ のとき，$A > B \Leftrightarrow A^3 > B^3$ が成り立つ。これを使う。例えば，$A = \sqrt[2]{a}$，$B = \sqrt[3]{a}$ とおけば，$(\sqrt[2]{a})^3 > (\sqrt[2]{a})^2 = a = (\sqrt[3]{a})^3$ より，$\sqrt[2]{a} > \sqrt[3]{a}$ となる。

*11 簡単に言うと例えば，$x = \sqrt[2]{a}$ と $y = \sqrt[3]{a}$ とで，$x^2 = y^3 = a$ より，y の方が（2乗でなく）3乗して a となるから（$x, y > 1$ を考慮して）その分 x より小さい。

*12 簡単に言うと例えば，$x = \sqrt[2]{a}$ と $y = \sqrt[3]{a}$ とで，$x^2 = y^3 = a$ より，y の方が（2乗でなく）3乗して a となるから（$x, y < 1$ を考慮して）その分 x より大きい。

4.6 指数法則その3（A）

1.6 節 [p.21] で m, n が自然数の場合，そして 3.4 節 [p.52] で m, n が整数のときも，指数法則が成り立つことをみた．

(i) さて n を正の整数として，分数 $\dfrac{1}{n}$ において，$a^{\frac{1}{n}}$ はまだ定義していないので，これを a の正の n 乗根，すなわち，

$$a^{\frac{1}{n}} = \sqrt[n]{a}$$

と定義する．ただし，このときは (4.2) をかんがみて，以下 $a > 0$ の場合のみ考える．

(ii) 一般に，n を正の整数（m は正負どちらでもよい）として，有理数 $\dfrac{m}{n}$ において，$a^{\frac{m}{n}}$ を，

$a^{\frac{m}{n}} = (a^{\frac{1}{n}})^m = (\sqrt[n]{a})^m$ と定義する．例えば，

$a^{\frac{2}{3}} = (\sqrt[3]{a})^2$ である．

(iii) 最後に r が実数のとき，a^r を定義しよう．例えば $a^{\sqrt{2}}$ を定義するのに次のように考える．例えば r_n を，$\sqrt{2}$ の小数点以下第 n 桁目までの有限小数（有理数）とする．n を（どんどん）大きくすると，r_n は限りなく $\sqrt{2}$ に近づく．各 a^{r_n} は，指数が有理数だから (ii) により計算できる．このとき，

$$a^{r_0}, \ a^{r_1}, \ a^{r_2}, \ a^{r_3}, \ a^{r_4}, \ \cdots$$

は（指数部分 r_n が $\sqrt{2}$ に近づくにつれて）ある値に近づく（収束する）ことが知られている．この値（行きつく先）を $a^{\sqrt{2}}$ とするのである．一般に，r を実数としたとき，有理数の列

$r_0, \ r_1, \ r_2, \ r_3, \ r_4, \ \cdots$ が r に近づくとき，

$$a^{r_0},\ a^{r_1},\ a^{r_2},\ a^{r_3},\ a^{r_4},\ \cdots\ \text{の行きつく先を}\ a^r\ \text{とする}$$

ここで，r に近づくような有理数の列，$r_0,\ r_1,\ r_2,\ \cdots$ の選び方によらず，上で定義される a^r は，同じ値をとることが知られている。

以上 (i), (ii), (iii) より，r が有理数や実数のときにも，a^r が定義できた。そして，r, s を有理数さらには実数としても，(3.8)，(3.9)，(3.10)
[p.52] と同様の指数法則すなわち，

$$a^r \cdot a^s = a^{r+s} \tag{4.6}$$

$$(ab)^r = a^r b^r \tag{4.7}$$

$$(a^r)^s = a^{rs} \tag{4.8}$$

が成り立つことが知られている。ただし，ここで，$a, b > 0$ とする。

例 4.4

$$4^{\frac{2}{3}} \cdot 4^{-\frac{1}{6}} = 4^{\frac{2}{3} - \frac{1}{6}} = 4^{\frac{1}{2}} = 2$$

$$(36 \cdot 3)^{\frac{1}{2}} = 36^{\frac{1}{2}} \cdot 3^{\frac{1}{2}} = 6\sqrt{3}$$

$$(3a^2)^{\frac{1}{2}} = 3^{\frac{1}{2}} \cdot (a^2)^{\frac{1}{2}} = \sqrt{3}\,a$$

$$8^{-\frac{2}{3}} = (8^{\frac{1}{3}})^{-2} = 2^{-2} = \frac{1}{4} \quad \text{これは}$$

$$8^{-\frac{2}{3}} = (2^3)^{-\frac{2}{3}} = 2^{-3 \cdot \frac{2}{3}} = 2^{-2} = \frac{1}{4} \quad \text{と計算してもよい。}$$

$$\left(\frac{1}{8}\right)^{-\frac{2}{3}} = (2^{-3})^{-\frac{2}{3}} = 2^{-3 \cdot \frac{-2}{3}} = 2^2 = 4$$

4.7 補足（C）

この節でも，$a, b > 0$ とする。有理数 $\dfrac{m}{n}$ において，$a^{\frac{m}{n}}$ を，なぜ $a^{\frac{m}{n}} = (\sqrt[n]{a})^m$ と定義するのか，そうする理由を以下に述べる。有理数 $\dfrac{m}{n}$ において，$a^{\frac{m}{n}}$ を新たに定義するとき，これをうまく定義して，r, s を有理数としたときにも，上の3つの指数法則 (4.6)，(4.7)，(4.8) が，やはり，成り立つようにしたいのである。

(i) 指数法則 (4.8) が，任意の有理数 r, s で成り立てば，r を $\dfrac{1}{n}$ に，s を n に置き換えても，等式が成り立たなければならない。すなわち，$(a^{\frac{1}{n}})^n = a^{\frac{1}{n} \cdot n} = a^1 = a$ が成り立っていなければならない。そのために，$a^{\frac{1}{n}} = \sqrt[n]{a}$ と定義しなければならない（定義せざるを得ない）。例えば，$(a^{\frac{1}{3}})^3 = a^{\frac{1}{3} \cdot 3} = a^1 = a$ が成り立っていなければならない。そのために，$a^{\frac{1}{3}} = \sqrt[3]{a}$ と定義する。

(ii) 指数法則 (4.8) が，任意の有理数 r, s で成り立てば，r を $\dfrac{1}{n}$ に，s を m に置き換えても，等式が成り立たなければならない。すなわち，

$(a^{\frac{1}{n}})^m = a^{\frac{m}{n}}$ が成り立っていなければならない。ここで，

(i) より $(a^{\frac{1}{n}})^m = (\sqrt[n]{a})^m$ である。ゆえに，

$a^{\frac{m}{n}} = (\sqrt[n]{a})^m$ と定義しなければならない（定義せざるを得ない）。

例えば，$(a^{\frac{1}{3}})^2 = (\sqrt[3]{a})^2 = a^{\frac{2}{3}}$ が成り立っていなければならない。そのために，$a^{\frac{2}{3}} = (\sqrt[3]{a})^2$ と定義する。

このようにして，有理数 $\dfrac{m}{n}$ において，$a^{\frac{m}{n}} = (\sqrt[n]{a})^m$ と定義されるのである。すると，

$$((a^{\frac{1}{n}})^{\frac{1}{m}})^{mn} = (((a^{\frac{1}{n}})^{\frac{1}{m}})^m)^n = (a^{\frac{1}{n}})^n = a \text{ また,}$$
$$((a^{\frac{1}{m}})^{\frac{1}{n}})^{mn} = (((a^{\frac{1}{m}})^{\frac{1}{n}})^n)^m = (a^{\frac{1}{m}})^m = a \text{ より,}$$
$$(a^{\frac{1}{n}})^{\frac{1}{m}} = (a^{\frac{1}{m}})^{\frac{1}{n}} = a^{\frac{1}{mn}}$$

が成り立つ。また,

$$(\sqrt[n]{a}\sqrt[n]{b})^n = (\sqrt[n]{a})^n(\sqrt[n]{b})^n = ab \text{ より}$$

ab の正の n 乗根 $\sqrt[n]{ab}$ は $\sqrt[n]{a}\sqrt[n]{b}$ に等しい。すなわち,

$$\sqrt[n]{ab} = \sqrt[n]{a}\sqrt[n]{b} \quad \text{言い換えると,} \quad (ab)^{\frac{1}{n}} = a^{\frac{1}{n}}b^{\frac{1}{n}} \tag{4.9}$$

である。さらに, (4.9) を使うと,

$$\sqrt[n]{a^m} = \sqrt[n]{\underbrace{a \cdots\cdots a}_{m\text{ 個}}} = \underbrace{\sqrt[n]{a} \cdots\cdots \sqrt[n]{a}}_{m\text{ 個}} = (\sqrt[n]{a})^m = a^{\frac{m}{n}}$$

したがって, $\quad a^{\frac{m}{n}} = (\sqrt[n]{a})^m = \sqrt[n]{a^m}$

となる。また, k を自然数として,

$$a^{\frac{km}{kn}} = (a^{\frac{1}{kn}})^{km} = ((a^{\frac{1}{n}})^{\frac{1}{k}})^{km} = (a^{\frac{1}{n}})^m = a^{\frac{m}{n}}$$

よって, $a^{\frac{m}{n}} = a^{\frac{mk}{nk}}$ となる。一般に有理数 r を分数で表すにはいろいろな表し方がある $\left(\text{例えば } \dfrac{1}{2} = \dfrac{2}{4} = \dfrac{3}{6} \text{ など}\right)$。そこで, m, n, m', n' を整数として,

$$r = \frac{m}{n} = \frac{m'}{n'} \quad \text{としても,} \quad a^{\frac{m}{n}} = a^{\frac{m'}{n'}}$$

が成り立つ。すなわち, 上の a^r の定義は, r の表し方によらない。

4.8 対 数 (A)

指数の考え方を逆にしたものが, 対数の考えである。以下この章では, a を 1 でない正の数とする。$a^m = b$ が成り立つとき, m を $\log_a b$ と書

き，a を底とする真数 b の対数と言う。すなわち，

$$a^m = b \Leftrightarrow m = \log_a b \tag{4.10}$$

である。言い換えると，$\log_a b$ とは，a を何乗すると b になるか，その何乗（上式の m）にあたる数のことである。$a^m = b$ のとき，m がどんな実数でも（$a > 0$ であるから），a^m すなわち，b は正の数となる。逆に，$b > 0$ が与えられたとき，$a^m = b$ となる m がただ 1 つ存在する[*13]。この m を $\log_a b$ で表すのである。以下 $\log_a b$ と書いたときは，底 $a \neq 1$ を正とし，真数 b は常に正の数とする。

さて，対数の意味 (4.10) を考えると，

$$a^{\log_a b} = b \tag{4.11}$$

$$\log_a a^m = m \tag{4.12}$$

が成り立つ。また，

$x = y$ のとき，$\log_a x = \log_a y$ が成り立つ。このとき，
$x = y$ の両辺の（a を底とする）対数をとると $\log_a x = \log_a y$ となる，と言う。

さて，指数法則を思い出そう。m, n を実数として，

$$a^m \cdot a^n = a^{m+n} \tag{4.13}$$

$$a^m \cdot a^{-n} = a^{m-n} \tag{4.14}$$

$$(a^m)^n = a^{mn} \tag{4.15}$$

これらを対数の言葉で言い換えよう。まず，(4.12) より次が成り立つ。

$M = a^m, \ N = a^n$ とおくと，$m = \log_a M, \ n = \log_a N$ \quad (4.16)

[*13] 詳しくは指数関数ある節 [p.167] を参照。

(4.13) の両辺の対数をとると，$\log_a(a^m \cdot a^n) = \log_a a^{m+n} = m+n$
これを (4.16) で書き換えると，$\log_a MN = \log_a M + \log_a N$
つまり，左辺の積 MN の対数が，右辺では各 M, N の対数の和に変わることになる。

同様に，$a^{-n} = \dfrac{1}{a^n} = \dfrac{1}{N}$ であるから，

(4.14) の両辺の対数をとると，$\log_a(a^m \cdot a^{-n}) = \log_a a^{m-n} = m-n$
これを (4.16) で書き換えると，$\log_a \dfrac{M}{N} = \log_a M - \log_a N$
つまり，左辺の商 $\dfrac{M}{N}$ の対数が，右辺では各 M, N の対数の差に変わることになる。さらに，

(4.15) の両辺の対数をとると，$\log_a (a^m)^n = \log_a a^{mn} = mn$
これを (4.16) で書き換えると，$\log_a M^n = n \log_a M$
つまり，左辺の真数 M^n の指数 n を，$\log_a M$ との積として前に移動させることができる。また，(4.11) より，

$b^{\log_b c} = c$ であるから，公式 $\log_a M^n = n \log_a M$ を使うと，
$\log_a c = \log_a b^{\log_b c} = (\log_b c)(\log_a b)$ よって，
$\log_b c = \dfrac{\log_a c}{\log_a b}$

これを底の（b から a への）**変換公式**と言う。$a = c$ とすれば，
$\log_b c = \dfrac{1}{\log_c b}$

以上から，指数法則を対数の言葉で書き換えると，次のようになる。a, b は 1 でない正の数とし，M, N, c は正の数とすると，

$$\log_a MN = \log_a M + \log_a N, \quad \log_a \frac{M}{N} = \log_a M - \log_a N$$
$$\log_a M^n = n \log_a M, \quad \log_b c = \frac{\log_a c}{\log_a b}, \quad \log_b c = \frac{1}{\log_c b} \quad (4.17)$$

例 4.5
$$\log_2 (2 \cdot 3) = \log_2 2 + \log_2 3 = 1 + \log_2 3$$
$$\log_2 \frac{2}{3} = \log_2 2 - \log_2 3 = 1 - \log_2 3$$
$$\log_2 9 = \log_2 3^2 = 2 \log_2 3$$
$$\log_4 8 = \frac{\log_2 8}{\log_2 4} = \frac{3}{2}, \quad \log_8 2 = \frac{1}{\log_2 8} = \frac{1}{3}$$

最後の 2 式では，底の変換によって値が求めやすくなることを実感しよう。

練習 4.3 $\log_{10} 2 \fallingdotseq 0.301$, $\log_{10} 3 \fallingdotseq 0.477$ として次の値を求めよ。

(i)　　$\log_{10} 20$　　　　(ii)　　$\log_{10} \frac{2}{3}$

(iii)　　$\log_{10} 9$　　　　(iv)　　$\log_2 3$

(v)　　$\log_2 10$

解答　(i) $\log_{10} 20 = \log_{10} 10 + \log_{10} 2 = 1 + \log_{10} 2 \fallingdotseq 1.301$

(ii) $\log_{10} \frac{2}{3} = \log_{10} 2 - \log_{10} 3 \fallingdotseq -0.176$

(iii) $\log_{10} 9 = \log_{10} 3^2 = 2 \log_{10} 3 \fallingdotseq 0.954$

(iv) $\log_2 3 = \frac{\log_{10} 3}{\log_{10} 2} \fallingdotseq 1.585$

(v) $\log_2 10 = \frac{1}{\log_{10} 2} \fallingdotseq 3.322$

最後の 2 式では，問題の条件が使えるように底を変換したことを実感しよう。

5 │ 方程式と不等式

《目標＆ポイント》 複素数とはどういうものかを考える。方程式と不等式についてその意味を考える。また，解を求める方法を解説する。
《キーワード》 複素数，方程式，不等式，解

5.1 複素数（A）

$x^2 = -1$ となるような実数 x は存在しない。そこで実数をさらに拡張して複素数を導入する。まず新たな数 i を，$i^2 = -1$ を満たすものと規定し，**虚数単位**と呼ぶ。実数 b と i との積 bi，これに実数 a との和をとった $a + bi$ という形の数を**複素数**と呼び，a を**実部**，b を**虚部**と言う（bi は虚部とは呼ばない）。複素数どうしの和や積の演算は，実数の場合と同様の演算法則があてはまるよう定義する。ただ $i^2 = -1$ という性質が新たに付け加わる。すなわち，

$$(a + bi) + (c + di) = (a + c) + (b + d)i$$
$$(a + bi)(c + di) = (ac + adi + bci + bdi^2 =) (ac - bd) + (ad + bc)i$$

と定義する。すると，$(-i)^2 = (-1 \cdot i)^2 = -1$ も成り立つ。したがって，$x^2 = -1$ となるような x は，$\pm i$ となる。$x^2 = -1$ となるような x を $\pm\sqrt{-1}$ と書くことにして，$\sqrt{-1} = i$ とする。

同様に，$x^2 = -2$ となるような x は，$\pm\sqrt{2}\,i$ となる。実際 $(\pm\sqrt{2}\,i)^2 = 2i^2 = -2$ である。$x^2 = -2$ となる x を，$\pm\sqrt{-2}$ と書くことにすれば，

$$\sqrt{-2} = \sqrt{2 \cdot (-1)} = \sqrt{2}\,\sqrt{-1} = \sqrt{2}\,i$$

となる。まとめると，$a > 0$ として，

$x^2 = 2$ となるような x は，$\pm\sqrt{2}$,

$x^2 = -2$ となるような x は，$\pm\sqrt{-2} = \pm\sqrt{2}\,i$, 一般に,

$x^2 = -a$ となるような x は，$\pm\sqrt{-a} = \pm\sqrt{a}\,i$

となる。次に，2つの複素数 $a+bi$ と $c+di$ において,

$a+bi = c+di$ ならば， $(a-c) = (d-b)i$

両辺を2乗して, $(a-c)^2 = -(d-b)^2$

ここで左辺は0以上，右辺は0以下。

よって, $(a-c)^2 = -(d-b)^2 = 0$

したがって, $a=c, b=d$ となる。

よって，2つの複素数 $a+bi$ と $c+di$ が等しいとは，実部どうしが等しく（$a=c$），しかも虚部どうしも等しい（$b=d$）ことに他ならない。また，複素数 $a+bi$ が0であるとは，a,b 共に0と言うことであり，これは言い換えると，$a^2+b^2=0$ と言うことである[*1]。まとめると,

$a+bi = 0 \Leftrightarrow a, b$ 共に0 $\Leftrightarrow a^2+b^2 = 0$

$a+bi \neq 0 \Leftrightarrow$ 「a, b 共に0」ではない[*2] $\Leftrightarrow a^2+b^2 \neq 0$

(5.1)

練習 5.1 次の計算をせよ。

(i) $(2+3i)-(1+i)$ (ii) $(1+i)^2$
(iii) $(1+i)(1-i)$ (iv) $(2+i)(2-i)$
(v) $(1+2i)(1-2i)$ (vi) $(1+i)(2+i)$

解答   (i) $(2+3i)-(1+i) = 2+3i-1-i = 1+2i$
(ii) $(1+i)^2 = 1+2i+i^2 = 2i$ (iii) $(1+i)(1-i) = 1-i^2 = 2$

[*1] $a^2 \geq 0$ かつ $b^2 \geq 0$ であるから，$a^2+b^2=0$ とは，$a=b=0$ ということである。したがって，「a, b 共に0」は，「$a^2+b^2=0$」と同じことである。

[*2] a, b のうち，少なくとも一方は0でない，という意味である。

(iv) $(2+i)(2-i) = 2^2 - i^2 = 5$　　(v) $(1+2i)(1-2i) = 1 - 4i^2 = 5$
(vi) $(1+i)(2+i) = 2 + 3i + i^2 = 1 + 3i$

5.2　複素数の逆数（B）

実数 $a \neq 0$ に対し，$a \cdot \dfrac{1}{a} = 1$ となる．同様に，0 でない複素数 $a+bi$（したがって (5.1) より $a^2 + b^2 \neq 0$）に対し，$\dfrac{1}{a+bi}$ は，$(a+bi)(x+yi) = 1$ となる複素数 $x+yi$ であろう．

$\dfrac{1}{a+bi}$ の分母・分子に（分母の共役複素数）$a-bi$ をかけると，

$$= \frac{a-bi}{(a+bi)(a-bi)} = \frac{a-bi}{a^2+b^2} = \frac{a}{a^2+b^2} - \frac{b}{a^2+b^2}i$$

となる（複素数の定義 $x+yi$ の形にした）．実際 $a+bi$ との積は，

$$(a+bi)\left(\frac{a}{a^2+b^2} - \frac{b}{a^2+b^2}i\right)$$
$$= a \cdot \frac{a}{a^2+b^2} - a \cdot \frac{b}{a^2+b^2}i + b \cdot \frac{a}{a^2+b^2}i - b \cdot \frac{b}{a^2+b^2}i^2$$
$$= \frac{a^2+b^2}{a^2+b^2} + \frac{-ab+ab}{a^2+b^2}i = 1$$

となる．

5.3　1 次方程式（A）

例 5.1　太郎はレストランで，同じ値段のケーキ 2 個とコーヒーを 1 杯頼んだ．合計金額は 800 円である．コーヒーは 200 円であった．ケーキの値段はいくらか．そこで，ケーキの値段を x 円としよう．すると，

$2x + 200 = 800$,　　左辺の 200 を右辺に移項すると

$2x = 800 - 200 = 600$,　　両辺を 2 で割って，

$$x = \frac{600}{2} = 300$$

となり，ケーキの値段は 300 円である．

このことを次のように整理しよう．2, 200, 800 といった数は**定数**（わかっている数）である．一方，x は**未知数**（わからない数）である．ここで，定数を $a, b, c, \cdots$ といった文字で表すことにしよう．

$$x \qquad\qquad 未知数$$
$$a, b, c, \cdots \qquad\qquad 定数$$

すると，上の解き方を一般的に記述すると，$a \neq 0$ として，

$$ax + b = c, \qquad 左辺の b を右辺に移項すると$$
$$ax = c - b, \qquad 両辺を a で割ると$$
$$x = \frac{c - b}{a}$$

となる．$ax + b = c$ の形の式は（この式に表れる x は x^1 であるから）未知数 x についての（x を未知数とする）**1 次方程式**と言う．定数 a を，x の**係数**と言う．方程式を満たす x の値を，**方程式の解**と言う．方程式の解を（すべて）求めることを，**x についての方程式を解く**，**方程式の解を求める**，あるいは**方程式を x について解く**，などと言う．

5.4　2 次方程式（A）

$a \neq 0$ として，$ax^2 + bx + c = 0$ という形の方程式を，x についての **2 次方程式**と言う．この節では，2 次方程式の解を求めることを考える．

例 5.2 まず，特別な形の 2 次方程式を解くことを考える。

$$x^2 = 3 \quad \text{を解くと，} \quad x = \pm\sqrt{3} \text{ と 2 つの解がある。}$$
$$(x-2)^2 = 3 \quad \text{を解くと，} \quad x-2 = \pm\sqrt{3} \text{ より}$$
$$x = \pm\sqrt{3} + 2$$
$$(x-2)(x-3) = 0 \quad \text{を解くと，} \quad x-2 = 0 \text{ または } x-3 = 0 \text{ より}$$
$$x = 2,\ 3\ ^{*3}$$

上記の例では方程式の解が 2 つある。一般に，a, b, c を定数として，

$$x^2 = c \quad \text{を解くと，} \quad x = \pm\sqrt{c}$$
$$(x-a)^2 = c \quad \text{を解くと，} \quad x-a = \pm\sqrt{c} \text{ より}$$
$$x = \pm\sqrt{c} + a$$
$$(x-a)(x-b) = 0 \quad \text{を解くと，} \quad x-a = 0 \text{ または } x-b = 0 \text{ より}$$
$$x = a,\ b$$

5.5 因数分解による解法（A）

因数分解することによって，2 次方程式を解くことを考える。

例 5.3 x についての 2 次方程式

$$x^2 + 4x + 4 = 0 \quad \text{の解は左辺を因数分解して，}$$
$$(x+2)^2 = 0 \quad \text{となり } x = -2 \text{ である。}$$
$$x^2 + 2ax + a^2 = 0 \quad \text{の解は左辺を因数分解して，}$$
$$(x+a)^2 = 0 \quad \text{となり } x = -a \text{ である。}$$

---

*3 (2.9) [p.35] が基本である。$AB = 0$ となるためには，$A = 0$ であってもいいし <u>あるいは</u> $B = 0$ であってもいい。ここで $A = x-2$，$B = x-3$ と置き換えればよい。したがってこの方程式を満たすためには，$x-2 = 0$ であってもいいし <u>あるいは</u> $x-3 = 0$ でもよい。言い換えると，$x = 2$ でも <u>あるいは</u> $x = 3$ でもいい。したがって，この方程式の解をすべて求めると，2 <u>と</u> 3 である。

次に，
$$x^2 + 4x + 3 = 0 \text{ を解くと,}$$
$$(x+1)(x+3) = 0 \text{ より } x = -3, -1$$
$$x^2 - (a+b)x + ab = 0 \text{ を解くと,}$$
$$(x-a)(x-b) = 0 \text{ より } x = a, b$$

5.6 平方完成（B）(C)

例 5.4 次の (i), (ii), (iii) のように順を追って考えよう。
(i) まず，
$$x^2 + 4x + 4 = (x+2)^2 \text{ より } x^2 + 4x = (x+2)^2 - 4 \quad (5.2)$$
$$x^2 + 2bx + b^2 = (x+b)^2 \text{ より } x^2 + 2bx = (x+b)^2 - b^2 \quad (5.3)$$

(ii) 次に，
$$x^2 + 3x + \frac{9}{4} = \left(x + \frac{3}{2}\right)^2 \text{ より } x^2 + 3x = \left(x + \frac{3}{2}\right)^2 - \frac{9}{4} \quad (5.4)$$
$$x^2 + bx + \frac{b^2}{4} = \left(x + \frac{b}{2}\right)^2 \text{ より } x^2 + bx = \left(x + \frac{b}{2}\right)^2 - \frac{b^2}{4} \quad (5.5)$$

よって，(5.4), (5.5) を使って，
$$x^2 + 3x + 2 = \left(x + \frac{3}{2}\right)^2 - \frac{9}{4} + 2 = \left(x + \frac{3}{2}\right)^2 - \frac{1}{4}$$
$$x^2 + bx + c = \left(x + \frac{b}{2}\right)^2 - \frac{b^2}{4} + c = \left(x + \frac{b}{2}\right)^2 - \frac{b^2 - 4c}{4} \quad {}_{*4}$$

(iii) さらに，$a \neq 0$ として

---

*4 $-\dfrac{b^2}{4} + c = -\left(\dfrac{b^2}{4} - \dfrac{4c}{4}\right) = -\dfrac{b^2 - 4c}{4}$ を使った。

$$x^2 + \frac{3}{2}x + \frac{9}{16} = \left(x + \frac{3}{4}\right)^2 \quad \text{より}$$

$$x^2 + \frac{3}{2}x = \left(x + \frac{3}{4}\right)^2 - \frac{9}{16} \tag{5.6}$$

$$x^2 + \frac{b}{a}x + \frac{b^2}{4a^2} = \left(x + \frac{b}{2a}\right)^2 \quad \text{より}$$

$$x^2 + \frac{b}{a}x = \left(x + \frac{b}{2a}\right)^2 - \frac{b^2}{4a^2} \tag{5.7}$$

上記最後の式の左辺を右辺のように変形することを**平方完成**すると言う。平方完成するテクニックを理解しておこう。さらに $a \neq 0$ とし，(5.6), (5.7) を使って

$$\begin{aligned}
2x^2 + 3x + 2 &= 2\left(x^2 + \frac{3}{2}x\right) + 2 = 2\left(\left(x + \frac{3}{4}\right)^2 - \frac{9}{16}\right) + 2 \\
&= 2\left(x + \frac{3}{4}\right)^2 + \frac{7}{8} \\
ax^2 + bx + c &= a\left(x^2 + \frac{b}{a}x\right) + c = a\left(\left(x + \frac{b}{2a}\right)^2 - \frac{b^2}{4a^2}\right) + c \\
&= a\left(x + \frac{b}{2a}\right)^2 - \frac{b^2 - 4ac}{4a} \quad \text{*5} \tag{5.8}
\end{aligned}$$

5.7　2次方程式の解の公式（A）

2次方程式 $ax^2 + bx + c = 0, (a \neq 0)$ の解は，$x = \dfrac{-b \pm \sqrt{b^2 - 4ac}}{2a}$ で求められる。これを，**解の公式**と言う。解の公式をみると，$b^2 - 4ac > 0$ であれば，**実数解** $\dfrac{-b \pm \sqrt{b^2 - 4ac}}{2a}$ を2つもつ。

---

*5 $-\dfrac{b^2}{4a} + c = -\left(\dfrac{b^2}{4a} - \dfrac{4ac}{4a}\right) = -\dfrac{b^2 - 4ac}{4a}$ を使った。

$b^2 - 4ac < 0$ であれば，**複素数解** $\dfrac{-b \pm \sqrt{b^2 - 4ac}}{2a}$ を 2 つもつ． (5.9)

$b^2 - 4ac = 0$ ならば，実数解 $-\dfrac{b}{2a}$ を 1 つだけもつ（**重解**と言う）．

$b^2 - 4ac$ を（解の）**判別式**と言う．上記で「解」を「根」に置き換えて言うこともある．

例 5.5 $x^2 + x + 1 = 0$ を解の公式を使って解くと，
$$x = \frac{-1 \pm \sqrt{1^2 - 4 \cdot 1 \cdot 1}}{2 \cdot 1} = \frac{-1 \pm \sqrt{3}\,i}{2}$$
$x^2 + x - 1 = 0$ を解の公式を使って解くと，
$$x = \frac{-1 \pm \sqrt{1^2 - 4 \cdot 1 \cdot (-1)}}{2 \cdot 1} = \frac{-1 \pm \sqrt{5}}{2}$$
$x^2 + 2x + 1 = 0$ を解の公式を使って解くと，
$$x = \frac{-2 \pm \sqrt{2^2 - 4 \cdot 1 \cdot 1}}{2 \cdot 1} = -1$$

例 5.6 $x^2 + 3x + 2 = 0$ を様々な方法で解いてみよう．

(i) $x^2 + 3x + 2 = 0$ の左辺を因数分解して，$(x+1)(x+2) = 0$
よって，$x = -1, \ -2$

(ii) (B) 平方完成を使うと，
$$x^2 + 3x + 2 = \left(x + \frac{3}{2}\right)^2 - \frac{9}{4} + 2 = \left(x + \frac{3}{2}\right)^2 - \frac{1}{4} = 0 \ \text{より},$$
$\left(x + \dfrac{3}{2}\right)^2 = \dfrac{1}{4}$ で，$x + \dfrac{3}{2} = \pm\sqrt{\dfrac{1}{4}} = \pm\dfrac{1}{2}$ よって，

$x = \pm\dfrac{1}{2} - \dfrac{3}{2}$ で，$x = -1, \ -2$

(iii) 解の公式を使うと，
$$x = \frac{-b \pm \sqrt{b^2 - 4ac}}{2a} = \frac{-3 \pm \sqrt{3^2 - 4 \cdot 1 \cdot 2}}{2} = -1, \ -2$$

練習 5.2 $x^2 + 3x + 1 = 0$ を次の方法で解け。
(i) (B) 平方完成による方法
(ii) 解の公式を使う方法

解答 (i) 平方完成を使うと，

$$x^2 + 3x + 1 = \left(x + \frac{3}{2}\right)^2 - \frac{9}{4} + 1 = \left(x + \frac{3}{2}\right)^2 - \frac{5}{4} = 0 \text{ より,}$$

$\left(x + \frac{3}{2}\right)^2 = \frac{5}{4}$ で, $x + \frac{3}{2} = \pm\sqrt{\frac{5}{4}} = \pm\frac{\sqrt{5}}{2}$ よって,

$$x = -\frac{3}{2} \pm \frac{\sqrt{5}}{2} = \frac{-3 \pm \sqrt{5}}{2}$$

(ii) 解の公式を使うと，

$$x = \frac{-b \pm \sqrt{b^2 - 4ac}}{2a} = \frac{-3 \pm \sqrt{3^2 - 4 \cdot 1 \cdot 1}}{2} = \frac{-3 \pm \sqrt{5}}{2}$$

5.8 補 足 (C)

2次方程式 $ax^2 + bx + c = 0$ $(a \neq 0)$ の解の公式を求めよう。(5.8) を使うと，

$$ax^2 + bx + c = 0 \Leftrightarrow a\left(x + \frac{b}{2a}\right)^2 - \frac{b^2 - 4ac}{4a} = 0 \Leftrightarrow$$

$$a\left(x + \frac{b}{2a}\right)^2 = \frac{b^2 - 4ac}{4a} \Leftrightarrow \left(x + \frac{b}{2a}\right)^2 = \frac{b^2 - 4ac}{4a^2} \Leftrightarrow$$

$$x + \frac{b}{2a} = \pm\sqrt{\frac{b^2 - 4ac}{4a^2}} = \pm\frac{\sqrt{b^2 - 4ac}}{2a} \text{ *6} \Leftrightarrow x = \frac{-b \pm \sqrt{b^2 - 4ac}}{2a}$$

---

*6 $\pm\sqrt{\frac{b^2 - 4ac}{4a^2}} = \pm\frac{\sqrt{b^2 - 4ac}}{\sqrt{4a^2}} = \pm\frac{\sqrt{b^2 - 4ac}}{2|a|} = \pm\frac{\sqrt{b^2 - 4ac}}{2a}$

コメント 4.1 [p.62] 参照。ここで，$\pm|a|$ は $\pm a$ と書き直しても同じことである。

5.9 多項式（A）

　文字や数字の積の形の式，例えば a^3, $3a^2b$, $3ab^2$, b^3 を**単項式**と言い，それらの和や差の形の式，例えば $a^3 - 3a^2b + 3ab^2 - b^3$ を**多項式**と言う。多項式における各単項式を，（多項式の）**項**と言う。この節では，1つの文字 x について考える。x 自身を何回かかけ，

$$x^0\,(=1),\ x^1,\ x^2,\ x^3,\ \cdots$$

が得られる。これらに有理数をかけると，例えば，

$$-3,\ 2x,\ -4x^2,\ \frac{1}{2}x^3,\ x^4$$

等が得られる。これらは単項式である。単項式の和（や差）の形の式，例えば，

$$x^4 + \frac{1}{2}x^3 - 4x^2 + 2x - 3$$

を x の多項式と言う。一般に，x 自身を k 回かけて x^k が得られる。これに定数 a_k をかけて，$a_k x^k$ という式が得られる。ここで k を $0 \leq k \leq n$ として，これら $a_n x^n$, $a_{n-1} x^{n-1}$, $\cdots$, $a_1 x$, a_0 を足し合わせた

$$a_n x^n + a_{n-1} x^{n-1} + \cdots + a_i x^i + \cdots + a_2 x^2 + a_1 x + a_0$$

という形の式を x の**多項式**と言う。$a_n \neq 0$ ならば，n をこの多項式の**次数**と言い（特に $n=0$ のときは，上の多項式は，定数 a_0 となる），上式は n 次多項式と言う。a_i を x^i の**係数**と言う。$a_i x^i$（上式における各単項式）を，（x^i の）**項**と言う。a_0 は**定数項**と呼ばれる。上の多項式で，全ての係数 a_i が整数（有理数，実数）のときは，整数係数（有理数係数，実数係数）の多項式と言う。各 a_i は定数である。ところが，x は定数 a_i とは違い特定の数を表しているわけではないので，その意味で**不定元**と言う。x の多項式は，$f(x), g(x), a(x), b(x)$ などと表す。

2つの多項式

$$f(x): a_n x^n + a_{n-1} x^{n-1} + \cdots + a_2 x^2 + a_1 x + a_0$$
$$g(x): a'_{n'} x^{n'} + a'_{n'-1} x^{n'-1} + \cdots + a'_2 x^2 + a'_1 x + a'_0$$

が等しい ($f(x) = g(x)$) とは，$n = n'$ で，各 a_i ($0 \leq i \leq n$) において $a_i = a'_i$ のときを言う．次に，多項式どうしの和と積を考える．例えば，2つの多項式，$f(x): 2x^2 + 3x + 1$ と $g(x): x^3 + x + 2$ の和と積は，

$$f(x) + g(x) = (2x^2 + 3x + 1) + (x^3 + x + 2) = x^3 + 2x^2 + 4x + 3$$
$$\begin{aligned} f(x)g(x) &= (2x^2 + 3x + 1)(x^3 + x + 2) \\ &= (2x^2 + 3x + 1)x^3 + (2x^2 + 3x + 1)x + (2x^2 + 3x + 1) \cdot 2 \\ &= (2x^5 + 3x^4 + x^3) + (2x^3 + 3x^2 + x) + (4x^2 + 6x + 2) \\ &= 2x^5 + 3x^4 + 3x^3 + 7x^2 + 7x + 2 \end{aligned}$$

となる．このように x の累乗ごとに整理するとよい．多項式 $f(x): x^2 + 2x + 1$ において，$f(2)$ は，不定元 x を 2 に置き換えて（代入して）得られる式（値）を表し，$f(2) = 2^2 + 2 \cdot 2 + 1 = 9$ である．一般に多項式 $f(x)$ で，不定元 x を数 r に置き換えて（代入して）得られる式（値）を $f(r)$ で表す．

練習 5.3 $f_1(x) = mx$, $f_2(x) = mx + q$ とする．
(i) $f_1(1) - f_1(0)$, $f_1(5) - f_1(4)$, $f_1(a+1) - f_1(a)$ を求めよ．
(ii) $f_2(1) - f_2(0)$, $f_2(5) - f_2(4)$, $f_2(a+1) - f_2(a)$ を求めよ．
(iii) $f_1(a+b) - f_1(a)$, $f_2(a+b) - f_2(a)$ を求めよ．

解答 (i) 全て m (ii) 全て m (iii) $f_1(a+b) - f_1(a) = m(a+b) - ma = mb$, $f_2(a+b) - f_2(a) = m(a+b) + q - (ma+q) = mb$

さて，整数の割り算を思い出そう．整数 a, b において，ある整数 c が存在して，$a = b \cdot c$ となるとき，a は b で割り切れると言った．同様に，多項式 $a(x), b(x)$ において，ある多項式 $c(x)$ が存在して，$a(x) = b(x) \cdot c(x)$ となるとき，$a(x)$ は $b(x)$ で割り切れると言う．

定理 5.1　x についての多項式 $f(x)$ において，「$f(x)$ が $x-r$ で割り切れる」ことと「$f(r) = 0$ となる」は同値（コメント 1.1 [p.26] 参照）である．

5.10　定理 5.1 の証明（C）

証明　(i) まず「$f(x)$ が $x-r$ で割り切れる」ことを仮定して「$f(r) = 0$ となる」を導く．もし多項式 $f(x)$ が，$x-r$ で割り切れるならば，ある多項式 $c(x)$ が存在して，$f(x) = (x-r) \cdot c(x)$ となる．すると，x に r を代入して，$f(r) = (r-r)c(r) = 0$ となる．

(ii) 逆に「$f(r) = 0$ となる」を仮定して「$f(x)$ が $x-r$ で割り切れる」を導く．多項式 $f(x)$ を

$$f(x) = a_n x^n + a_{n-1} x^{n-1} + \cdots + a_2 x^2 + a_1 x + a_0$$

とおけば，

$$\begin{aligned}
f(x) &= f(x) - 0 = f(x) - f(r) \\
&= a_n x^n + a_{n-1} x^{n-1} + \cdots + a_2 x^2 + a_1 x + a_0 \\
&\quad - (a_n r^n + a_{n-1} r^{n-1} + \cdots + a_2 r^2 + a_1 r + a_0) \\
&= a_n(x^n - r^n) + a_{n-1}(x^{n-1} - r^{n-1}) + \cdots + a_2(x^2 - r^2) + a_1(x - r)
\end{aligned}$$

ここで，命題 2.4-(v) [p.44] を使うと，$i \geq 2$ として，

$$x^i - r^i = (x - r)(x^{i-1} + x^{i-2} r + \cdots + x r^{i-2} + r^{i-1})$$

$$= (x-r)d_i(x), \ (d_i(x) \text{ は } i-1 \text{ 次式}) \text{ とおくと}$$
$$x^n - r^n = (x-r)d_n(x), \ x^{n-1} - r^{n-1} = (x-r)d_{n-1}(x), \cdots$$
$$x^2 - r^2 = (x-r)d_2(x) \text{ より},$$
$$= a_n(x-r)d_n(x) + a_{n-1}(x-r)d_{n-1}(x) + \cdots$$
$$+ a_2(x-r)d_2(x) + a_1(x-r)$$
$$= (x-r)(a_n d_n(x) + a_{n-1}d_{n-1}(x) + \cdots + a_2 d_2(x) + a_1)$$

となり $f(x) = (x-r)e(x)$ という形で表される。ここで, $e(x) = a_n d_n(x) + a_{n-1}d_{n-1}(x) + \cdots + a_2 d_2(x) + a_1$ は, $n-1$ 次式である。
よって, $f(x)$ は $x-r$ で割り切れる。

以上, (i), (ii) より, 定理が言えた。

5.11 多項式の割り算（A）

再び整数の割り算を思い出そう。正整数 a と整数 b において, $b = a \cdot c + d$ となる整数 c と整数 d, $0 \leq d < a$ が存在する。このとき, b を a で割った商は c で余りが d であると言った。同様に, 多項式 $a(x)$, $b(x)$ において, $b(x) = a(x) \cdot c(x) + d(x)$ となる多項式 $c(x)$ と $d(x)$ が存在することが知られている（ただし $d(x)$ の次数は $a(x)$ の次数より小さい）。このとき, $b(x)$ を $a(x)$ で割った**商**は $c(x)$ で**余り**が $d(x)$ であると言う。$d(x) = 0$ のとき, $b(x)$ は $a(x)$ で割り切れることになる。まとめると,

整数 $a \ (>0)$, b において, $b = a \cdot c + d$ となる $(0 \leq d < a)$ とき,

b を a で割った商は c で余りが d である。

多項式 $a(x) \ (0 \text{ でない})$, $b(x)$ で, $b(x) = a(x) \cdot c(x) + d(x)$ となる

$(a(x) \text{ の次数} > d(x) \text{ の次数})$ とき,

$b(x)$ を $a(x)$ で割った商は $c(x)$ で余りが $d(x)$ である。

特に、$a(x)$ が1次式 $x-r$ のとき、余り $d(x)$ は0次式、すなわちある定数 d となり、$b(x) = (x-r)c(x)+d$ と書ける。よって $d = b(x)-(x-r)c(x)$

ここで x に r を代入すると、余りは $d = b(r)$ となる。したがって次が成り立つ（これは定理 5.1 の証明の (ii) の別解となる）。

定理 5.2 x についての多項式 $b(x)$ を、$x-r$ で割ったときの余りは、$b(r)$ である。とくに $b(r) = 0$ ならば、$b(x)$ は $x-r$ で割りきれる。したがって、$b(x)$ は $x-r$ を因数に持つ。

例 5.7 $2x^3 + x + 2$ を $x^2 + x + 1$ で割ると、商は $2x-2$、余りは $x+4$ であり [*7]、

$2x^3 + x + 2 = (x^2+x+1)(2x-2) + (x+4)$ と書ける。

$$
\begin{array}{r}
2x-2 \\
x^2+x+1 \overline{)2x^3 + x + 2} \\
2x^3 + 2x^2 + 2x \\
\hline
-2x^2 - x + 2 \\
-2x^2 - 2x - 2 \\
\hline
x+4
\end{array}
\qquad
\begin{array}{r}
x^2+x+1 \\
x-1 \overline{)x^3 -1} \\
x^3 - x^2 \\
\hline
x^2 -1 \\
x^2 - x \\
\hline
x - 1 \\
x - 1 \\
\hline
0
\end{array}
$$

図 5.1

$b(x) = x^3 - 1$ を $x-1$ で割ると、$b(1) = 0$ であるから割り切れる。割り算を実行して、$x^3 - 1 = (x-1)(x^2+x+1)$ と因数分解できる。

[*7] 多項式の割り算は次のようにすればよい（図 5.1 参照）。まず（$2x^3 + x + 2$ の最大次数の項）$2x^3$ と（x^2+x+1 の最大次数の項）x^2 を見比べ、商 $2x$ をたてる。そして $2x$ と x^2+x+1 との積を $2x^3+x+2$ の下に書き、引き算を行う（これにより x^3 の項がなくなる）。この差と x^2 を見比べ同様のことを繰り返せばよい。

5.12　因数分解（A）

前節の最後の例のように，与えられた多項式 $f(x)$ を

$$f(x) = g_1(x)g_2(x)\cdots g_k(x)$$

と，幾つかの多項式の積の形に表すことを，**因数分解**すると言う。このとき，各 $g_i(x)$ $(1 \leq i \leq k)$ を，$f(x)$ の**因子（因数）**と言う。

例 5.8　$b(x) = x^3 + 2x^2 - x - 2$ は $b(1) = 0$ であるから $x - 1$ で割り切れるはずである。

割り算を実行すると，　　$b(x) = (x-1)(x^2 + 3x + 2)$
さらに因数分解して，　　　　$= (x-1)(x+1)(x+2)$

したがって，$b(x) = 0$ の解を（すべて）求めると，$x = -1, -2, 1$ である。

練習 5.4　次の多項式 $f(x)$ を因数分解せよ。また，方程式 $f(x) = 0$ の（実数）解を求めよ。
(i)　$f(x) = x^3 - 1$　　(ii)　$f(x) = x^3 + 3x^2 - x - 3$

|解答|　(i) $x^3 - 1 = (x-1)(x^2+x+1)$　方程式の解は $x = 1$
(ii) $x^3 + 3x^2 - x - 3 = (x-1)(x^2+4x+3) = (x-1)(x+1)(x+3)$
方程式の解は $x = -3, -1, 1$（2番目の式は $(x+1)(x^2+2x-3)$ も可）

因数分解は，多項式の係数をどのような範囲の数で考えるかによる。

例 5.9　$x^2 - 4 = (x-2)(x+2)$　と因数分解できる。$x^2 - 2$ は整数係数の多項式上ではこれ以上因数分解できないが，実数係数にまで広げれば $x^2 - 2 = (x-\sqrt{2})(x+\sqrt{2})$ と因数分解できる。

n 次多項式 $a(x)$ が，n より小さい次数の多項式の積の形に表せないとき（すなわち因数分解できないとき），$a(x)$ を **既約多項式** と言う。$a(x)$ が既約でないときは **可約** であると言う。$x^2 - 4$ は整数（係数の多項式）上で考えると，可約である。一方，$x^2 - 2$ は整数（係数の多項式）上で考えると，既約であるが，実数上で考えると，可約である。

各係数を複素数とする，任意の n 次多項式 $a(x)$ は，

$$a(x) = c(x - \alpha_1)(x - \alpha_2) \cdots (x - \alpha_n)$$

と n 個の（x の）1次式の積に因数分解できることが知られている。ここで，各 α_i $(1 \leq i \leq n)$ は複素数である。よって，n 次方程式 $a(x) = 0$ の解は，重複も含めて n 個の複素数解 $\alpha_1, \cdots, \alpha_n$ をもつことになる。これは **代数学の基本定理** と呼ばれ，ガウスによって証明された。

例 5.10 (B) 2次式 $f(x) = ax^2 + bx + c$ において，$f(x) = 0$ の解を（解の公式によって）求め，これを α, β としよう。すると $f(\alpha) = f(\beta) = 0$ だから，定理 5.2 より，$f(x)$ は $(x - \alpha)$ や $(x - \beta)$ を因数にもつ。ここで $f(x)$ の x^2 の係数 a を考えれば，$ax^2 + bx + c = a(x - \alpha)(x - \beta)$ と因数分解できることになる。ここで α, β は一般に複素数である。例えば2次方程式 $x^2 + x + 1 = 0$ の解は（公式により）$\dfrac{-1 \pm \sqrt{3}\,i}{2}$ したがって（複素数上では）

$$x^2 + x + 1 = \left(x - \frac{-1 + \sqrt{3}\,i}{2}\right)\left(x - \frac{-1 - \sqrt{3}\,i}{2}\right)$$

と因数分解できる。2次方程式 $f(x) = 0$ が実数解を持てば，$f(x)$ は実数の範囲で因数分解できることになる。

例 5.11 (B) 例 5.10 より

$$x^3 - 1 = (x-1)(x^2 + x + 1)$$
$$= (x-1)\left(x - \frac{-1+\sqrt{3}\,i}{2}\right)\left(x - \frac{-1-\sqrt{3}\,i}{2}\right)$$

したがって，$x^3 - 1 = 0$ の解（1 の 3 乗根）は，1 と $\dfrac{-1 \pm \sqrt{3}\,i}{2}$ の 3 つある。

5.13 不等式 (A)(C)

x についての**不等式**（例えば $f(x) > 0$ といった形のもの）を解くとは，与えられた不等式を満たす x をすべて求めることである。例えば，**1 次不等式** $2x + 3 > 0$ や $-2x + 3 > 0$ を解くには，

$2x + 3 > 0$ 　　　　　$-2x + 3 > 0$
$2x > -3$ （移項）　　　$-2x > -3$ （移項）
$x > -\dfrac{3}{2}$ （両辺を 2 で割る）　　$x < \dfrac{3}{2}$ （両辺を -2 で割る）

例 5.12 次に **2 次不等式** $ax^2 + bx + c > 0$ を解こう。(i) まず「$AB > 0$」は「A, B が同符号」と同値であることを思い出そう（(2.16) [p.35] 参照）。例えば，$x^2 - 7x + 10 > 0$ を解くと，$x^2 - 7x + 10 = (x-2)(x-5)$ だから，A, B をそれぞれ $(x-2), (x-5)$ とすると，

$(x-2)(x-5) > 0$
$(x - 2 > 0$ かつ $x - 5 > 0)$ あるいは $(x - 2 < 0$ かつ $x - 5 < 0)$ $\Leftrightarrow$
$(x > 2$ かつ $x > 5)$ あるいは $(x < 2$ かつ $x < 5)$　　$\Leftrightarrow$
　$2 < 5$ より　$x > 5$ あるいは $x < 2$

したがって不等式 $(x-2)(x-5) > 0$ を満たすためには，$x > 5$ であってもいいし あるいは $x < 2$ でもよい．したがって，この不等式の解を すべて 求めると，$x > 5$ なる x と $x < 2$ なる x である．

図 5.2

一般に $\alpha < \beta$ として，$(x-\alpha)(x-\beta) > 0$ の解は，$x > \beta$ なる x と $x < \alpha$ なる x である（上の議論で 2, 5 をそれぞれ α, β に置き換えればよい）．

(ii) 次に，2次不等式 $x^2 + 2x + 1 > 0$ を解こう．左辺を因数分解して，$(x+1)^2 > 0$ よって $x \neq -1$ であればよい．

(iii) 2次不等式 $x^2 + x + 1 > 0$ を解こう．左辺を平方完成すると，

$$x^2 + x + 1 = \left(x + \frac{1}{2}\right)^2 + \frac{3}{4}$$

となるから，すべての実数 x でこの不等式は満たされる．

以上の考えを一般化して，$a > 0$ として，2次不等式 $ax^2 + bx + c > 0$ を次の (i)(ii)(iii) に場合分けして解こう．

(i) $b^2 - 4ac > 0$ のとき．(5.9) より，2次方程式 $ax^2 + bx + c = 0$ は2つの異なる実数解をもつ．これを α, β $(\alpha < \beta)$ とすると，例 5.10 より，$ax^2 + bx + c = a(x-\alpha)(x-\beta)$ と因数分解できるから，

$$ax^2 + bx + c > 0 \Leftrightarrow a(x-\alpha)(x-\beta) > 0$$

（両辺を $a > 0$ で割って）$\Leftrightarrow (x-\alpha)(x-\beta) > 0$

よってこの不等式の解は，$x > \beta$ なる x と $x < \alpha$ なる x である．

(ii) $b^2 - 4ac = 0$ のとき．(5.9) より，2 次方程式 $ax^2 + bx + c = 0$ は重解 $-\dfrac{b}{2a}$ をもつ．すると (5.8) より，

$$ax^2 + bx + c = a\left(x + \frac{b}{2a}\right)^2 - \frac{b^2 - 4ac}{4a} = a\left(x + \frac{b}{2a}\right)^2$$

と因数分解できるから，

$$ax^2 + bx + c > 0 \Leftrightarrow a\left(x + \frac{b}{2a}\right)^2 > 0 \Leftrightarrow \left(x + \frac{b}{2a}\right)^2 > 0$$

よって，この不等式を満たすためには，$x \neq -\dfrac{b}{2a}$ であればよい．

(iii) $b^2 - 4ac < 0$ のとき．(5.9) より，2 次方程式 $ax^2 + bx + c = 0$ は複素数解をもつ．すると (5.8) より，

$$ax^2 + bx + c = a\left(x + \frac{b}{2a}\right)^2 - \frac{b^2 - 4ac}{4a}$$

となるから，

$$ax^2 + bx + c > 0 \Leftrightarrow a\left(x + \frac{b}{2a}\right)^2 - \frac{b^2 - 4ac}{4a} > 0$$

$$(\text{両辺を } a \text{ で割って}) \Leftrightarrow \left(x + \frac{b}{2a}\right)^2 - \frac{b^2 - 4ac}{4a^2} > 0$$

ここで，$-\dfrac{b^2 - 4ac}{4a^2} > 0$ より，すべての実数 x はこの不等式を満たす．

例 5.13 2 次不等式 $x^2 + x - 1 > 0$ を解こう．まず $x^2 + x - 1 = 0$ を解くと，$x = \dfrac{-1 \pm \sqrt{5}}{2}$ ここで $\dfrac{-1 - \sqrt{5}}{2} < \dfrac{-1 + \sqrt{5}}{2}$ である．するとこの不等式の解は，$x > \dfrac{-1 + \sqrt{5}}{2}$ なる x と $x < \dfrac{-1 - \sqrt{5}}{2}$ なる x である．

6 | 図形の性質

《目標＆ポイント》 今後の学習に必要な図形の基本性質を解説する。特に，三角形や円の持つ性質を学ぶ。
《キーワード》 角度，三角形，円，合同，相似，円周角，三平方の定理

6.1 角 度（A）

角度の概念を振り返ってみよう。次の3つの図のように，半径 r の円の一部分（扇形）を考えよう。

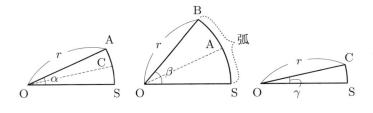

図 6.1

このとき角度とは，2つの線分 OS と OA（あるいは OB，OC）の開き具合（離れ具合）を表したもので，図のように α や β，γ で表す。α は ∠AOS とも表す。同様に，β は ∠BOS，γ は ∠COS とも表される。すると，

扇形 OSB が扇形 OSA の2つ分（2つ合わせたもの）なら，$\beta = 2\alpha$
扇形 OSC が扇形 OSA の半分（2つに折ったもの）なら，$\gamma = \dfrac{1}{2}\alpha$

となる。扇形の円周部分を扇形の**弧**と言う。そして弧の長さを**弧長**と言う。上でみた角度を、弧長との関係で言い換えれば、次のようになる。

扇形 OSB の弧長が扇形 OSA の弧長の 2 倍なら、$\beta = 2\alpha$

扇形 OSC の弧長が扇形 OSA の弧長の $\frac{1}{2}$ ならば、$\gamma = \frac{1}{2}\alpha$

角度について次のように見直そう。右の図で点 P は円周上を、点 S から出発して、反時計回りに A_1, A_2, A_3 を通って、再び S に戻るという動きをするものとする。(P を**動点**と言う。一方 S, A_1, A_2, A_3 は定まった点で、**定点**と呼ぶ。) P が S を出発して動くにしたがって、OP は OS から次第に開き具合が大きくなっていく[*1]。このとき $\angle POS = \theta$ とすると、角度 θ の値も次第に大きくなっていく。また P が動いた弧の長さも次第に大きくなっていく。このとき、いままでの議論をまとめると、

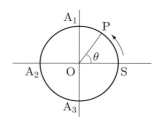

図 6.2

$\angle POS = \theta$ の大きさは、その扇形の弧長 (P が動いた弧の長さ) に比例する。 (6.1)

(つまり弧の長さが 2 倍になれば、角度も 2 倍になる。また弧の長さが $\frac{1}{2}$ 倍になれば、角度も $\frac{1}{2}$ 倍になる、等々)。

P = S のとき、点 P が S を出発する前であれば、$\angle POS = 0°$。P が円周を一回りして S にもどったときは、$\angle POS = 360°$ と 2 種類の表記があることになる。

P = A_1 のとき $\theta = \angle A_1 OS = 90°$。

P = A_2 のとき、$A_2 OS$ は一直線上にあり、$\theta = \angle A_2 OS = 180°$ で

[*1] 半径 OS は固定されている。一方半径 OP は (P と共に) 動くので、**動径**と呼ばれる。

ある。
$P = A_3$ のとき $\theta = \angle A_3 OS = 270°$ *2。

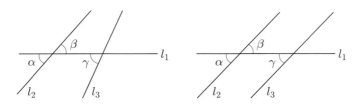

図 6.3

次に，上左図で，2つの角 α と β の位置関係を，**対頂角の関係**と言う。2つの角 α と γ の位置関係を，**同位角の関係**と言う。また2つの角 β と γ の位置関係を，**錯角の関係**と言う。上右図で，2つの角 α と β は等しい。これを対頂角は等しいと言う。また，l_2 と l_3 が平行であれば，α と γ は等しい。なぜならば，α は右方向に移動させると，γ に重ね合わせることができるからである。これを（平行な2直線 l_2 と l_3 において）同位角は等しいと言う。すると今言った2つのこと $\alpha = \beta$ と $\alpha = \gamma$ から，2つの角 β と γ も等しい。これを（平行な2直線 l_2 と l_3 において）錯角は等しいと言う。

例 6.1 次の図 6.4 の三角形 ABC において，3つの角 α, β, γ を三角形の**内角**と言う。三角形の内角の和は $180°$ であることを示そう。

辺 BC を延長して直線 l_1 を考える。また点 C を通り，AB に平行な直線 l_2 を考える。このとき，

　　錯角は等しいから，$\alpha = \alpha'$　また，
　　同位角は等しいから，$\beta = \beta'$　よって
　　$\triangle ABC$ の内角の和 $= \alpha + \beta + \gamma = \alpha' + \beta' + \gamma = 180°$

---

*2 弧長と角度が比例するので，$90°$ ではない。

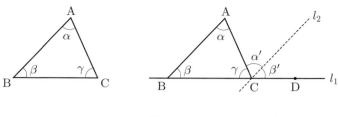

図 6.4

また，$\alpha + \beta = \alpha' + \beta' = \angle \mathrm{ACD}$ である。 (6.2)

6.2 三角形の面積（A）

三角形の面積は，（底辺の長さ）×（高さ）÷ 2 で求められる。

例 6.2 次の左図で 2 つの直線 l_1 と l_2 が平行であるとする。すると l_1 上の各点 C_1, C_2, C_3 から直線 l_2 へ垂直に下ろした線分（図の点線部分で，これを**垂線**と言う）の長さはみな等しい。この垂線の長さを h とする。また線分 AB の長さを a とする。

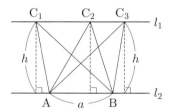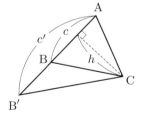

図 6.5

すると $\triangle \mathrm{ABC}_1$，$\triangle \mathrm{ABC}_2$，$\triangle \mathrm{ABC}_3$ の面積は（底辺が a で，高さが h だから）$\frac{1}{2}ah$ となる。したがって

$$\triangle ABC_1 = \triangle ABC_2 = \triangle ABC_3 \text{ *3} \tag{6.3}$$

である。ここで，等号記号は両辺の図形の<u>面積が等しい</u>ことを示すこととする。このように $\triangle ABC$ と書いて，三角形 ABC の面積を表すことがある（文脈からわかるので誤解はない）。また図 6.5 の右図で，$\triangle AB'C$ と $\triangle ABC$ の面積比を考えると，(3.5) [p.51] を使い，

$$\triangle AB'C : \triangle ABC = \frac{1}{2}c'h : \frac{1}{2}ch = c' : c \tag{6.4}$$

6.3 平行線と線分比（C）

例 6.3 次の左図において，辺 B'C' と辺 BC は平行とする。このとき $c' : c = b' : b$ が成り立つ。証明は次の通り。ここで例えば $\overline{AB}$ は辺 AB の長さを表すこととする。

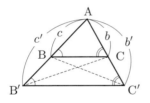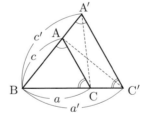

図 6.6

(6.3) より，$\triangle B'BC = \triangle C'BC$ よって，

$\triangle AB'C = \triangle ABC + \triangle B'BC = \triangle ABC + \triangle C'BC = \triangle ABC'$

ここで (6.4) より，$\triangle AB'C : \triangle ABC = c' : c$

同様に (6.4) より，$\triangle ABC' : \triangle ABC = b' : b$

---

*3 逆に，これらの等号が成り立てば（各三角形の高さがみな等しくなるから）l_1 と l_2 は平行になる。

△AB′C = △ABC′ であったから，$c' : c = b' : b$ \hfill (6.5)

したがって，$\overline{AB} : \overline{BB'} = \overline{AC} : \overline{CC'}$ つまり $c : (c' - c) = b : (b' - b)$ も成り立つ（(3.7) [p.52] 参照）。これは，線分 AB′ と AC′ が平行線によって等しい比に分割されることを示している。

逆に $c' : c = b' : b$ が成り立てば，辺 B′C′ と辺 BC は平行になる。

練習 6.1 同様にして図 6.6 の右図において，辺 A′C′ と辺 AC が平行のとき，$a' : a = c' : c$ を証明せよ。

解答 (6.3) より，△C′CA = △A′AC よって，

△ABC′ = △ABC + △C′CA = △ABC + △A′AC = △BCA′

ここで (6.4) より，△ABC′ : △ABC = $a' : a$

同様に (6.4) より，△BCA′ : △ABC = $c' : c$

△ABC′ = △BCA′ であったから，$a' : a = c' : c$

以上より，辺 A′C′ と辺 AC が平行ならば，$a' : a = c' : c$ となる。

6.4 三角形の合同 (A)

三角形 ABC において，∠ABC のように，紛れのない場合は，簡単のため，∠B と書く。同様に，∠BAC，∠ACB をそれぞれ簡単のため，∠A，∠C と書く。

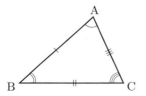
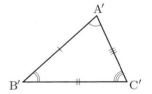

図 6.7

前図 6.7 で，2 つの三角形 ABC と A′B′C′ が**合同**であるとは，形も大きさも（3 つの辺の長さと角度の大きさ）すべて等しいときを言う。言い換えると，

$$\overline{AB} = \overline{A'B'}, \quad \overline{BC} = \overline{B'C'}, \quad \overline{AC} = \overline{A'C'},$$
$$\angle A = \angle A', \quad \angle B = \angle B', \quad \angle C = \angle C' \tag{6.6}$$

がすべて成り立つときである（2 つの三角形が合同ならば，一方の三角形を（移動や裏返しをさせて）他方に重ね合わせることができる）。このとき $\triangle ABC \equiv \triangle A'B'C'$ と書く。2 つの三角形が合同であることを示すには，上の (6.6) を示せばよいのであるが，すべてを示す必要はない。

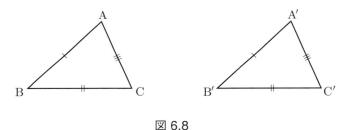

図 6.8

まず，3 辺の長さが決まると三角形は確定することに注意しよう。よって上図で，

$$\overline{AB} = \overline{A'B'}, \quad \overline{BC} = \overline{B'C'}, \quad \overline{AC} = \overline{A'C'} \tag{6.7}$$

すなわち，対応する 3 辺の長さが等しければ（3 つの内角も等しくなり），$\triangle ABC$ と $\triangle A'B'C'$ は合同になる。

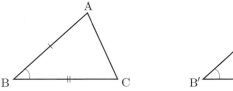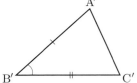

図 6.9

また，2辺の長さとそのはさむ角が決まると三角形は確定することに注意しよう．すると，図 6.9 で，

$$\overline{\mathrm{AB}} = \overline{\mathrm{A'B'}}, \quad \overline{\mathrm{BC}} = \overline{\mathrm{B'C'}}, \quad \angle \mathrm{B} = \angle \mathrm{B'} \tag{6.8}$$

すなわち，対応する 2 辺の長さとそのはさむ角が等しくても，△ABC と △A'B'C' は合同となる．

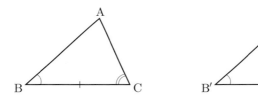

図 6.10

さらに，1辺の長さとその両端の角が決まると三角形は確定することに注意しよう．すると，上図で，

$$\overline{\mathrm{BC}} = \overline{\mathrm{B'C'}}, \quad \angle \mathrm{B} = \angle \mathrm{B'}, \quad \angle \mathrm{C} = \angle \mathrm{C'} \tag{6.9}$$

すなわち，1 辺の長さとその両端の角が等しくても，△ABC と △A'B'C' は合同となる．以上をまとめて，2 つの三角形が合同であることを示すには，次の 3 つの方法があることがわかった．

$$\begin{array}{l}
3 \text{ 辺の長さが等しい} \\
2 \text{ 辺の長さとそのはさむ角が等しい} \\
1 \text{ 辺の長さとその両端の角が等しい}
\end{array} \tag{6.10}$$

三角形の合同条件は重要で，これを出発点にして（基礎にして）図形に関する多くの性質が今後導かれる．

例 6.4 右の図の $\overline{AB} = \overline{AC}$ なる二等辺三角形 ABC において，∠B と ∠C を，この二等辺三角形の**底角**と言う。2 つの底角は等しい，つまり ∠B = ∠C となることを示そう。点 A を通り ∠BAC を 2 等分する直線（これを ∠BAC の**二等分線**と言う）と，辺 BC との交点を D とする。このとき，

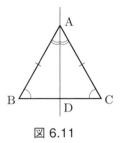

図 6.11

△ABD と △ACD において，

AD は共通の辺，$\overline{AB} = \overline{AC}$, ∠BAD = ∠CAD

よって 2 辺とそのはさむ角が等しく，△ABD ≡ △ACD

よって ∠B = ∠C, $\overline{BD} = \overline{CD}$, ∠ADB = ∠ADC さらに (6.11)

∠ADB + ∠ADC = 180° より ∠ADB = ∠ADC = 90° (6.12)

これより，D は線分 BC の中点であり，AD と BC は垂直に交わっていることがわかる。

6.5 相 似 (B)

△ABC と △A′B′C′ で，

$$∠A = ∠A' \quad ∠B = ∠B' \quad ∠C = ∠C'$$

と，対応する 3 つの内角がみな等しいときは，次の図 6.12 が示す通り，△ABC と △A′B′C′ は合同になるとは限らない。

このとき △ABC と △A′B′C′ は**相似**であると言う（形は同じでも大きさが違う）。相似であるとき，△ABC の各辺を一定の割合（k 倍としよう）で拡大（縮小）することによって △A′B′C′ が得られる（証明は

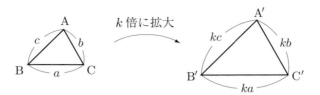

図 6.12

6.6 節参照)．すると，上図より *4，

$$\overline{A'B'} : \overline{AB} = kc : c = k : 1, \qquad \overline{B'C'} : \overline{BC} = ka : a = k : 1,$$
$$\overline{A'C'} : \overline{AC} = kb : b = k : 1, \tag{6.13}$$

つまり，$k = \dfrac{\overline{A'B'}}{\overline{AB}} = \dfrac{\overline{B'C'}}{\overline{BC}} = \dfrac{\overline{A'C'}}{\overline{AC}}$ \tag{6.14}

である．言い換えると，相似である 2 つの三角形では，対応する辺の比がみな $k:1$（あるいは k）で等しい．△A'B'C' と △ABC との**相似比**とは，対応する辺の比 (6.13)（あるいは (6.14)）で定義され，この場合は $k:1$（つまり k）である．またこのとき，

$$\overline{A'B'} : \overline{B'C'} : \overline{A'C'} = kc : ka : kb = c : a : b = \overline{AB} : \overline{BC} : \overline{AC} \tag{6.15}$$

すなわち，相似な三角形の 3 辺の比は等しい．また，次のように言うこともできる．

$$\begin{aligned} \frac{\overline{B'C'}}{\overline{A'B'}} &= \frac{ka}{kc} = \frac{a}{c} = \frac{\overline{BC}}{\overline{AB}} \\ \frac{\overline{A'C'}}{\overline{B'C'}} &= \frac{kb}{ka} = \frac{b}{a} = \frac{\overline{AC}}{\overline{BC}} \\ \frac{\overline{A'B'}}{\overline{A'C'}} &= \frac{kc}{kb} = \frac{c}{b} = \frac{\overline{AB}}{\overline{AC}} \end{aligned} \tag{6.16}$$

---

*4 辺 AB は ∠C と向かい合った辺であるからその意味で，$\overline{AB}$ を c とも書く．同様に，辺 BC は ∠A と向かい合った辺であるから，$\overline{BC}$ を a とも書く．したがって $\overline{AC}$ を b とも書く．

6.6 証明（C）

前節において $\triangle ABC$ と $\triangle A'B'C'$ が相似（対応する3つの内角が等しい）であるとき，$\dfrac{\overline{A'B'}}{\overline{AB}} = \dfrac{\overline{A'C'}}{\overline{AC}}$ となることを証明しよう．まず，$\angle A = \angle A'$ であるから，下左図のように A と A' を重ね合わせる．

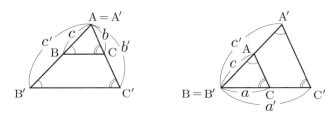

図 6.13

$\angle B = \angle B'$ だから，辺 BC と辺 B'C' は（同位角が等しく）平行である．すると例 6.3 より，$c' : c = b' : b$ となる．言い換えると，$\dfrac{\overline{A'B'}}{\overline{AB}} = \dfrac{\overline{A'C'}}{\overline{AC}}$ 同様に，$\dfrac{\overline{A'B'}}{\overline{AB}} = \dfrac{\overline{B'C'}}{\overline{BC}}$ も得られる（練習 6.2 参照）．まとめると，

$$\dfrac{\overline{A'B'}}{\overline{AB}} = \dfrac{\overline{B'C'}}{\overline{BC}} = \dfrac{\overline{A'C'}}{\overline{AC}} \tag{6.17}$$

この値を k とすれば，$\triangle ABC$ の各辺を k 倍にすると，$\triangle A'B'C'$ が得られることがわかる．

練習 6.2 同様にして，点 B と点 B' を重ね合わせた上右図を考えることによって，$\dfrac{\overline{A'B'}}{\overline{AB}} = \dfrac{\overline{B'C'}}{\overline{BC}}$ を証明せよ．

解答 $\angle C = \angle C'$ だから，辺 AC と辺 A'C' は（同位角が等しく）平行である．すると練習 6.1 より，$c' : c = a' : a$ となる．言い換えると，

$$\frac{\overline{A'B'}}{\overline{AB}} = \frac{\overline{B'C'}}{\overline{BC}}$$

6.7 相似条件（C）

前節までの議論から，△ABC と △A'B'C' が相似であるとき（すなわち対応する 3 つの内角が等しいとき），対応する辺の比がみな等しい（すなわち (6.17) が成り立つ）ことをみた．逆に，△ABC と △A'B'C' において，対応する辺の比がみな等しい（すなわち (6.17) が成り立つ）とき，相似となる．これは次のように確認できる．(6.17) の値を k とすると，△ABC の各辺を k 倍にすると，△A'B'C' が得られる．

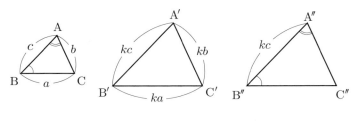

図 6.14

ここで補助的に △A''B''C'' を，$\overline{A''B''} = k\overline{AB}$ とし，∠A = ∠A''，∠B = ∠B'' とすると，△ABC と △A''B''C'' は対応する 2 角が等しく（したがって対応する 3 つの内角が等しいから）相似となる．よって前節でみたように，△ABC の各辺を k 倍にすると，△A''B''C'' が得られる．すると，△A'B'C' と △A''B''C'' は 3 辺が等しくなり，合同である．△ABC と △A''B''C'' は相似であったから，△ABC と △A'B'C' も相似となる．

次に，△ABC と △A'B'C' において，（対応する）2 辺の比とそのはさ

む角が等しいとき，相似となることを証明しよう．そのために下図の左側の 2 図のように，$\dfrac{\overline{\text{A}'\text{B}'}}{\overline{\text{AB}}} = \dfrac{\overline{\text{B}'\text{C}'}}{\overline{\text{BC}}}$ と 2 辺の比が等しく，そのはさむ角が等しい，すなわち $\angle \text{B} = \angle \text{B}'$ としよう．

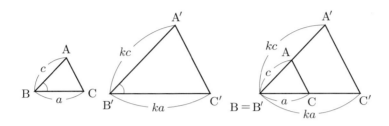

図 6.15

このとき上右図のように，$\angle \text{B}$ と $\angle \text{B}'$ を重ね合わせると，例 6.3 の最後の 1 文より，辺 AC と辺 A'C' は平行になる．よって同位角は等しいので，$\angle \text{A} = \angle \text{A}'$, $\angle \text{C} = \angle \text{C}'$ となる．したがって △ABC と △A'B'C' は相似となる．

6.8 相似条件のまとめ（B）

以上より，2 つの三角形が相似となるための条件をまとめると次のようになる．

$$\begin{aligned}&2\text{ つの（したがって 3 つの）内角が等しい（定義）}\\ &3 \text{ 辺の比が等しい（図 6.14 参照）} \\ &2 \text{ 辺の比とそのはさむ角が等しい（上図参照）}\end{aligned} \quad (6.18)$$

6.9 三角形の性質その1 (A)

例 6.5　右の図において，$\triangle$ABO は $\overline{AO} = \overline{BO}$ となる二等辺三角形，$\triangle$ACO は $\overline{AO} = \overline{CO}$ となる二等辺三角形とする。このとき，

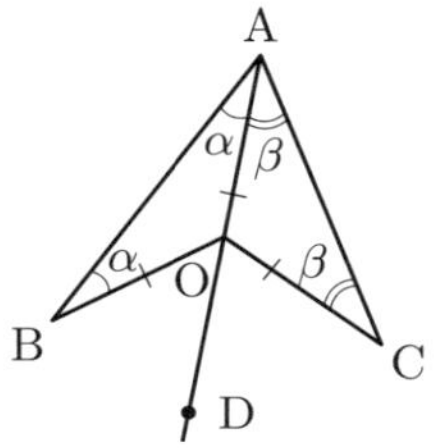

$\triangle$ABO で，(6.11) より等しい底角を α とおくと，(6.2) から $\angle$BOD $= 2\alpha$

$\triangle$ACO で，(6.11) より等しい底角を β とおくと，(6.2) から，$\angle$COD $= 2\beta$

よって，$\angle$BOC $= 2\alpha + 2\beta = 2(\alpha + \beta) = 2\angle$BAC となる。

図 6.16

例 6.6　右の図のように，線分 AB の中点 M（AM $=$ BM となる点）を通り AB に垂直な直線 l を引く（これを線分 AB の**垂直二等分線**と言う。このとき点 A と点 B は，直線 l に関して対称の位置にあると言う）。この直線 l 上に点 P をとる。このとき，

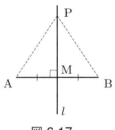

図 6.17

$\triangle$PAM と $\triangle$PBM において，

PM は共通，$\overline{AM} = \overline{BM}$，

$\angle$PMA $= \angle$PMB $= 90°$

2 辺とそのはさむ角が等しいから，$\triangle$PAM $\equiv \triangle$PBM

とくに，PA $=$ PB　よって，$\triangle$PAB は二等辺三角形である。

6.10 三角形の性質その 2 (B)

例 6.7 右の図のように △ABC が与えられている。線分 AB の中点 M を通る垂直二等分線と，BC の中点 N を通る垂直二等分線との交点を P とする。

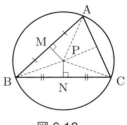

図 6.18

このとき，例 6.6 を使うと，$\overline{PA} = \overline{PB}$ また，$\overline{PB} = \overline{PC}$ が得られる。よって $\overline{PA} = \overline{PB} = \overline{PC}$。したがって，点 P を中心として半径 $\overline{PA}$ の円を引くと，点 A, B, C はこの円周上にある。この円を三角形 ABC の**外接円**と言う。したがって，3 点 A, B, C が与えられたとき，この 3 点を通る円が描ける。さらに △PAC は $\overline{PA} = \overline{PC}$ なる二等辺三角形となるから，(6.12) より，辺 AC の中点と P を結んだ直線は，AC の垂直二等分線となる。以上より，△ABC の各辺の垂直二等分線は一点 P で交わることがわかる。

例 6.8 次の左図で，$\overline{AB} = \overline{DB}$, $\overline{BC} = \overline{BE}$, ∠ABD = ∠CBE = 90° とする。

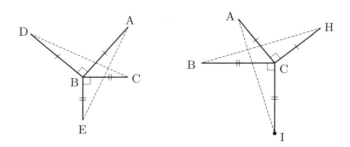

図 6.19

このとき，△DBC と △ABE において，

$$\overline{DB} = \overline{AB}, \quad \overline{BC} = \overline{BE}, \quad \angle DBC = 90° + \angle ABC = \angle ABE$$

となり，2 辺とそのはさむ角が等しいから，△DBC ≡ △ABE である（点 B を中心として，△ABE を反時計回りに 90° 回転させれば，△DBC に重なる）。

練習 6.3 図 6.19 の右図において，$\overline{HC} = \overline{AC}$, $\overline{CB} = \overline{CI}$, $\angle ACH = \angle BCI = 90°$ とする。このとき，△HCB ≡ △ACI を証明せよ。

解答 △HCB と △ACI において，$\overline{HC} = \overline{AC}$, $\overline{CB} = \overline{CI}$, $\angle HCB = 90° + \angle ACB = \angle ACI$

2 辺とそのはさむ角が等しいから，△HCB ≡ △ACI

6.11　三平方の定理（A）

∠A = 90° なる直角三角形 ABC においては**三平方の定理**が成り立つ。すなわち，

$$\overline{AB}^2 + \overline{AC}^2 = \overline{BC}^2$$

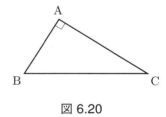

図 6.20

6.12　三平方の定理の証明（C）

まず次ページの図 6.21 の左図を考えよう。

まず，$\overline{AB}$, $\overline{BC}$, $\overline{AC}$ を 1 辺とする 3 つの正方形を考える。また，$\overline{AK}$ と $\overline{BC}$ は垂直に交わり，その交点を J とする。$\overline{AB}^2$ は正方形 ABDF の

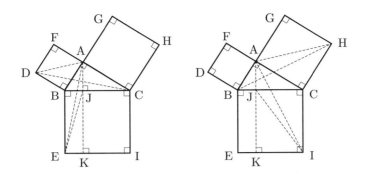

図 6.21

面積, $\overline{BC}^2$ は正方形 BCIE の面積, $\overline{AC}^2$ は正方形 ACHG の面積を表している。よって, 三平方の定理は言い換えると,

正方形 ABDF の面積 + 正方形 ACHG の面積 = 正方形 BCIE の面積

であることを示している。これを示そう。(i) まず, 例 6.8 より (合同だから面積が等しく) △DBC = △ABE。(ii) DB と FC は, 共に AB に垂直に交わっているから, 平行である。よって (6.3) より, △DBA = △DBC となる。(iii) BE と AK は, 共に BC に垂直に交わっているから, 平行である。よって (6.3) より △ABE = △JBE となる。(ii), (i), (iii) より, まとめると,

$$\triangle DBA = \triangle DBC$$
$$\triangle DBC = \triangle ABE$$
$$\triangle ABE = \triangle JBE$$

これより,

$$\triangle DBA = \triangle JBE \quad \text{ここで}$$

$$\frac{1}{2} \text{正方形 ABDF} = \triangle \text{DBA} = \triangle \text{JBE} = \frac{1}{2} \text{長方形 BEKJ}$$
$$\text{よって, 正方形 ABDF} = \text{長方形 BEKJ} \qquad (6.19)$$

となる．同様に，正方形 ACHG = 長方形 CIKJ が得られる（練習 6.4 参照）．これと (6.19) より，

$$\text{正方形 ABDF} + \text{正方形 ACHG} = \text{長方形 BEKJ} + \text{長方形 CIKJ}$$
$$= \text{正方形 BCIE}$$

となり三平方の定理が言えた．

練習 6.4 上の証明で「同様に」の部分，正方形 ACHG = 長方形 CIKJ を示せ（図 6.21 の右図参照）．

解答 (i) まず練習 6.3 より，△HCB = △ACI　(ii) 次に HC と GB は，共に AC に垂直に交わっているから，平行である．よって (6.3) より，△HCA = △HCB が成り立つ．(iii) さらに，CI と AK は，共に BC に垂直に交わっているから，平行である．よって (6.3) より，△ACI = △JCI が成り立つ．以上 (ii), (i), (iii) より，

$$\triangle \text{HCA} = \triangle \text{HCB}$$
$$\triangle \text{HCB} = \triangle \text{ACI}$$
$$\triangle \text{ACI} = \triangle \text{JCI}$$

これより，

$$\triangle \text{HCA} = \triangle \text{JCI} \quad \text{ここで}$$
$$\frac{1}{2} \text{正方形 ACHG} = \triangle \text{HCA} = \triangle \text{JCI} = \frac{1}{2} \text{長方形 CIKJ}$$
$$\text{よって, 正方形 ACHG} = \text{長方形 CIKJ}$$

6.13 円と円周角（A）

例 6.9 次の図で，O を中心とする円において，BC は直径で，点 A は円周上の任意の点とする。すると，

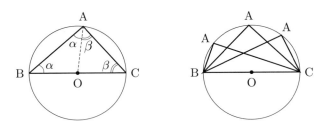

図 6.22

$\overline{OA} = \overline{OB} = \overline{OC}$ は半径である。よって，△OAB は二等辺三角形なので，(6.11) より等しい底角を α とおく。

同様に △OAC も二等辺三角形なので，等しい底角を β とおく。

△ABC の内角の和 $= 2(\alpha + \beta) = 180°$

よって，$\angle BAC = \alpha + \beta = 90°$

点 A は円周上のどの点でもよかったから，（BC が直径ならば）$\angle BAC$ は常に $90°$ である。

例 6.10 次の図 6.23 の円において，（直径とは限らない）弧 BC 上に任意に点 $A_1, A_2, A_3, \cdots$ をとる。このとき，
$$\angle BA_1C = \angle BA_2C = \angle BA_3C = \cdots = \frac{1}{2}\angle BOC \quad (6.20)$$
を示そう。上の角 $\angle BA_1C, \angle BA_2C, \angle BA_3C, \cdots$ を弧 BC に対する**円周角**と言う。$\angle BOC$ を弧 BC に対する**中心角**と言う。上式は，これら

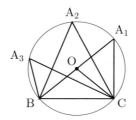

図 6.23

の円周角はすべて中心角 $\angle \mathrm{BOC}$ の $\dfrac{1}{2}$ に等しいことを示している（前の例 6.9 から，弧 BC が直径（このとき $\angle \mathrm{BOC} = 180°$ である）のとき，直径に対する円周角は $90°$ であることはわかっている）。

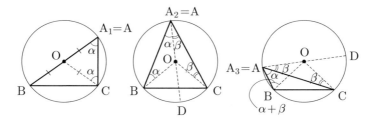

図 6.24

上のように $\alpha,\ \beta$ を決める。上左図 $\mathrm{A} = \mathrm{A}_1$ の場合，

半径 $\overline{\mathrm{OA}} = \overline{\mathrm{OC}}$ なる $\triangle \mathrm{OAC}$ で底角を α とする。

これに，(6.2) を使うと，$\angle \mathrm{BOC} = 2\alpha$　よって，

$\angle \mathrm{BAC} = \alpha = \dfrac{1}{2} \angle \mathrm{BOC}$

上中図 $\mathrm{A} = \mathrm{A}_2$ の場合は，例 6.5 より，$\angle \mathrm{BOC} = 2\angle \mathrm{BAC}$ だから，$\angle \mathrm{BAC} = \dfrac{1}{2} \angle \mathrm{BOC}$

6.14 補　足（C）

図 6.24 の右図 $A = A_3$ の場合は，次のように証明すればよい。
$\angle BAC = \alpha$, $\angle CAO = \beta$ とおく。

半径 $\overline{OA} = \overline{OB}$ なる $\triangle OAB$ で 2 つの底角は共に $\alpha + \beta$ で等しい。

半径 $\overline{OA} = \overline{OC}$ なる $\triangle OAC$ で 2 つの底角は共に β で等しい。

これらに (6.2) を使うと，$\angle BOD = 2(\alpha + \beta)$, $\angle COD = 2\beta$　よって
$\angle BOC = \angle BOD - \angle COD = 2(\alpha + \beta) - 2\beta = 2\alpha = 2\angle BAC$

よって，$\angle BOC = 2\angle BAC$ より，$\angle BAC = \dfrac{1}{2}\angle BOC$

6.15　幾つかの直角三角形（A）

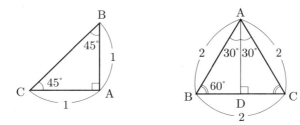

図 6.25

例 6.11　上左図のように，$\overline{AB} = \overline{AC} = 1$, $\angle A = 90°$ なる直角二等辺三角形 ABC の，直角以外の 2 つの底角，$\angle B$ と $\angle C$ は等しいから ((6.11) 参照)，

$$\angle B = \angle C = \frac{180° - 90°}{2} = 45°$$

となる。また，三平方の定理を使うと，

$$\overline{AB}^2 + \overline{AC}^2 = \overline{BC}^2 \text{ より } 1 + 1 = \overline{BC}^2 \text{ となり } \overline{BC} = \sqrt{2}$$

となる。よって，直角二等辺三角形 ABC の 3 辺の比は，

$$\overline{AB} : \overline{AC} : \overline{BC} = 1 : 1 : \sqrt{2}$$

となる。この 3 辺の比は △ABC と相似な三角形（内角が 90°, 45°, 45° の直角三角形）ならば常に同じ値となる（(6.15) 参照）。

今度は図 6.25 の右図で，$\overline{AB} = \overline{BC} = \overline{AC} = 2$ なる正三角形 ABC の 3 つの内角はみな等しいから，60° である。∠A の二等分線 AD を引くと，(6.11), (6.12) より，

$$\overline{BD} = \overline{CD} = 1, \angle BDA = \angle CDA = 90°, \angle BAD = \frac{1}{2}\angle BAC = 30°$$

となり，△ABD は内角が，90°, 60°, 30° の直角三角形となる。この三角形に三平方の定理を使うと，

$$\overline{AD}^2 + \overline{BD}^2 = \overline{AB}^2 \text{ より}$$
$$\overline{AD}^2 + 1^2 = 2^2 \text{ となり } \overline{AD} = \sqrt{3}$$

で，△ABD の 3 辺の比は，

$$\overline{BD} : \overline{AB} : \overline{AD} = 1 : 2 : \sqrt{3}$$

となる。この 3 辺の比は △ABD と相似な三角形（内角が 90°, 60°, 30° の直角三角形）ならば常に同じ値となる（(6.15) 参照）。

以上を次の図でまとめよう。

 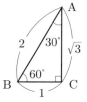

図 6.26

7 | 関係と関数

《目標＆ポイント》 関数の概念もわかったようでわからないと思われている分野の1つである。関係について説明し，その後，関数とはどういうものかを丁寧に解説する。
《キーワード》 関係，写像，関数，グラフ

7.1 集 合（A）

　まず，集合について述べる。ものの集まりを**集合**と呼ぶ。例えば，数1と数2からなる集まりは集合であり，$\{1, 2\}$ と表す。1や2をこの集合の**要素**と言う。また，放送大学の学生全体からなる集まりは集合であり，各読者は（放送大学の学生であれば）この集合の要素である。自然数全体からなるものも集合であり，$\{0, 1, 2, 3, \cdots\}$ あるいは N で表す（本書では特別に0も含むものとする）。数 $0, 1, 2, 3, \cdots$ はこの集合の要素である。この集合は無限個の要素からなるので，**無限集合**と呼ぶ。自然数において，偶数全体の集合は $\{0, 2, 4, \cdots\}$ と書けるが，括弧 $\{\ \}$ 内の $\cdots$ は意味が「曖昧」とも思える。偶数は2の倍数であるので，偶数の集合を例えば，

$$\{x \mid \text{ある自然数 } y \text{ が存在して } x = 2y \text{ となる}\}$$

と書くことにする。ここで x や y はいろいろな自然数をとることができる記号として用いられている。これを**変数**と言う。上の式は，x, y は様々な自然数をとるが，特に $x = 2y$ という式（性質）を満たす（2の倍数となる）ような x（偶数）をすべて集めてきて得られる集合，という意味である。

同様に，放送大学の学生の名前全体の集合は，$\{x \mid x$ は放送大学の学生の名前$\}$ と書ける。この式は，x が放送大学の学生の名前となる，そういう x をすべて集めたもの，という意味である。ここで，x は様々な人の名前をとる変数として用いられている。このように x を変数として，$\phi(x)$ を x についてのある性質（**条件式**）としたとき，$\{x \mid \phi(x)\}$ と書くことによって，$\phi(x)$ という性質を満たすような x 全体の集合を表す。

R を実数全体の集合とし，a, b を $a < b$ なる実数とする。このとき次のように集合（数直線上の区間）を定義する[*1]。

$$(a, b) = \{x \mid x \in R \text{ かつ } a < x < b\}$$
$$[a, b] = \{x \mid x \in R \text{ かつ } a \leq x \leq b\}$$
$$[a, b) = \{x \mid x \in R \text{ かつ } a \leq x < b\}$$
$$(a, b] = \{x \mid x \in R \text{ かつ } a < x \leq b\}$$
$$(a, \infty) = \{x \mid x \in R \text{ かつ } a < x\}$$
$$(-\infty, b] = \{x \mid x \in R \text{ かつ } x \leq b\}$$

∞ は無限大と呼ばれる記号で，数ではない。$[a, b]$ を**閉区間**，(a, b) を**開区間**，$[a, b), (a, b]$ を**半開区間**と言う。

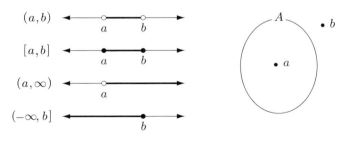

図 7.1

[*1] 例えば (a, b) は，a より大きく b より小さい，そのような実数全体の集合である。

a が集合 A の要素であるとき，これを $a \in A$（あるいは $A \ni a$）で表す。また b が集合 A の要素でないとき，これを $b \notin A$（あるいは $A \not\ni b$）で表す。図に示すと図 7.1 の右図のようになる。

練習 7.1 (i) 奇数全体の集合を条件式を使った方法で表現せよ。
(ii) 11 以上の奇数全体の集合を条件式を使った方法で表現せよ。

解答 (i) $\{x \mid \text{ある整数 } y \text{ が存在して } x = 2y+1\}$
(ii) $\{x \mid x \geq 11 \text{ かつ，ある自然数 } y \text{ が存在して } x = 2y+1\}$

何も要素をもたない集合を**空集合**と呼び $\emptyset$ で表す。

集合 A と B が**等しい**とは A と B が同じ要素から成り立っているときを言う。すなわち $a \in A \Leftrightarrow a \in B$ である。また，集合 A の要素がすべて集合 B の要素であるとき，すなわち任意の（各々の）a について，$a \in A$ ならば $a \in B$ であるとき，集合 A を B の**部分集合**と言い，$A \subseteq B$（あるいは $B \supseteq A$）で表す（図 7.2 参照）。特に $A = B$ でも $A \subseteq B$ といえる。

図 7.2

集合 A, B において，A か B の少なくともどちらか一方に含まれる要素全体の集合を $A \cup B$ で表し，A と B の**和集合**（あるいは A と B の union）と言う。すなわち，$A \cup B = \{x \mid x \in A \text{ または } x \in B\}$ である（下左図参照）。

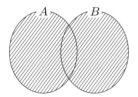 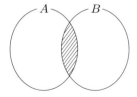

図 7.3

例えば $A = \{1, 2, 3, 4, 5\}$, $B = \{3, 4, 5, 6, 7\}$ のとき，
$$A \cup B = \{1, 2, 3, 4, 5, 6, 7\}$$
である。同様に集合 A, B, C において，$A \cup B \cup C$ は A か B か C の少なくともどれか1つに含まれる要素全体の集合を表す。

また，A と B の両方に含まれる要素全体の集合を $A \cap B$ で表し，A と B の**積集合**（あるいは A と B の intersection）と言う。すなわち $A \cap B = \{x \mid x \in A \text{ かつ } x \in B\}$ である（図 7.3 右図参照）。

同様に集合 A, B, C において，$A \cap B \cap C$ は A と B と C のすべてに含まれる要素全体の集合を表す。

A を偶数の集合，B を素数の集合としたとき，$A \cap B$ は $\{2\}$ である。

また，A を偶数の集合，B を奇数の集合としたとき，$A \cap B$ は何も要素をもたない，つまり空集合である。したがって $A \cap B = \emptyset$ である。

集合 $A \supseteq B$ が与えられたとして，A に含まれ B に含まれない要素全体の集合を $A - B$ で表し，A における B の**補集合**と言う。すなわち，$A - B = \{x \mid x \in A \text{ かつ } x \notin B\}$ である。集合 A を明記する必要のないときは，$A - B$ を $\overline{B}$（あるいは B^c）とも書く。また一般に $A \supseteq B$ ではないときも，$A - B$ を上のように定義し，A と B の**差集合**と呼ぶ。これらを図に示すと次の図のようになる。

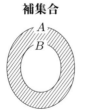 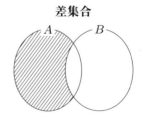

図 7.4

練習 7.2 A を日本国民全体の集合，B を放送大学の学生全体の集合とする。

(i) 　　$A \cap B$ はどのような集合か。

(ii) 　　$A \cup B$ はどのような集合か。

(iii) 　　$A - B$ はどのような集合か。

解答　放送大学の学生には外国人もいることに注意しよう。
(i) 日本国民なおかつ放送大学の学生全体の集合　　(ii) 日本国民かあるいは放送大学の学生である（少なくともどちらか一方を満たす）人全体の集合（注。この集合には日本国民でしかも放送大学の学生である人も含む）　　(iii) 日本国民であるが放送大学の学生ではない人全体の集合

7.2 順序対（A）

a と b を順序を考慮に入れて並べた組を**順序対**と呼び，(a, b) で表す。これは次の性質を満たさなければならない。

$$(a, b) = (c, d) \Leftrightarrow a = c \text{ かつ } b = d$$

したがって，一般には異なる a と b について，(a, b) と (b, a) は違うものである。しかし，集合 $\{a, b\}$ と集合 $\{b, a\}$ は，どちらも a と b という 2 つの要素からなる集合であるから，同じものである。

例えば，$(3, 5)$ と $(5, 3)$ は異なるものであるが，集合 $\{3, 5\}$ と集合 $\{5, 3\}$ は同じものである。

同様に，3 つの対象 x, y, z を順序を考慮に入れて並べた組を**順序列**と呼び，(x, y, z) と書く。例をあげよう。放送太郎君の学生番号は 100 であり所属学習センターは千葉であるという情報があるとしよう。この情報を記述するのには例えば，最初に氏名，次に学生番号，3 番目に所属学習センター，と情報を書く順番を決めた方がわかりやすい。するとこ

の情報は，(放送太郎, 100, 千葉) となる．もし放送花子さんの学生番号は 200 であり所属は神奈川学習センターであるならこの情報は，(放送花子, 200, 神奈川) となり，この 2 つの情報の比較も見やすくなる．

集合 A, B において，$A \times B$ を，$x \in A$ かつ $y \in B$ となるような順序対 (x, y) 全体の集合と定義し，A と B の**直積**と言う（数のかけ算としての積とは異なるので注意）．
すなわち，
$$A \times B = \{(x, y) \mid x \in A \text{ かつ } y \in B\}$$
である．とくに，$A \times A = \{(x, y) \mid x, y \in A\}$ でありこれを A^2 と書く．

例をあげよう．あるレストランのケーキの種類全体の集合を A，飲み物の種類全体の集合を B とする．すると $A \times B$ はケーキと飲み物の組み合わせ（順序対）全体の集合となる．

7.3 関　係（A）

関係という言葉は聞き慣れたものであるが，数学的にみてみよう．

例 7.1　人々がどのような食べ物が好きであるか，調査することを考えよう．最初に調査する対象となる人々を決める．ここでは放送大学の学生としよう．そして放送大学の学生全体の集合を X としよう．次に食べ物のリストをつくる．リストにあがった食べ物の集合を Y としよう．そして調査が始まる．各人に，どの食べ物が好きか（0 個以上複数回答可）選んでもらった．そして各人から得られたデータを集める．ここで，データの表記の仕方を考えよう．a を放送大学の学生の名前，b を（リストにある）食べ物の 1 つとしたとき，「a さんは b が好きである」という文章を $R(a, b)$ で表す．このとき，

a さんは b が好きであれば，$R(a, b)$ が成り立つ（(a, b) は R を満たす）と言い，a さんは b が好きでないときは，$R(a, b)$ は成り立たない（(a, b) は R を満たさない）と言う。

例えば，もし放送太郎はチョコレートが好きであれば，$R(放送太郎, チョコレート)$ が成り立つ（(放送太郎, チョコレート) は R を満たす）。もし放送花子がチョコレートが好きでなければ，$R(放送花子, チョコレート)$ は成り立たない（(放送花子, チョコレート) は R を満たさない）。R を，X の要素と Y の要素との間の関係（あるいは簡単に X と Y との間の関係とも）と言う。$R(a, b)$ は，a と b の間の（好きかどうかを表す）「関係」を表していると言える。この意味で関係 R と言ったり，また関係 $R(a, b)$ と言ったりする。関係 $R(a, b)$ が成り立つとき，これは aRb とも書かれる。こうすると，a と b との<u>間</u>に（好きかどうかを表す）関係 R があるということがイメージしやすい。図に示すと例えば図 7.5 のように描くことができる。関係 R があることを，矢印で示す。

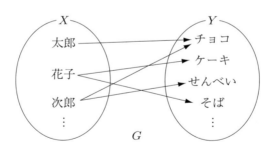

図 7.5

次に，$R(a, b)$ が成り立つような順序対 (a, b) をすべて集め，これを G としよう。すると $R(放送太郎, チョコレート)$ が成り立てば，

(放送太郎, チョコレート) は集合 G の要素である。もし放送花子がチョコレートが好きでなければ，(放送花子, チョコレート) は集合 G の要素ではない。言い換えると，一般に，

a さんは b が好きであれば ($R(a, b)$ が成り立てば)，
(a, b) は G の要素である。
a さんは b が好きでないと ($R(a, b)$ が成り立たないと)，
(a, b) は G の要素でない。

すなわち，

$$R(a, b) \text{ が成り立つ} \Leftrightarrow (a, b) \in G$$

このように関係 R という概念を，集合 G によってとらえ直すことができる。上記の関係 R が与えられれば，それに対応して集合 G が決まる。G を関係 R の**グラフ**と言う [*2]。また G の要素をグラフ上の点と言う。例えば (放送太郎, チョコレート) はグラフ上の点である。G は $X \times Y$ の部分集合である。

練習 7.3 $Q = \{(x, y) \mid x, y \text{ は自然数で互いに素である}\}$ は，自然数の集合 N の要素どうしの関係である。Q のグラフを G とする。

(i) $Q(3, 5)$ は成り立つか。$(3, 5) \in G$ は成り立つか。$(3, 5)$ は G 上の点であるか。

(ii) $Q(3, 9)$ は成り立つか。$(3, 9) \in G$ は成り立つか。$(3, 9)$ は G 上の点であるか。

|解答| (i) 成り立つ。成り立つ。そうである。 (ii) 成り立たない。成り立たない。そうでない。

[*2] ときに R と G を区別せずに，G も関係と呼ぶことがある。

7.4 定義域と値域（A）

集合 X と集合 Y との間の関係 R が与えられているとする。ここで,

$\{x \mid$ ある y が存在して $R(x, y)$ となる$\}$，すなわち,

$R(x, y)$ を満たす順序対 (x, y) の最初の x をすべて集めたもの,

これを R の**定義域**（domain）と言い，$\text{dom}(R)$ と書く。

$a \in \text{dom}(R)$ のときは，$R(a, b)$ を満たす b が存在する。

$\text{dom}(R)$ は X の部分集合である。また,

$\{y \mid$ ある x が存在して $R(x, y)$ となる$\}$，すなわち,

$R(x, y)$ を満たす順序対 (x, y) の 2 番目の y をすべて集めたもの,

これを R の**値域**（range）と言い，$\text{ran}(R)$ と書く。

$b \in \text{ran}(R)$ のときは，$R(a, b)$ を満たす a が存在する。

$\text{ran}(R)$ は Y の部分集合である。例 7.1 では，定義域は放送大学の学生で，集合 Y の要素の食べ物を少なくとも 1 つ好きな，そういう学生の集合である。よって，Y の要素の食べ物のどれも好きでない学生は，定義域に含まれない。値域は，（放送大学生の）誰かに好かれている食べ物の集合である。誰も好きでない食べ物は，値域に含まれない。

7.5 関係から写像（関数）へ（A）

例 7.2 例 7.1 における，放送大学の学生の集合 X と食べ物の集合 Y との関係 R とそのグラフ G を思い出そう。ここで，X と Y との間の新たな関係 R^* を次のように定義する。

$R(a, b)$ が成り立つとは，a さんは b が好きであること，これに対して $R^*(a, b)$ が成り立つとは，a さんは b が 一番好きである こと。

そして R^* のグラフを G^* とする。$G^* \subseteq G$ である[*3]。また $\mathrm{dom}(R^*) = \mathrm{dom}(R) \subseteq X$，$\mathrm{ran}(R^*) \subseteq \mathrm{ran}(R) \subseteq Y$ である。「一番」好きなものは 1 つだけであるから，放送大学の学生 $a \in \mathrm{dom}(R^*)$ に対し，関係 $R^*(a, b)$ を満たす b がただ 1 つ存在する[*4]。そうすると，「関係 $R^*(a, b)$ を満たす」という文章は，

a に対して（関係 $R^*(a, b)$ を満たすような）ただ 1 つの b を 対応させる

と考え直すことができる。このように考えたとき，R^* を $\mathrm{dom}(R^*)$ から Y への **写像**（**関数**）と言う。したがって，「写像」は「関係」の特別な場合である。写像を表す記号として f, g などの記号がよく用いられる。記号 f を使うことにすれば，$R^*(a, b)$ が成り立つとき，これを $f(a) = b$ と書く。その意味は前述の通り，「a に対し（関係 $R^*(a, b)$ を満たすような）ただ 1 つの b を 対応させる」ということである。f を $\mathrm{dom}(R^*)$ から Y への写像と言い，写像 f のグラフ G^* は，

$$G^* = \{(a, b) \mid f(a) = b\}$$

と書き直される。図に示すと例えば次の図 7.6 のようになる。放送太郎はチョコレートが一番好きなとき，

$f(放送太郎) = $ チョコレート，が成り立つ。このことは，図 7.6 の矢印で示されている。

[*3] $(a, b) \in G^*$ とする。すると，a は b が一番好きであるから，もちろん a は b が好きであり，したがって，$(a, b) \in G$ である。

[*4] $a \in X - \mathrm{dom}(R^*)$ なる学生 a に対しては，Y の要素の食べ物どれも好きでないから，この文章でいう b は存在しない。

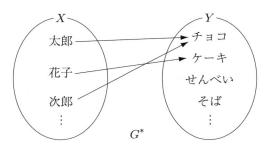

図 7.6

　一般に，集合 X と集合 Y との間の関係 R において，
任意の $a \in \mathrm{dom}(R)$ に対し，$R(a, b)$ を満たす b がただ 1 つ存在するとき，$f(a) = b$ と定義して，f を $\mathrm{dom}(R)$ から Y への**写像**と呼ぶ。
このとき，関係 R は**写像 f を定める**と言い，R のグラフは**写像 f のグラフ**とも言う。f のグラフの要素は，グラフ上の点あるいは，写像 f 上の点とも言う。

7.6　写像の性質（A）

　前節で写像の定義をしたが，(少し簡単にして) もう一度書くことにする。集合 X と Y が与えられているとする。X の各要素 a に対して，ある規則 (関係)[*5] によって，対応する Y の要素 b がただ 1 つ存在するとき，

　この対応を X から Y への写像であると言う。写像は，f, f_1, f_2 や g, g_1, g_2 等を用いて，
$$f \colon X \to Y$$

[*5] 今後は「関係」という言葉より「規則」という言葉を多用する。またここでは，X の各要素 a に対して，その対応を考えていることにも留意しよう。

といった記号で表す．X を f の**定義域**と言う．f によって，X の要素 a に Y の要素 b が対応するとき，$f(a) = b$ あるいは，

$$f : a \mapsto b$$

と表す．このとき a に対する f の値（像）は b である，と言う．これは次のように解釈してもよい；a を写像 f にインプット（入力）すると，f は与えられた規則によって計算をしてその結果 b をアウトプット（出力）する．

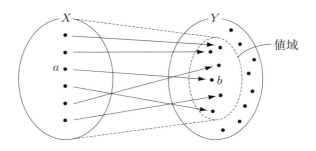

図 7.7

次に，$\{y \mid \text{ある } x \in X \text{ が存在して } f(x) = y \text{ となる}\}$，すなわち，$f(x) = y$ となるような y をすべて集めたもの，

これを f の**値域**と言い，$\mathrm{ran}(f)$ あるいは $f(X)$ と書く．

$b \in \mathrm{ran}(f)$ のときは，$f(a) = b$ となる a が少なくとも 1 つ存在する．

$\mathrm{ran}(f)$ は Y の部分集合である．X から X への写像 $f \colon X \to X$ で，任意の $a \in X$ において，$f(a) = a$ となる f を**恒等写像**と言う．

X, Y, Z を集合とし，2 つの写像 $f \colon X \to Y$, $g \colon Y \to Z$ が与えられたとき，写像 $g \circ f \colon X \to Z$ を，

$$\text{任意の } a \in X \text{ について，} g \circ f(a) = g(f(a))$$

で定義し，f と g の**合成写像**と言う（$g \circ f$ は gf とも書く．f と g の順番に注意。f が最初に適用され，その次に g が適用される）。$f(a) = b$，$g(b) = c$ ならば，$g \circ f(a) = g(f(a)) = g(b) = c$ である。

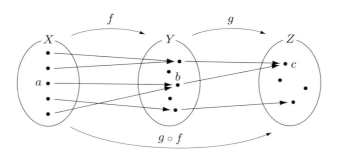

図 7.8

写像 $f: X \to Y$ が**単射（1 対 1）**であるとは，任意の異なる $a, a' \in X$ において $f(a) \neq f(a')$ となるときを言う。これは，「任意の $b \in \mathrm{ran}(f)$ において，$f(a) = b$ となる $a \in X$ がただ 1 つ存在する」と言い換えられる。

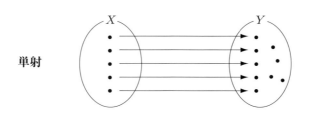

図 7.9

また，$f: X \to Y$ が**全射（上への写像）**であるとは，$\mathrm{ran}(f) = Y$ すなわち，任意の $b \in Y$ において，$f(a) = b$ となる $a \in X$ が存在すると

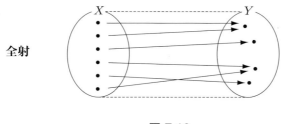

全射

図 7.10

きを言う。

f が全射でかつ単射であるとき，f は **全単射** であると言う。

例 7.3 放送大学の学生番号に対し，その学生の名前を対応させる写像を f としよう。f の定義域は放送大学の学生番号をすべて集めた集合でこれを X としよう。放送大学の学生の名前全体の集合を Y としよう。f は X から Y への写像である。例えば放送太郎君の学生番号が 111 ならば，$f(111) =$ 放送太郎となる。$f(a) = b$ は「学生番号 a の人の名前は b さんである」を意味する。f の値域は Y であるから，f は全射である。また同姓同名の学生がいなければ（異なる学生番号が，同じ学生の名前に対応しないから）f は 1 対 1 となる。例 7.2 において R^* で定義される写像を g とすれば，g は放送大学の学生の名前の集合 Y から，食べ物の集合（これを Z としよう）への写像で，$g(b) = c$ は，「b さんは $c \in Z$ が一番好きである」を意味している [*6]。f と g との合成写像 $g \circ f$ は，X から Z への写像で，$g \circ f(a) = c$ は，「学生番号 a の学生は，c という食べ物が一番好きである」を意味している。

例 7.4 実数の集合を R で表す（関係 R と同じ記号を使うが誤解の恐れはない）。実数の集合 R から R への写像 f, g が，任意の a に対して，$f(a) = a+1, g(a) = a^2$ で与えられているとする。例えば $f(a) = a+1$

[*6] 本節最初の写像の定義に合わせるため，本節以降ではこの例 g の定義域は Y 全体と仮定する。すなわちどの学生も Z の中の食べ物のどれかは好きである。

は，「入力 a に対し，1 を足した値 $a+1$ を出力する」という意味である。したがって，$f(a^2) = a^2 + 1$ は，「入力 a^2 に対し，1 を足した値 $a^2 + 1$ を出力する」となる。このことに気をつけると，

$f(a) = a + 1$, $g(a) = a^2$ のとき，

$f \circ g(a) = f(g(a)) = f(a^2) = a^2 + 1$ であるが

(g, f の順に適用される)，

$g \circ f(a) = g(f(a)) = g(a+1) = (a+1)^2$ である

(f, g の順に適用される)。

よって，$f \circ g(a)$ と $g \circ f(a)$ の値が等しくなるとは限らない。

7.7 逆写像 (B)

X から Y への写像 f を考える。$f(a) = b$ のとき，a が入力で，f の出力は b である。f が単射ならば，任意の $b \in \mathrm{ran}(f)$ において，$f(a) = b$ となる $a \in X$ がただ 1 つ存在する。すると (f の場合と逆方向に考えて) b に対して，そのような (ただ 1 つの) a を対応させる写像 f^{-1} を考えることができる (このとき b が入力で，f^{-1} の出力は a である)。すなわち，$\mathrm{ran}(f)$ から X への逆写像 f^{-1} を次のように定義することができる。任意の $b \in \mathrm{ran}(f)$ について，

$$
\begin{aligned}
&f^{-1} \colon b \mapsto a \Leftrightarrow f \colon a \mapsto b, \text{ すなわち} \\
&f^{-1}(b) = a \Leftrightarrow f(a) = b, \text{ よって} \\
&(b, a) \text{ が } f^{-1} \text{ 上の点} \Leftrightarrow (a, b) \text{ は } f \text{ 上の点}
\end{aligned}
\tag{7.1}
$$

この写像 f^{-1} を f の**逆写像**と言う [*7]。このとき $a \in X$ ならば，$f^{-1} \circ f(a) = f^{-1}(b) = a$ となるから，$f^{-1} \circ f$ は X から X への恒等写像となり，また $b \in \mathrm{ran}(f)$ のとき，$f \circ f^{-1}(b) = f(a) = b$ であるから，

---

*7 X から Y への写像 f が全単射の場合には，f^{-1} は Y から X への写像となる。

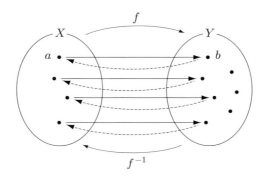

図 7.11

$f \circ f^{-1}$ は $\mathrm{ran}(f)$ から $\mathrm{ran}(f)$ への恒等写像となる。

例 7.5 放送大学の学生番号に対し，その学生の名前を対応させる写像を f としよう。同姓同名の学生がいなければ f は全単射（1 対 1）となる。よって f の逆写像 f^{-1} が存在し，これは学生の名前に対して，その学生番号を対応させる写像である。

実数の集合 R から R への写像 f, g を，任意の a に対して，$f(a) = a+1$ そして $g(a) = a-1$ と定義する。$f(a) = a+1$ は，入力 a に対して出力は $a+1$ である。この逆写像は入力 $a+1$ に対して出力が a となる，すなわち入力から 1 を引く関数で，$g(a) = a-1$ のことなので $f^{-1} = g$ である。

$$f \circ g(a) = f(g(a)) = f(a-1) = (a-1)+1 = a$$

で，$f \circ g(x)$ は恒等写像である。同様に，

$$g \circ f(a) = g(f(a)) = g(a+1) = (a+1)-1 = a$$

で，$g \circ f(a)$ も恒等写像である。

8 | 関数の性質

《**目標&ポイント**》 関数の基本性質を学ぶ。座標平面を導入し，簡単な関数のグラフを描く事を考える。グラフを移動したとき，関数がどのような式で表されるか考える。
《**キーワード**》 合成関数，平行移動，対称移動，座標平面，1次関数

8.1 変 数 (A)

例 8.1 例 7.2 を思い出そう。放送大学の学生の名前の集合を X とし，食べ物の集合を Y とする。そして R^* で定義される写像を f とする。すると f は，X から Y への写像で，$f(a) = b$ は，「a さんは $b \in Y$ が一番好きである」を意味している。ここで，放送大学の色々な学生（の名前）に自由に変化することができる（つまり放送大学の色々な学生の名前を動き回ることができる）記号 x を，集合 X 上の**変数** x と呼ぶことにする。すなわち x は，放送太郎であったり，放送花子であったり，自由に変化（変身）することができるわけである。同様に，Y の要素にある色々な食べ物に変化することができる（色々な食べ物を動き回ることができる）記号 y を，集合 Y 上の**変数** y と呼ぶことにする。すなわち y は，チョコレートやケーキに変化（変身）することができるわけである。

そして $f(x) = y$（あるいは $y = f(x)$）と書くことがある。このとき「x の f による値が y である」あるいは「x を f に入力すると出力は y である」と言う。このとき，$f($放送太郎$) = $ チョコレート となっているならば，「x が放送太郎のとき，y の値はチョコレートである」あるいは「$x = $ 放送太郎のとき，$y = $ チョコレートである」という言い方をする。

まとめよう。一般に，f を集合 X から集合 Y への写像とする。ここで，

集合 X の任意の要素に変わる（を動く）ことができる記号を x とし，

集合 Y の任意の要素に変わる（を動く）ことができる記号を y とする。

x は（X 上の）変数と呼ばれる。同様に y は（Y 上の）変数である。今後写像 f は，写像 $f(x) = y$（あるいは写像 $y = f(x)$）と変数をつけて表すことが多い。これは，「x の f による値が y である」ということを表すが，さらに，

変数 x が X の要素を「動くにしたがって」

変数 y が Y の要素を「どのように動くか」

を考えようとしている，という意味合いを含んだ表記である。ここで，x は X の要素を自由に動き回れるから**独立変数**（あるいは**入力変数**）と言われる。一方 y は Y の要素を動くには違いないが，x の値にしたがって決まるから，その意味で**従属変数**（あるいは**出力変数**）と言う。そして $f(a) = b$ のとき，「x が a のとき（$x = a$ のとき）y の値は b である（$y = b$ である）」と言う。

　もちろん，独立変数や従属変数は x や y 以外の記号を用いても構わない。上記写像 $y = f(x)$ を，$z = f(y)$ と表してもよい。このときは，y は集合 X 上の独立変数であり，一方 z は集合 Y 上の従属変数となる。すなわち，$y = f(x)$ と書いても，$z = f(y)$ や $z = f(x)$ と書いても表記が違うだけで，それらが表す写像 f は同じである。例 7.4 で考えた実数の集合 R から R への写像 f, g 及びその合成写像は，変数記号を使って，次の 2 通りに書き表すことができる。

$$y = f(x) = x + 1, \quad y = g(x) = x^2 \text{ と表せば，}$$
$$g \circ f(x) = g(f(x)) = g(x+1) = (x+1)^2$$

$$y = f(x) = x+1, \quad z = g(y) = y^2 \text{ と表せば,}$$
$$g \circ f(x) = g(f(x)) = g(y) = y^2 = (x+1)^2$$

写像 g は，前者では $y = g(x) = x^2$ と表し，後者だと $z = g(y) = y^2$ と表している。後者の表し方だと，合成写像 $g \circ f(x)$ を考えるとき，入力 x に対し，f の値（を計算した出力）が y で，その y が g においては入力となり，その g の値（出力）が z となる，と変数が順番に変化しているため，その点見やすい。前者は，f, g ともに，x が独立変数，y が従属変数と統一されているが，合成写像 $g \circ f$ を考えるとき，$f(x)$ の値 y は g では入力となるため，その点注意が必要である。つまり前者では，$f(x)$ の値 $\underline{y \text{ を先に } x+1 \text{ に}}$ 書き換え，この g の値 $g(x+1) = (x+1)^2$ を求めている。一方後者では $f(x)$ の値を y とし，この g の値 $g(y) = y^2$ として，その $\underline{\text{後から } y \text{ を } x+1 \text{ に}}$ 置き換えている。また $g \circ f(x)$ は（前者の式で出てくるように）$g(x+1)$ と書いてもよい。このとき $g \circ f$ としては x が入力変数であり，$x+1$ はあくまで g に対する入力であることに注意しよう（前者のような表記で合成関数を考えることが多いので，次節で慣れるようにしよう）。

練習 8.1 $f(x) = mx + q$ のとき，$f(x+1), f(x^2)$ を求めよ。また $g(x) = x^2$ のとき，$g(\sqrt{2}\,x), g(x+1)$ を求めよ。

[解答] $f(x+1) = m(x+1) + q\ (= mx + m + q),\ f(x^2) = mx^2 + q,\ g(\sqrt{2}\,x) = (\sqrt{2}\,x)^2 = 2x^2,\ g(x+1) = (x+1)^2$

8.2 幾つかの合成関数（B）

　実数の集合 R から R への写像は**関数**と呼ばれることが多い。したがって，これからは関数という言葉を多用する。$y = f(x)$ を R から R への関数とする。関数 $y = f(x-p)$ は，2 つの関数 $y = g(x) = x - p$ と $y = f(x)$

との合成関数 $y = f \circ g(x)$ に等しい ($f \circ g(x) = f(g(x)) = f(x-p)$ だから)。

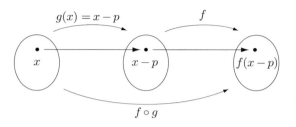

図 8.1

関数 $y = f(x) + q$ は，2つの関数 $y = f(x)$ と $y = g(x) = x + q$ との合成関数 $g \circ f(x)$ に等しい。($g \circ f(x) = g(f(x)) = f(x) + q$ だから。)[*1]

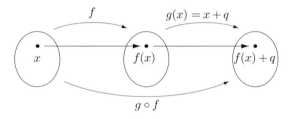

図 8.2

関数 $y = f(-x)$ は，2つの関数 $y = g(x) = -x$ と $y = f(x)$ との合成関数 $f \circ g(x)$ に等しい ($f \circ g(x) = f(g(x)) = f(-x)$ だから)。

[*1] 図 8.1 では（合成関数としてみた場合）f は後に適用され，図 8.2 では最初に適用されている。また図にある楕円形は，すべて同じ実数の集合 R を表している。

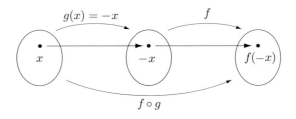

図 8.3

関数 $y = -f(x)$ は，2 つの関数 $y = f(x)$ と $y = g(x) = -x$ との合成関数 $g \circ f(x)$ に等しい（$g \circ f(x) = g(f(x)) = -f(x)$ だから）。

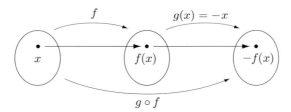

図 8.4

関数 $y = f(kx)$ は，2 つの関数 $y = g(x) = kx$ と $y = f(x)$ との合成関数 $f \circ g(x)$ に等しい（$f \circ g(x) = f(g(x)) = f(kx)$ だから）。

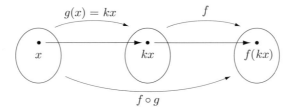

図 8.5

例 8.2 関数 $y = f(x)^n$ ($f(x)$ の値を n 乗したもので $\{f(x)\}^n$ とも書く) は，2 つの関数 $y = f(x)$ と $y = g(x) = x^n$ との合成関数 $g \circ f(x)$ に等しい ($g \circ f(x) = g(f(x)) = f(x)^n$ だから)。

8.3　座標平面（A）

さて 3.7 節において，数直線を定義した。下左図の数直線に，例えば x 軸といった名前が付けられているとしよう。このとき，原点から見て右方向すなわち正の方向を，x（軸）の**正の方向**あるいは $\boldsymbol{x}$（**軸**）**方向**と言う。今度は，数直線が下右図のように，縦方向に与えられていたとして，y 軸と名前が付けられているとしよう。このとき，原点から見て正の方向は上方向で，y（軸）の**正の方向**あるいは $\boldsymbol{y}$（**軸**）**方向**と言う。

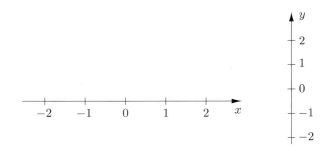

図 8.6

次に平面上の点を表すには，次ページの図 8.7 のように，原点と 2 つの数直線（x 軸と y 軸）を使って表すことができる。

図 8.7 左図で点 P は，原点 O から x 方向へ a_1 だけ動き，その後 y 方向へ b_1 だけ動いた点と解釈される。これより点 P を，順序対 (a_1, b_1) で表すことにする。すなわち順序対 (a_1, b_1) の a_1 は x 方向へ動いた（向き付

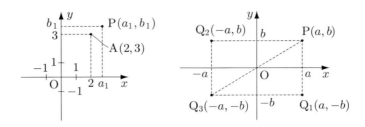

図 8.7

きの) 長さを表し，また b_1 は y 方向へ動いた (向き付きの) 長さを表す。順序対 (a_1, b_1) を点 P の **座標** と言う。a_1 を点 P の **x 座標**，b_1 を **y 座標** と言う。このように座標を考えに入れた平面を **座標平面** と言う。x 軸上の点の座標は $(a_1, 0)$ という形で表され，y 軸上の点の座標は $(0, b_1)$ という形で表される。

次に上右図のように，2 点間の位置関係について考える。点 P の座標を (a, b) とし，点 Q_1 の座標を $(a, -b)$ とすれば，P と Q_1 とは x 軸に関して対称の位置関係にあると言う。また，点 Q_2 の座標を $(-a, b)$ とすれば，P と Q_2 とは y 軸に関して対称の位置関係にあると言う。さらに点 Q_3 の座標を $(-a, -b)$ とすれば，P と Q_3 とは原点に関して対称の位置関係にあると言う。これらは今後よく使う。

例 8.3 数直線上の 2 点 A_1 と A_2 の表す数を a_1, a_2 とする．ただし $a_1 < a_2$。このとき線分 A_1A_2 の中点 M が表す数を求めよう。

$\overline{A_1A_2} = a_2 - a_1$ だから，$\overline{A_1M} = \dfrac{a_2 - a_1}{2}$　よって

M の表す数は $a_1 + \dfrac{a_2 - a_1}{2} = \dfrac{2a_1 + a_2 - a_1}{2} = \dfrac{a_1 + a_2}{2}$

今度は次の図 8.8 の右図のように，座標平面上に 2 点 P と Q が与えられ，それらの表す座標を $P(a_1, b_1)$, $Q(a_2, b_2)$ とする。このとき，図の

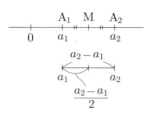
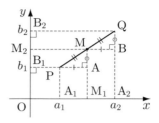

図 8.8

ように，点 A_1, A_2, B_1, B_2 を決めると，これらの点が表す座標はそれぞれ，$(a_1, 0)$, $(a_2, 0)$, $(0, b_1)$, $(0, b_2)$ となる。すると，

$$PQ \text{ の中点 M の座標は } \left(\frac{a_1 + a_2}{2}, \frac{b_1 + b_2}{2}\right) \text{ である。} \tag{8.1}$$

なぜなら △PAM ≡ △MBQ より [*2]，$\overline{PA} = \overline{MB}$, $\overline{AM} = \overline{BQ}$

$\overline{A_1 M_1} = \overline{M_1 A_2}$ より M の x 座標は，

$A_1 A_2$ の中点 M_1 の x 座標で $\dfrac{a_1 + a_2}{2}$

$\overline{B_1 M_2} = \overline{M_2 B_2}$ より M の y 座標は，

$B_1 B_2$ の中点 M_2 の y 座標で $\dfrac{b_1 + b_2}{2}$

8.4　内分する点（C）

前節の中点の座標の求め方をさらに発展させよう。

例 8.4　図 8.9 のように，数直線上の 2 点 A_1 と A_2 が与えられ，A_1, A_2 の表す数を a_1, a_2 とする。ただし $a_1 < a_2$。また，m, n を正の整数とし，点 M が，$\overline{A_1 M} : \overline{MA_2} = m : n$ を満たすとする。このとき M を，A_1 と A_2 を，$m : n$ に**内分**する点と言う。M の表す数 x を求めよう。

[*2] 理由は次の通り。まず $\overline{PM} = \overline{MQ}$。また（PA と MB は平行だから）同位角が等しく ∠MPA = ∠QMB。同様に（AM と BQ は平行だから）同位角が等しく ∠PMA = ∠MQB。よって，一辺とその両端の角が等しいから △PAM ≡ △MBQ となる。

$\overline{A_1M}$ は $\overline{A_1A_2}$ の $\dfrac{m}{m+n}$ 倍である。 (8.2)

$\overline{A_1A_2} = a_2 - a_1$ より, $\overline{A_1M} = \dfrac{m(a_2-a_1)}{m+n}$ よって

$$x = a_1 + \dfrac{m(a_2-a_1)}{m+n} = \dfrac{(m+n)a_1 + m(a_2-a_1)}{m+n} = \dfrac{na_1 + ma_2}{m+n} \text{ *3}$$
(8.3)

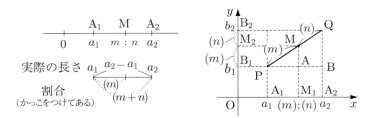

図 8.9

次に,上右図のように 2 点 $P(a_1, b_1)$, $Q(a_2, b_2)$ が与えられたとする。このとき,点 A_1, A_2, B_1, B_2 を決めると,これらの点の座標はそれぞれ,$A_1(a_1, 0)$, $A_2(a_2, 0)$, $B_1(0, b_1)$, $B_2(0, b_2)$ となる。

このとき,PQ を $m:n$ に内分する点 M の座標は
$$\left(\dfrac{na_1 + ma_2}{m+n}, \dfrac{nb_1 + mb_2}{m+n} \right) \text{ である。}$$
(8.4)

なぜなら $\overline{A_1M_1} : \overline{M_1A_2} = m:n$ より,M の x 座標は,

M_1 の表す数で $\dfrac{na_1 + ma_2}{m+n}$ *4

---

*3 x を求めるには次のようにしてもよい。まず $x-a_1 : a_2-x = m:n$ ここで (3.6) より,$n(x-a_1) = m(a_2-x)$ これより $nx-na_1 = ma_2-mx$ となり $x(n+m) = na_1+ma_2$ で,$x = \dfrac{na_1 + ma_2}{m+n}$ 分子の覚え方は(図 8.9 の左上数直線を見て)n, a_1 と m, a_2 は交差するかたちになる。

*4 MA と QB が平行になるから,例 6.3 より,$\overline{PM} : \overline{MQ} = \overline{PA} : \overline{AB} = \overline{A_1M_1} : \overline{M_1A_2} = m:n$。よって,(8.3) を使えばよい。

同様に $\overline{\mathrm{B_1M_2}} : \overline{\mathrm{M_2B_2}} = m : n$ より，M の y 座標は，$\mathrm{M_2}$ の表す数で $\dfrac{nb_1 + mb_2}{m+n}$

8.5　1次関数とそのグラフ（A）

例 8.5　最も簡単な関数の1つは恒等関数であろう。実数の集合 R から R への恒等関数を $y = f_1(x)$ とすると，$y = f_1(x) = x$ である（入力 x に対し出力 y は x に等しい）。この関数のグラフ G_{f_1} は，

$$G_{f_1} = \{(x,\ y) \mid x,\ y \in R \text{ かつ } y = x\} = \{(x,\ x) \mid x \in R\}$$

となる。x を様々な実数に変化させて，このグラフ上の無数の点 $((0,\ 0)$, $(1,\ 1)$, $(2,\ 2)$ など) を座標平面上に図示すると次の図 8.10 の左図のような直線となる[*5]。ここで，

x が（0 から 1 に）1 増加すると，y の値は（0 から 1 に）1 増加する。
$$\tag{8.5}$$

同様に R から R への関数 $y = f_2(x)$ を，$y = f_2(x) = 2x$ で定義する（入力 x に対し出力 y は $2x$ に等しい）。この関数のグラフ G_{f_2} は，

$$G_{f_2} = \{(x,\ y) \mid x,\ y \in R \text{ かつ } y = 2x\} = \{(x,\ 2x) \mid x \in R\}$$

となる。x を様々な実数に変化させて，このグラフ上の無数の点 $((0,\ 0)$, $(1,\ 2)$, $(2,\ 4)$ など) を座標平面上に図示すると下左図のような直線になる。ここで，

x が（0 から 1 に）1 増加すると，y の値は（0 から 2 に）2 増加する。
$$\tag{8.6}$$

[*5] このように直線を，（グラフ G_{f_1} 上の）無数の点の集合ととらえることができる。

さらに，関数 $y = f_3(x)$ を，$y = f_3(x) = \frac{1}{2}x$ で定義する $\left(\text{入力 } x \text{ に対し出力 } y \text{ は } \frac{1}{2}x \text{ に等しい}\right)$。この関数のグラフ G_{f_3} は，

$$G_{f_3} = \left\{ (x, y) \,\middle|\, x, y \in R \text{ かつ } y = \frac{1}{2}x \right\} = \left\{ \left(x, \frac{1}{2}x\right) \,\middle|\, x \in R \right\}$$

となる。x を様々な実数に変化させて，このグラフ上の無数の点 $\left((0, 0), \left(1, \frac{1}{2}\right), (2, 1) \text{ など}\right)$ を座標平面上に図示すると下左図のような直線になる。ここで，

x が（0 から 1 に）1 増加すると，y の値は $\left(0 \text{ から } \frac{1}{2} \text{ に}\right)$ $\frac{1}{2}$ 増加する。
(8.7)

以上からわかるようにこれらの関数のグラフは右上がりの直線である。また，各関数 $y = f_1(x) = x$, $y = f_2(x) = 2x$, $y = f_3(x) = \frac{1}{2}x$ において，(8.5)，(8.6)，(8.7) からわかるように，x の値が 1 だけ増加したときの y の値の**増加分**は，それぞれ $1, 2, \frac{1}{2}$ であり，各式の x の係数に等しい。さらに下図より，この y の値の増加分（$= y$ の**増加率** $= x$ の係数）が直線の傾き（傾斜の度合い）を決めている。

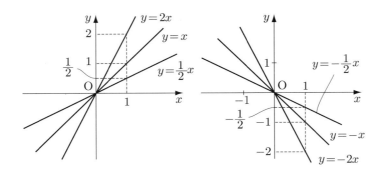

図 8.10

次に，R から R への関数 $y = f_4(x)$ を，$y = f_4(x) = -x$ で定義する（入力 x に対し出力 y は $-x$ に等しい）。この関数のグラフ G_{f_4} は，

$$G_{f_4} = \{(x, y) \mid x, y \in R \text{ かつ } y = -x\} = \{(x, -x) \mid x \in R\}$$

となる。このグラフ上の無数の点 ($(0, 0)$, $(1, -1)$, $(2, -2)$ など）を座標平面上に図示すると前図 8.10 の右図のような直線になる。ここで，

x が（0 から 1 に）1 増加すると，

y の値は（0 から -1 に）-1 増加（1 減少）する。 (8.8)

また，関数 $y = f_5(x)$ を，$y = f_5(x) = -2x$ で定義する（入力 x に対し出力 y は $-2x$ に等しい）。この関数のグラフ G_{f_5} は，

$$G_{f_5} = \{(x, y) \mid x, y \in R \text{ かつ } y = -2x\} = \{(x, -2x) \mid x \in R\}$$

となる。このグラフ上の無数の点 ($(0, 0)$, $(1, -2)$, $(2, -4)$ など）を座標平面上に図示すると図 8.10 の右図のような直線になる。ここで，

x が（0 から 1 に）1 増加すると，

y の値は（0 から -2 に）-2 増加（2 減少）する。 (8.9)

さらに，関数 $y = f_6(x)$ を，$y = f_6(x) = -\dfrac{1}{2}x$ で定義する（入力 x に対し出力 y は $-\dfrac{1}{2}x$ に等しい）。この関数のグラフ G_{f_6} は，

$$G_{f_6} = \left\{(x, y) \;\middle|\; x, y \in R \text{ かつ } y = -\frac{1}{2}x\right\} = \left\{\left(x, -\frac{1}{2}x\right) \;\middle|\; x \in R\right\}$$

となる。このグラフ上の無数の点 $\left((0, 0), \left(1, -\dfrac{1}{2}\right), (2, -1) \text{ など}\right)$ を座標平面上に図示すると図 8.10 の右図のような直線になる。ここで，

x が（0 から 1 に）1 増加すると，

y の値は $\left(0\text{ から }-\dfrac{1}{2}\text{ に}\right) -\dfrac{1}{2}$ 増加 $\left(\dfrac{1}{2}\text{ 減少}\right)$ する。 (8.10)

以上からわかるようにこれら 3 つの関数は右下がりの直線である。また，各関数 $y = f_4(x) = -x$, $y = f_5(x) = -2x$, $y = f_6(x) = -\dfrac{1}{2}x$ において，(8.8), (8.9), (8.10) からわかるように，x の値が 1 だけ増加したときの y の増加分は，それぞれ $-1, -2, -\dfrac{1}{2}$ であり，各式の x の係数に等しい。さらに図 8.10 からわかるように，この y の増加分（$= y$ の増加率 $= x$ の係数）が直線の傾き具合（傾斜の度合い）を決めている。

この例 8.5 からわかるように，一般に R から R への関数 $y = f(x)$ において，f のグラフ G_f は，$f(a) = b$ なる順序対 (a, b) の集合である。これを（前節の）座標平面上の点 (a, b) の集合と見れば，f のグラフを平面上に図示することができる。点 (a, b) が $y = f(x)$ のグラフ上の点（すなわち $b = f(a)$）のとき，$y = f(x)$（のグラフ）は点 (a, b) を<u>通る</u>と言う。まとめると，

$f(a) = b \Leftrightarrow (a, b)$ は $y = f(x)$ のグラフ上の点
$ \Leftrightarrow y = f(x)$（のグラフ）は点 (a, b) を通る

例えば，$y = 2x + 3$ のグラフは，点 $(1, 5)$ や点 $(a, 2a + 3)$ を通る。よって，点 $(1, 5)$ や点 $(a, 2a + 3)$ は，$y = 2x + 3$ のグラフ上の点である。また $b = 2a + 3$ が成り立てば，$y = 2x + 3$ のグラフは点 (a, b) を通る。さらに $c = -2a + 3$ が成り立てば，$y = 2x + 3$ のグラフは点 $(-a, c)$ を通る。

$m \neq 0$ として，関数 $y = f(x) = mx$ で表される関数 f は，$(0, 0), (1, m), (a, ma), (a+1, m(a+1))$ を通る。よって，x が（0 から 1 に）1 増加すると，y の値は（0 から m に）m 増加する。

x が（a から $a+1$ に）1 増加すると y の値は（ma から $ma+m$ に）m 増加する *6。

m は x が 1 増加したときの y の値の増加分（y の増加率）(8.11) である。よって，m が正ならば右上がりの直線，負ならば右下がりの直線で，$|m|$ が大きい程，直線の傾斜が大きい。m を直線 $y = mx$ の**傾き**と言う。(8.12)

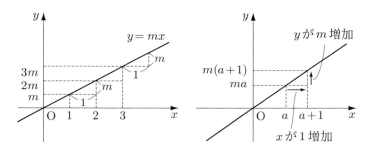

図 8.11

コメント 8.1 a を任意の数として，関数 $y = f(x) = mx$ のグラフは，2 点 P(a, ma)，Q$(a+1, m(a+1))$ を通る。点 P(a, ma) から点 Q$(a+1, m(a+1))$ への変化をみてみよう。2 点の x 座標の値は，a から $a+1$ に 1 増加している。このとき対応する y 座標は，ma から $m(a+1)$ に m 増加している。その様子を上右図で示した。

コメント 8.2 $y = f(x) = mx$ において，$m = 0$ のときは $y = f(x) = 0$ となり，$f(x)$ の式から x がなくなっている。これは x の値にかかわらず，y の値は常に 0 ということを示しており，すなわち x 軸を表している。

---

*6 練習 5.3 [p.87] 参照。同様に x が（a から $a+b$ に）b 増加すると，y の値は（ma から $m(a+b)$ に）mb 増加する。

コメント 8.3 関数 $y = f(x) = mx$ は，2 点 (a, ma), (ka, kma) を通る。よって x の値が（a から ka に）k 倍になると，y の値も（ma から kma に）k 倍になる。このような関数 $y = mx$ を**比例関数**と言う。一方関数 $y = \dfrac{m}{x}$ は，2 点 $\left(a, \dfrac{m}{a}\right)$, $\left(ka, \dfrac{m}{ka}\right)$ を通る。よって x の値が（a から ka に）k 倍になると，y の値は $\left(\dfrac{m}{a}\right.$ から $\left.\dfrac{m}{ka}\right)$ に $\dfrac{1}{k}$ 倍になる。このような関数 $y = \dfrac{m}{x}$ を**反比例関数**と言う（下図参照）。

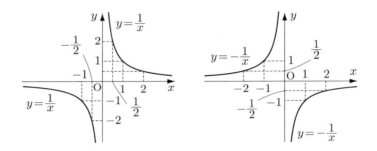

図 8.12

コメント 8.4 関数 $y = mx$ において，そのグラフを考えた。そしてグラフを座標平面上に図形（直線）として表した。これらの用語はあえて同一視（混同）して用いることがある。例えば関数 $y = mx$ と言ったり直線 $y = mx$ と言ったりする。

8.6 直線の移動（A）

例 8.6 2 つの直線 $y = f_1(x) = 2x$ と，直線 $y = f_2(x) = 2x + 3$ では，$x = a$ のとき，f_1 の y の値は $2a$, f_2 の y の値は $2a + 3$ で，f_1 より常

に 3 大きい。よって f_1 を y 軸方向に 3 だけ平行移動させたものが f_2 となる（下左図）。f_2 は，点 $(0, 3)$ を通る。これは f_2 と y 軸との交点である。

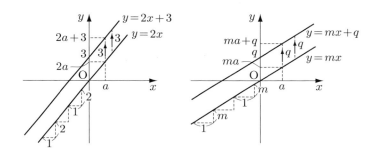

図 8.13

一般に，直線 $y = f_1(x) = mx$ と，直線 $y = f_2(x) = mx + q$ では，$x = a$ のとき，f_1 の y の値は ma，f_2 の y の値は $ma + q$ で，f_1 より常に q 大きい。よって f_1 を y 軸方向に q だけ平行移動させたものが直線 f_2 となる（上右図）。f_2 は，点 $(0, q)$ を通る。これは f_2 と y 軸との交点である。

関数 $y = f(x) = mx + q$ において，a を任意の数として，

x が（a から $a + 1$ に）1 増加すると，

y の値は（$ma + q$ から $m(a + 1) + q$ に）m 増加する。

x の係数 m を直線 $y = mx + q$ の**傾き**と言う。

f は点 $(0, q)$ を通り，q を f の **y 切片**と言う。

(8.13)

$m = 0$ のときは，$y = f(x) = q$ となり，$f(x)$ の式から x がなくなっ

ている。これは x の値にかかわらず，y の値は常に q ということであり，すなわち点 $(0, q)$ を通り x 軸に平行な直線を表している。

例 8.7 2つの直線 $y = f_1(x) = 2x$ と，直線 $y = f_2(x) = 2(x-3)$ では，$y = a$ のとき，f_1 での x の値は $\frac{1}{2}a$，f_2 での x の値は $\frac{1}{2}a + 3$ [*7] で，f_1 より常に3大きい。よって f_1 を x 軸方向に3だけ平行移動させたものが f_2 となる。f_2 は点 $(3, 0)$ を通る。これは f_2 と x 軸との交点である。

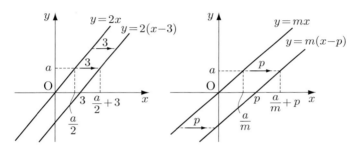

図 8.14

一般に $m \neq 0$ として，R から R への2つの直線 $y = f_1(x) = mx$ と，直線 $y = f_2(x) = m(x - p)$ において，a を任意の数としたとき，

$y = a$ のとき，f_1 での x の値は $\frac{1}{m}a$，f_2 での x の値は $\frac{1}{m}a + p$ [*8] で，f_1 より常に p 大きい。よって f_1 を x 軸方向に p だけ平行移動させたものが f_2 となる。f_2 は点 $(p, 0)$ を通る。これは f_2 と x 軸との交点である。p を直線 $y = f_2(x) = m(x - p)$ の **x 切片**と言う。

また2つの直線 $y = f_1(x) = mx + q$ と，$y = f_2(x) = -mx + q$ に

[*7] $y = f_2(x) = 2(x-3)$ において，$x = \frac{1}{2}a + 3$ を代入すれば，$y = a$ となる。

[*8] $y = f_2(x) = m(x - p)$ において，$x = \frac{1}{m}a + p$ を代入すれば，$y = a$ となる。

において，

$y = mx + q$ が点 (a, b) を通るとき $b = ma + q$ となるが，これを $b = -m(-a) + q$ と書き直すと，$y = -mx + q$ は点 $(-a, b)$ を通ることになり*9，x 座標の符号が常に変わる。よって，

f_1 を y 軸 に関して対称に移動させたものが f_2 となる（下左図）。

さらに，2 つの直線 $y = f_1(x) = mx + q$ と，$y = f_2(x) = -mx - q$ において，

$y = mx + q$ が点 (a, b) を通るとき $b = ma + q$ となるが，これを $-b = -ma - q$ と書き直すと，$y = -mx - q$ は点 $(a, -b)$ を通ることになり，y 座標の符号が常に変わる。よって，

f_1 を x 軸 に関して対称に移動させたものが f_2 となる（下右図）。

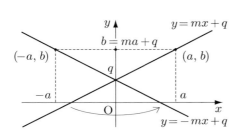 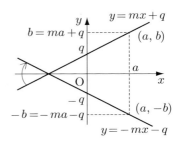

図 8.15

8.7　傾　き（A）

グラフの傾きを実用的に実感するのは，速度の概念であろう。

---

*9　書き直した式 $b = -m(-a) + q$ は，$y = -mx + q$ において $x = -a$, $y = b$ として得られるからである。$f(a) = b \Leftrightarrow y = f(x)$ は点 (a, b) を通る，を思い出そう。

例 8.8 ある人が南北に延びる道を歩いている。最初（時刻 0）では起点にいる。歩き始めてからの時間と（歩いた）距離（北方向をプラスとする）との関係が次の下左図のグラフで表されているとする（3 回測定して 3 つのグラフを得た）。ここで横軸（x 軸）は歩き始めからの時間（単位は時間）を表し，縦軸（y 軸）はその人の歩いた（起点からの）距離（キロメートル（km））を表している。

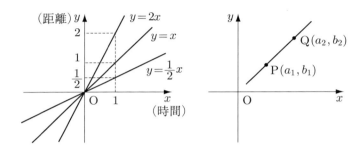

図 8.16

傾きは x の係数で，(8.11) より，x が 1 増えたときの，y の値の増加量（＝ y の増加率）で，言い換えると 1 時間あたりに進む距離である。すなわち**速度**（時速）を表している。直線 $y=2x$, $y=x$, $y=\frac{1}{2}x$ のグラフでは，それぞれ時速 2, 1, $\frac{1}{2}$ km（定速度）で歩いている。直線の傾きが急な程，歩く速度が速くなっている。

また上右図のように，2 点 $P(a_1, b_1)$ と $Q(a_2, b_2)$ が与えられているとしよう。点 P は，a_1 時間後には（起点から）b_1 の距離にいることを表している。点 Q は，a_2 時間後には，b_2 の距離にいることを表している。したがって，「点 P から Q に（直線 l 上を）変化する（動く）」と言ったときには，時間 a_1 から時間 a_2 までの間で，b_1 の地点から b_2 の地点に移動したことを示していることになる。すなわち，$a_2 - a_1$ 時間で，距離 $b_2 - b_1$ だけ移動したわけである。すると，この間の速度は

$$\frac{b_2 - b_1}{a_2 - a_1} \quad (距離 \div 時間より)$$

でこの値は直線の傾きに等しい。

　この例を一般的に考えよう．まず，点 $P(a_1, b_1)$ を通り傾きが m の直線（下左図参照）は，

$$y = m(x - a_1) + b_1 \tag{8.14}$$

で与えられる．なぜならば，直線 (8.14) の傾きは x の係数に等しく ((8.13) 参照)，確かに m である．さらに $x = a_1$, $y = b_1$ とすれば，(8.14) の等式が成り立つから，この関数のグラフは点 $P(a_1, b_1)$ を通る．したがって，(8.14) は確かに，点 $P(a_1, b_1)$ を通り傾きが m の直線である．

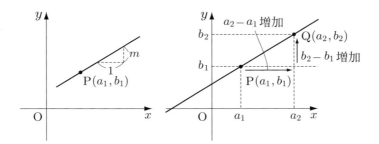

図 8.17

　次に図 8.17 の右図のように，2 点 $P(a_1, b_1)$ と $Q(a_2, b_2)$ が与えられているとしよう．点 P から点 Q に（直線上を）変化するとき，x は a_1 から a_2 に $a_2 - a_1$ だけ増加し，このとき，対応する y の値は b_1 から b_2 まで $b_2 - b_1$ だけ増加する．直線 PQ の傾きは，x が 1 増加したときの y の値の増加分（$=y$ の増加率）であるから ((8.13) 参照)，

$$P(a_1, b_1) と Q(a_2, b_2) を通る直線の傾きは \frac{b_2 - b_1}{a_2 - a_1} \tag{8.15}$$

で求められる。そしてこの直線 PQ は，もちろん点 $P(a_1, b_1)$ を通るから，(8.14) より，直線 PQ を表す関数は，

$$y = \frac{b_2 - b_1}{a_2 - a_1}(x - a_1) + b_1 \tag{8.16}$$

となる。(もちろん $x = a_2$, $y = b_2$ とすれば等号が成り立つから，点 (a_2, b_2) も通る。)

8.8 合成関数とそのグラフ（B）

8.2 節を参考にして，8.6 節の議論を一般化しよう。まず，

$$f(a) = b \Leftrightarrow y = f(x) \text{（のグラフ）は点 }(a, b)\text{ を通る}$$

ことを確認しておこう。R から R への 2 つの関数 $y = f(x)$ のグラフと，(合成) 関数 $y = f(x) + q$ のグラフにおいて，

$y = f(x)$ が点 (a, b) を通るなら $b = f(a)$。すると $b + q = f(a) + q$ となり，$y = f(x) + q$ は点 $(a, b+q)$ を通ることになり，$y = f(x)$ より y 座標が常に q 大きい。よって，$y = f(x)$ を y 軸方向に q だけ平行移動させたものが $y = f(x) + q$ となる [*10]（下左図）。 (8.17)

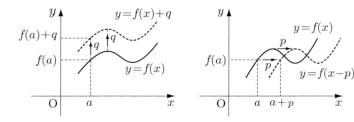

図 8.18

[*10] $y - q = f(x)$ と書いてもよい。こう書くと，$y = f(x)$ を y 軸方向に q だけ平行移動させた関数は，$y - q = f(x)$ で $y = f(x)$ の y を $y - q$ (q の符号に注意) に置き換えればよいことがわかる。

また 2 つの関数 $y = f(x)$ と，（合成）関数 $y = f(x - p)$ において，$y = f(x)$ が点 (a, b) を通るなら $b = f(a)$。これを $b = f((a + p) - p)$ と書き直すと，$y = f(x - p)$ は点 $(a + p, b)$ を通ることになり，$y = f(x)$ より x 座標が常に p 大きい。よって，$y = f(x)$ を x 軸方向に p だけ平行移動させたものが $y = f(x - p)$ となる[*11]（図 8.18 右図）。 (8.18)

上の 2 つの事柄より，$y = f(x)$ のグラフを，x 軸方向に p だけ平行移動させ，さらに y 軸方向に q だけ平行移動させた関数は，$y = f(x - p) + q$ あるいは，$y - q = f(x - p)$ と書くことができる。

また 2 つの関数 $y = f(x)$ と，（合成）関数 $y = f(-x)$ において，$y = f(x)$ が点 (a, b) を通るなら $b = f(a)$。これを $b = f(-(-a))$ と書き直すと，$y = f(-x)$ は点 $(-a, b)$ を通ることになり，x 座標の符号が常に変わる。よって，$y = f(x)$ を y 軸に関して対称に移動させたものが $y = f(-x)$ となる[*12]（下左図）。 (8.19)

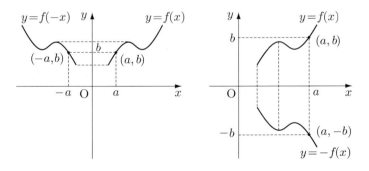

図 8.19

[*11] すると，$y = f(x)$ を x 軸方向に p だけ平行移動させた関数は，$y = f(x-p)$ で $y = f(x)$ の x を $x - p$（p の符号に注意）に置き換えればよいことがわかる。

[*12] まとめると $y = f(x)$ で，x を $-x$ に（x の符号を）変えると，$y = f(-x)$ となり，これは y 軸 に関する対称移動となる。

また 2 つの関数 $y = f(x)$ と，(合成) 関数 $y = -f(x)$ において，$y = f(x)$ が点 (a, b) を通るなら $b = f(a)$。これを $-b = -f(a)$ と書き直すと，$y = -f(x)$ は点 $(a, -b)$ を通ることになり，y 座標の符号が常に変わる。よって，$y = f(x)$ を x 軸に関して対称に移動させたものが $y = -f(x)$ となる [*13]（図 8.19 右図）。

上の 2 つの事柄より，$y = f(x)$ のグラフを，y 軸に関して対称移動させると，$y = f(-x)$ となり，これをさらに x 軸に関して対称移動させると，$y = -f(-x)$ となる。このとき，$y = f(x)$ 上の点 (a, b) は，y 軸に関して対称移動させると，点 $(-a, b)$ に移り，これをさらに x 軸に関して対称移動させると，点 $(-a, -b)$ に移る。したがって，点 $(-a, -b)$ は $y = -f(-x)$ 上の点となる。点 (a, b) と点 $(-a, -b)$ との関係は，下右図のように，原点に関して対称である。よって関数 $y = -f(-x)$ のグラフは，$y = f(x)$ のグラフを原点に関して対称移動したものである（下左図）。

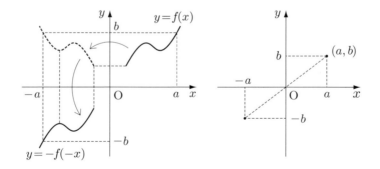

図 8.20

[*13] まとめると，$y = f(x)$ で，y を $-y$ に (y の符号を) 変えると，$-y = f(x)$ (すなわち $y = -f(x)$) となり，これは x 軸に関する対称移動となる。

まとめると，

$y = f(x)$ が点 (a, b) を通るなら $b = f(a)$ となるから，
$-b = -f(-(-a))$ と書き直すと，$y = -f(-x)$ は点 $(-a, -b)$ を通る
ことになる。(a, b) と $(-a, -b)$ は原点に関して対称だから，
$y = f(x)$ を原点に関して対称に移動させたものが $y = -f(-x)$ となる。

次に，2つの関数 $y = f(x)$ と，（合成）関数 $y = \dfrac{1}{k}f(x)$ において，
$y = f(x)$ が点 (a, b) を通るなら $b = f(a)$ で，$\dfrac{1}{k}b = \dfrac{1}{k}f(a)$
と書き直すと，$y = \dfrac{1}{k}f(x)$ は点 $\left(a, \dfrac{1}{k}b\right)$ を通ることになり，$y = f(x)$
の y 座標の値が常に $\dfrac{1}{k}$ 倍になる。よって，$y = f(x)$ を y 軸方向に $\dfrac{1}{k}$ 倍
に伸ばした（縮めた）ものが $y = \dfrac{1}{k}f(x)$ となる*14（下左図）。　(8.20)

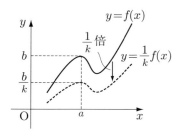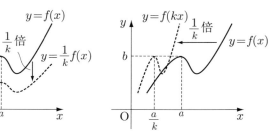

図 8.21

---

*14　まとめると，$y = f(x)$ で，y を $\underline{ky}$ に変えると，$ky = f(x)$ $\left(\text{すなわち } y = \dfrac{1}{k}f(x)\right)$
となり，これは y 軸方向に $\dfrac{1}{k}$ 倍に伸ばした移動となる。

また 2 つの関数 $y = f(x)$ と，（合成）関数 $y = f(kx)$ において，$y = f(x)$ が点 $\underline{(a, b)}$ を通るなら $b = f(a)$ で，$b = f\left(k\left(\dfrac{1}{k}a\right)\right)$ と書き直すと，$y = f(kx)$ は点 $\underline{\left(\dfrac{1}{k}a,\ b\right)}$ を通ることになり，$y = f(x)$ の $\underline{x\ 座標の値が常に \dfrac{1}{k}\ 倍}$ になる。よって，$y = f(x)$ を x 軸方向に $\dfrac{1}{k}$ 倍に伸ばした（縮めた）ものが $y = f(kx)$ となる[*15]（図 8.21 右図）。

(8.21)

練習 8.2 関数 $y = f(x) = x^2$ のグラフを，次のように移動あるいは拡大した関数の式を求めよ。

(i) x 軸方向に 2 だけ平行移動したもの。
(ii) y 軸方向に 2 だけ平行移動したもの。
(iii) x 軸に関して対称移動したもの。
(iv) y 軸に関して対称移動したもの。
(v) 原点に関して対称移動したもの。
(vi) x 軸方向に 2 倍に伸ばしたもの。
(vii) y 軸方向に 2 倍に伸ばしたもの。

解答 (i) $y = f(x-2) = (x-2)^2$ (ii) $y = f(x) + 2 = x^2 + 2$ (iii) $y = -f(x) = -x^2$ (iv) $y = f(-x) = x^2$ (v) $y = -f(-x) = -x^2$ (vi) $y = f\left(\dfrac{1}{2}x\right) = \dfrac{1}{4}x^2$ (vii) $y = 2f(x) = 2x^2$

[*15] まとめると，$y = f(x)$ で，x を $\underline{kx}$ に変えると，$y = f(kx)$ となり，これは x 軸方向に $\dfrac{1}{k}$ 倍に伸ばした移動となる。

9 │ 様々な関数

《目標&ポイント》 様々な関数とそのグラフを解説する。2 次関数，指数・対数関数等のグラフを描いてその特色を理解する。関数と方程式とを関連づける。

《キーワード》 2 次関数，指数・対数関数，逆関数，関数と方程式，三角比，弧度法

9.1 2点間の距離（A）

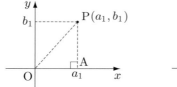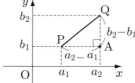

図 9.1

座標平面上に点 $P(a_1, b_1)$ が与えられている。原点 O と P との距離 $\overline{OP}$ を求めよう。上左図で △OAP に三平方の定理を使うと，

$$\overline{OP}^2 = \overline{OA}^2 + \overline{AP}^2 = a_1^2 + b_1^2 \quad \text{より}$$
$$\overline{OP} = \sqrt{a_1^2 + b_1^2} \tag{9.1}$$

となる。次に，2 点 $P(a_1, b_1)$，$Q(a_2, b_2)$ が与えられている。PQ 間の長さを求めよう。上右図のように点 A をとり，直角三角形 PAQ に三平方の定理を使うと，

$$\overline{PQ}^2 = \overline{PA}^2 + \overline{AQ}^2 = (a_2 - a_1)^2 + (b_2 - b_1)^2 \quad \text{より}$$
$$\overline{PQ} = \sqrt{(a_2 - a_1)^2 + (b_2 - b_1)^2} \tag{9.2}$$

となる。今度は次の左図のように，2 点 $P(a_1, b_1)$, $Q(a_2, b_2)$ において，

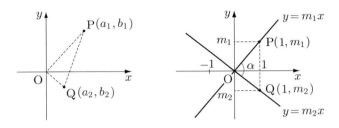

図 9.2

OP と OQ とのなす角 $\angle POQ$ が直角となるための条件を求めよう。$\triangle POQ$ が直角三角形であれば，三平方の定理と (9.1) を使い，
$$\overline{PQ}^2 = \overline{OP}^2 + \overline{OQ}^2 = (a_1{}^2 + b_1{}^2) + (a_2{}^2 + b_2{}^2) \quad \text{また (9.2) より，}$$
$$\overline{PQ}^2 = (a_2 - a_1)^2 + (b_2 - b_1)^2$$
$$= a_2{}^2 - 2a_1a_2 + a_1{}^2 + b_2{}^2 - 2b_1b_2 + b_1{}^2$$
上の 2 式は等しいから，$-2a_1a_2 - 2b_1b_2 = 0$ より，$a_1a_2 + b_1b_2 = 0$

よって，$P(a_1, b_1)$, $Q(a_2, b_2)$ のとき，
$$\angle POQ = 90° \text{ となる条件は } a_1a_2 + b_1b_2 = 0 \tag{9.3}$$

次に，2 つの直線 $y = m_1 x$, $y = m_2 x$ （上右図参照）のなす角 α が直角となるための（2 直線が直交する）条件を求めよう。

$y = m_1 x$ は点 $(1, m_1)$ を通るから，これを $P(1, m_1)$ とする。同様に，$y = m_2 x$ は点 $(1, m_2)$ を通るから，これを $Q(1, m_2)$ とする。

(9.3) より，$\alpha = \angle \text{POQ} = 90°$ となる条件は $1 + m_1 m_2 = 0$ で $m_1 m_2 = -1$ となる。 (9.4)

9.2 円の方程式（A）

座標平面上で，OP 間の距離が一定 r である点 P の集合は円である。円周上の任意の点を $\text{P}(x, y)$ と書けば，(9.1) より（2 乗して），$x^2 + y^2 = r^2$ これが中心が原点で半径 r の円を表す方程式である。次に点 $\text{Q}(a_2, b_2)$ を固定し，PQ 間の距離が一定 r の点 P の集合は，中心 Q 半径 r の円である。点 P の座標を (x, y) と書けば，この円の方程式は，(9.2) より（2 乗して）$(a_2 - x)^2 + (b_2 - y)^2 = r^2$ すなわち，$(x - a_2)^2 + (y - b_2)^2 = r^2$ となる。

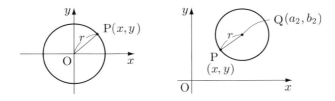

図 9.3

9.3 逆関数（B）

7.7 節 [p.132] を思い出そう。実数の集合 R からそれ自身への関数 f が単射であるとは，任意の異なる $a, a' \in R$ において $f(a) \neq f(a')$ となるときであった。そして f が単射であるとき，f の**逆関数** $f^{-1} : \text{ran}(f) \to R$ が定義され，(7.1) [p.132] より次の性質を満たす。

$$f(a) = b \Leftrightarrow f^{-1}(b) = a \tag{9.5}$$

$$\text{P}(a,\,b) \text{ が } f \text{ 上の点} \Leftrightarrow \text{Q}(b,\,a) \text{ が } f^{-1} \text{ 上の点}$$

$$\text{P}(a,\,b) \text{ が } f \text{ 上を動く} \Leftrightarrow \text{Q}(b,\,a) \text{ が } f^{-1} \text{ 上を動く} \quad (9.6)$$

(9.5) で，関数 f では，a が入力で，出力は b である。一方，逆関数 f^{-1} では，b が入力で，出力は a である。

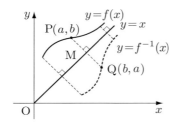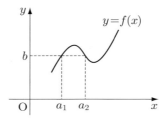

図 9.4

ここで，2点 $\text{P}(a,\,b)$ と $\text{Q}(b,\,a)$ との関係を調べよう（上左図参照）。直線 PQ の傾きは (8.15) [p.153] より，$\dfrac{a-b}{b-a} = -1$ すると直線 PQ と直線 $y=x$ とは（傾きの積が -1 だから (9.4) より）直交する。(8.1) より $\overline{\text{PQ}}$ の中点 M は $\left(\dfrac{a+b}{2},\,\dfrac{a+b}{2}\right)$ で，$y=x$ 上にある。この 2 つから，直線 $y=x$ は，$\overline{\text{PQ}}$ の垂直二等分線である。よって，点 Q は，直線 $y=x$ に関して，点 P と対称の位置にある。よって，(9.6) より，f^{-1} は，直線 $y=x$ に関して f と対称の位置にある。 (9.7)

コメント 9.1 上右図の関数 $y=f(x)$ は単射ではない（$a_1 \neq a_2$ であるが $f(a_1) = f(a_2) = b$ である）から逆関数は定義されない；例えば，$f^{-1}(b)$ の値が（a_1 か a_2 か）1 つに決まらない。

関数 $y=f(x)$ が，$a<b$ ならば $f(a)<f(b)$ であるとき f は**狭義の**

単調増加であると言う。関数 $y = f(x)$ が，$a < b$ ならば $f(a) > f(b)$ であるとき f は**狭義の単調減少**と言う*1。関数 $y = f(x)$ が，狭義の単調増加（あるいは減少）であれば，単射であり，逆関数が存在する。

9.4　2次関数のグラフ（A）(B)

$a \neq 0$ として，R から R への関数 $y = ax^2 + bx + c$ を **2次関数**と言う。この形の関数のグラフがどのようになるか調べよう。$y = x^2$ のグラフは，点 $(0, 0)$, $(1, 1)$, $(2, 4)$, $(3, 9)$, $(4, 16)$, $(-1, 1)$, $(-2, 4)$, $(-3, 9)$, $(-4, 16)$ を通る。$y = -x^2$ のグラフは，点 $(0, 0)$, $(1, -1)$, $(2, -4)$, $(3, -9)$, $(-1, -1)$, $(-2, -4)$, $(-3, -9)$ を通る。これを参考にグラフを描くと，次のようになる。また，

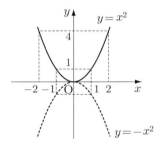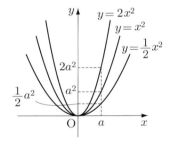

図 9.5

$y = 2x^2$ 上の点 $(a, 2a^2)$ は，$y = x^2$ 上の点 (a, a^2) の y 座標を 2 倍したもの

$y = \frac{1}{2}x^2$ 上の点 $\left(a, \frac{1}{2}a^2\right)$ は，$y = x^2$ 上の点 (a, a^2) の y 座標を $\frac{1}{2}$ 倍したもの

---

*1 また関数 $y = f(x)$ が，$a < b$ ならば $f(a) \leq f(b)$ を満たすとき，f は**単調増加**であると言う。同様に $a < b$ ならば $f(a) \geq f(b)$ を満たすとき，**単調減少**であると言う。

グラフは図 9.5 右図である。次に,(8.17) [p.154],(8.18) [p.155] を参考にすると,

$y = x^2 + 2$ のグラフは,
 $y = x^2$ を y 軸方向に 2 平行移動させたものである。
$y = x^2 - 2$ のグラフは,
 $y = x^2$ を y 軸方向に -2 平行移動させたものである。
$y = (x - 2)^2$ のグラフは,
 $y = x^2$ を x 軸方向に 2 平行移動させたものである。
$y = (x + 2)^2$ のグラフは,
 $y = x^2$ を x 軸方向に -2 平行移動させたものである。

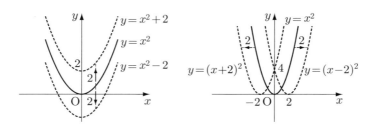

図 9.6

(5.8) [p.83] の平方完成を思い出そう。$y = x^2 - 4x + 1$ のグラフは,右辺を平方完成して $y = (x - 2)^2 - 3$ よって,このグラフは $y = x^2$ を x 軸方向に 2,y 軸方向に -3 平行移動したものである。

一般に,$y = ax^2 + bx + c$ のグラフは,(5.8) [p.83] より,
$y = a\left(x + \dfrac{b}{2a}\right)^2 - \dfrac{b^2 - 4ac}{4a}$ と平方完成すれば,$y = ax^2$ を x 軸方向

に $-\dfrac{b}{2a}$, y 軸方向に $-\dfrac{b^2-4ac}{4a}$ 平行移動させたものである。

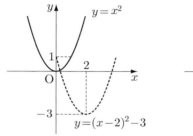
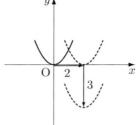

図 9.7

関数 $y=f(x)=x^2$ の値域は $[0,\infty)$ である。定義域を実数全体 R とすれば，f は単射ではない（$b\geq 0$ に対して，$b=f(a)=a^2$ となる a は $\pm\sqrt{b}$ である）。しかし定義域を $[0,\infty)$ に制限すれば，単射（狭義の単調増加）である（任意の $b\geq 0$ に対し，$b=f(a)=a^2$ なる $a\geq 0$ はただ 1 つ $\sqrt{b}$ である）。(9.5) より，$f(a)=b \Leftrightarrow a=f^{-1}(b)$ だから，

関数 $y=f(x)=x^2$ で，定義域を $[0,\infty)$ に制限すれば単射であり，値域は $[0,\infty)$ である。

したがって，$[0,\infty)$ から $[0,\infty)$ への逆関数 f^{-1} が存在する。(9.5) より，$f(a)=b$ とすれば $b=a^2$ だから，$a=\sqrt{b}$ で，$a=f^{-1}(b)=\sqrt{b}$ となる。

式 $a=f^{-1}(b)=\sqrt{b}$ において，逆関数 f^{-1} では入力は b で出力は a である。よって入力 b を入力変数 x に，出力 a を出力変数 y に置き換えれば，逆関数は $y=f^{-1}(x)=\sqrt{x}$ となる。(9.7) より，関数 $y=x^2$ ($x\geq 0$) と逆関数 $y=\sqrt{x}$ は，$y=x$ に関して対称である。

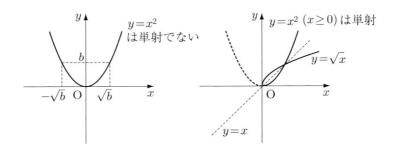

図 9.8

コメント 9.2 関数 $y = f(x) = x^2$ $(x \geq 0)$ の逆関数を求めるのに，$y = x^2$ より，$x = \sqrt{y}$。逆関数 $x = \sqrt{y}$ では，独立変数（入力変数）は y で，従属変数（出力変数）は x である。通常のように，x を独立変数，y を従属変数として書き換えると，逆関数は $y = \sqrt{x}$ となり，これともとの関数は $y = x$ に関して対称となる。混同しなければ，各自理解しやすい方法で考えればよい。

9.5 関数と方程式（B）

$y = ax^2 + bx + c$ のグラフと x 軸との交点を考えよう。交点の y 座標は 0 であるから，交点は $(\alpha, 0)$ とおける。このとき，$a\alpha^2 + b\alpha + c = 0$ が成り立つ。つまり交点の x 座標 α は，2 次方程式 $ax^2 + bx + c = 0$ の解である。すると次のことがわかる。

関数 $y = ax^2 + bx + c$ が x 軸と 2 点で交わるとき，

$ax^2 + bx + c = 0$ は 2 つの実数解をもつ。

関数 $y = ax^2 + bx + c$ が x 軸と接するとき，

$ax^2 + bx + c = 0$ は1つの実数解,重解をもつ。

関数 $y = ax^2 + bx + c$ が x 軸と交わらないとき,

$ax^2 + bx + c = 0$ は実数解をもたない(2つの複素数解をもつ)。

9.6 指数関数と対数関数(A)(B)

a を1でない正数とする。R から $(0, \infty)$ への関数 $y = a^x$ を**指数関数**と言う。この形の関数のグラフがどのようになるか調べよう。例えば $a = 2$ として $y = 2^x$ のグラフは,点 $(0, 1)$, $(1, 2)$, $(3, 8)$, $(5, 32)$, $(7, 128)$, $\left(-1, \dfrac{1}{2}\right)$, $\left(-3, \dfrac{1}{8}\right)$, $\left(-5, \dfrac{1}{32}\right)$, $\left(-7, \dfrac{1}{128}\right)$ を通る。ちなみに $y = 2^x$ において,2^{100} mm は「宇宙の果てまでとされる距離」より大きい(つまりこの関数は急激に増加する)。これをもとにグラフを描くと下左図のようになる。次に $a = \dfrac{1}{2}$ として関数 $y = \left(\dfrac{1}{2}\right)^x$ を考えると,$y = (2^{-1})^x = 2^{-x}$ と変形できる。したがって,$y = 2^{-x}$ は $y = 2^x$ と y 軸に関して対称である((8.19) [p.155] 参照,$y = f(x) = 2^x$ とすれば,$y = f(-x) = 2^{-x}$ である)。次の図からわかるように,これら2つの関数は単射(狭義の単調増加,減少)である。

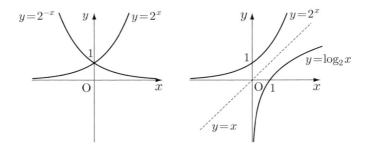

図 9.9

R から $(0, \infty)$ への関数 $y = f(x) = 2^x$ は単射で，値域は $(0, \infty)$ よって $(0, \infty)$ から R への逆関数 f^{-1} が存在し，(9.5) より，$f(a) = b$ より $b = 2^a$ だから，$a = \log_2 b$ で，$a = f^{-1}(b) = \log_2 b$ となる。

式 $a = f^{-1}(b) = \log_2 b$ において，逆関数 f^{-1} では入力は b で出力は a である。よって入力 b を入力変数 x に，出力 a を出力変数 y に置き換えれば，逆関数は $y = f^{-1}(x) = \log_2 x$ となる。正の数 $a \neq 1$ において，関数 $y = \log_a x$ を**対数関数**と言う。定義域は $(0, \infty)$ で，値域は R である。以上から，指数関数の逆関数は対数関数となる。(9.7) より，関数 $y = 2^x$ と逆関数 $y = \log_2 x$ は，$y = x$ に関して対称である。

コメント 9.3 コメント 9.2 と同様に次のように考えてもよい。関数 $y = f(x) = 2^x$ の逆関数を求めるのに，$y = 2^x$ より，$x = \log_2 y$ よって $x = f^{-1}(y) = \log_2 y$ となる。ここで x と y を入れ替えて，逆関数は $y = f^{-1}(x) = \log_2 x$ となる。

練習 9.1 次の関数 $y = f(x)$ の逆関数 $y = f^{-1}(x)$ を求めよ。また定義域と値域も求めよ。

(i) R から R への関数 $y = f(x) = 2x + 1$。

(ii) $[0, \infty)$ から R への関数 $y = f(x) = -x^2 + 1$。

(iii) R から R への関数 $y = f(x) = 2^{-x+1}$。

(iv) $(1, \infty)$ から R への関数 $y = f(x) = \log_2(x - 1)$。

解答 (i) $y = f(x) = 2x + 1$ より, $x = \dfrac{y - 1}{2}$。ここで x と y を入れ替えて，$y = f^{-1}(x) = \dfrac{1}{2}x - \dfrac{1}{2}$。逆関数の定義域 (元の関数の値域に等しい)，値域 (元の関数の定義域に等しい) は共に R。 (ii) $y = f(x) = -x^2 + 1$

の定義域を $[0, \infty)$ とすれば,値域は $(-\infty, 1]$ である。この関数は単射(狭義の単調減少)であり,逆関数が存在する。式変形して $x = \sqrt{1-y}$。ここで x と y を入れ替えて,$y = f^{-1}(x) = \sqrt{1-x}$。逆関数の定義域は $(-\infty, 1]$,値域は $[0, \infty)$。 (iii) $y = f(x) = 2^{-x+1}$ の定義域を R とすれば,値域は $(0, \infty)$ である。この関数は単射(狭義の単調減少)であり,逆関数が存在する。式変形して $-x+1 = \log_2 y$ で,$x = 1 - \log_2 y$。ここで x と y を入れ替えて,$y = f^{-1}(x) = 1 - \log_2 x$。逆関数の定義域は $(0, \infty)$,値域は R。 (iv) $y = f(x) = \log_2(x-1)$ の定義域を $(1, \infty)$ とすれば,値域は R である。この関数は単射(狭義の単調増加)であり,逆関数が存在する。式変形して $x-1 = 2^y$ で,$x = 2^y + 1$。x と y を入れ替えて,$y = f^{-1}(x) = 2^x + 1$。逆関数の定義域は R,値域は $(1, \infty)$。

9.7 三角比その1(A)

$\angle \text{POA} = \theta$, $\angle \text{PAO} = 90°$ とする直角三角形 POA を考えよう。

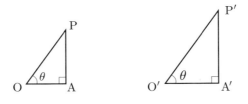

図 9.10

上左図の直角三角形 $\triangle$POA で

$$\sin\theta = \frac{\overline{\text{PA}}}{\overline{\text{OP}}} = \frac{\text{高さ}}{\text{斜辺}}, \quad \cos\theta = \frac{\overline{\text{OA}}}{\overline{\text{OP}}} = \frac{\text{底辺}}{\text{斜辺}}, \quad \tan\theta = \frac{\overline{\text{PA}}}{\overline{\text{OA}}} = \frac{\text{高さ}}{\text{底辺}} \tag{9.8}$$

と定義し，これらを**三角比**と言う。また (6.16) [p.105] より，△POA と相似などんな △P′O′A′ で考えても，これらの三角比の値は変わらない。つまり図 9.10 で，

$$\sin\theta = \frac{\overline{\mathrm{PA}}}{\overline{\mathrm{OP}}} = \frac{\overline{\mathrm{P'A'}}}{\overline{\mathrm{O'P'}}}, \quad \cos\theta = \frac{\overline{\mathrm{OA}}}{\overline{\mathrm{OP}}} = \frac{\overline{\mathrm{O'A'}}}{\overline{\mathrm{O'P'}}}, \quad \tan\theta = \frac{\overline{\mathrm{PA}}}{\overline{\mathrm{OA}}} = \frac{\overline{\mathrm{P'A'}}}{\overline{\mathrm{O'A'}}}$$

である。言い換えると，θ の値が決まると，これら三角比の値が（三角形の大きさにかかわらず）1 つに決まるのである。$\sin\theta$ を θ の**正弦**，$\cos\theta$ を θ の**余弦**，$\tan\theta$ を θ の**正接**と言う。θ は直角三角形の内角の 1 つだから，当然 $0 < \theta < 90°$ となる。$\theta \geq 90°$ の場合に三角比をどう定義するかは後で扱う。

例 9.1 次の直角三角形の三角比を考えよう（図 6.26 参照 [p.117]）。

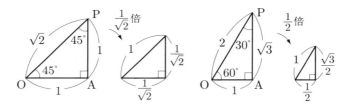

図 9.11

$$\sin 45° = \frac{1}{\sqrt{2}}, \quad \cos 45° = \frac{1}{\sqrt{2}}, \quad \tan 45° = 1,$$

$$\sin 60° = \frac{\sqrt{3}}{2}, \quad \cos 60° = \frac{1}{2}, \quad \tan 60° = \sqrt{3},$$

$$\sin 30° = \frac{1}{2}, \quad \cos 30° = \frac{\sqrt{3}}{2}, \quad \tan 30° = \frac{1}{\sqrt{3}}$$

次に，定義 (9.8) より，

$$\overline{\mathrm{PA}} = \overline{\mathrm{OP}}\sin\theta, \quad \overline{\mathrm{OA}} = \overline{\mathrm{OP}}\cos\theta, \quad \overline{\mathrm{PA}} = \overline{\mathrm{OA}}\tan\theta \qquad (9.9)$$

となる。この式を練習しよう。

例 9.2 図 9.10 の △POA を座標平面上に置いてみよう。下図のように，点 P の座標を (x, y) とし，$\overline{\mathrm{PO}} = r$ とおく。

△POA に (9.9) を使って，
$$y = \overline{\mathrm{PA}} = r\sin\theta, \; x = \overline{\mathrm{OA}} = r\cos\theta \qquad (9.10)$$

となり，点 P の座標は，
$(x, y) = (r\cos\theta, \; r\sin\theta)$ となる。$r = 1$ のときは，$(x, y) = (\cos\theta, \; \sin\theta)$ である。

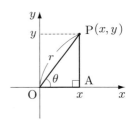

図 9.12

例 9.3 次の左図の △ABC で，頂点 A, B, C における内角を，簡単のため，それぞれ A, B, C で表す。また，辺 AB, BC, CA の長さをそれぞれ c, a, b と書く（6.5 節注釈 *4 参照，これらは今後断りなく使われる）。次に A より辺 BC に垂線 AD を下ろすと，

△ABD で，$\sin B = \dfrac{\overline{\mathrm{AD}}}{\overline{\mathrm{AB}}}$ より，$\overline{\mathrm{AD}} = \overline{\mathrm{AB}}\sin B = c\sin B$

△ABC の面積 $= \dfrac{1}{2}a \times \overline{\mathrm{AD}} = \dfrac{1}{2}ac\sin B$　同様に，

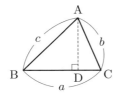
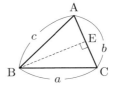

図 9.13

△ACD で, $\sin C = \dfrac{\overline{\text{AD}}}{\overline{\text{AC}}}$ よって, $\overline{\text{AD}} = \overline{\text{AC}} \sin C = b \sin C$

△ABC の面積 $= \dfrac{1}{2} a \times \overline{\text{AD}} = \dfrac{1}{2} ab \sin C$

同様に図 9.13 の右図において, B より辺 AC に垂線 AE を下ろすと,

△ABE で, $\sin A = \dfrac{\overline{\text{BE}}}{\overline{\text{AB}}}$ よって, $\overline{\text{BE}} = \overline{\text{AB}} \sin A = c \sin A$

△ABC の面積 $= \dfrac{1}{2} b \times \overline{\text{BE}} = \dfrac{1}{2} bc \sin A$

以上をまとめて,

$$\triangle \text{ABC} = \frac{1}{2} bc \sin A = \frac{1}{2} ca \sin B = \frac{1}{2} ab \sin C \tag{9.11}$$

9.8 例 (C)

例 9.4 再度, (9.9) を練習しよう. 下左図において,

$$\overline{\text{BA}} = \overline{\text{BD}} \cos \beta = \cos \beta \text{ より,}$$
$$\overline{\text{BC}} = \overline{\text{BA}} \cos \alpha = \cos \beta \cos \alpha \quad \text{また}$$
$$\overline{\text{AC}} = \overline{\text{BA}} \sin \alpha = \cos \beta \sin \alpha$$

図 9.14

練習 9.2 図 9.14 の右図で，$\overline{\mathrm{DE}}$ と $\overline{\mathrm{AE}}$ を求めよ。

解答 $\overline{\mathrm{DA}} = \overline{\mathrm{DB}} \sin \beta = \sin \beta$ より，

$$\overline{\mathrm{DE}} = \overline{\mathrm{DA}} \sin \alpha = \sin \alpha \sin \beta \quad \text{また}$$

$$\overline{\mathrm{AE}} = \overline{\mathrm{DA}} \cos \alpha = \cos \alpha \sin \beta$$

9.9 弧度法（A）

6.1 節でみた角度の測り方を**度数法**と言う。ここで，(6.1) [p.97] を思い出そう。下左図のように，S を出発点として半径 1 の円周上を反時計回りに動く点を P とする。そして半径（動径）OP と OS の成す角 θ を考える（動径 OP については 6.1 節の注釈 *1 [p.97] 参照）。θ を動径 OP の表す角と言う。点 P が移動すると，それと共に動径 OP も動き，θ の値も 0 から始まり増加していく。

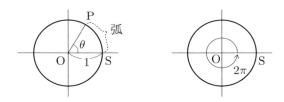

図 9.15

このとき角度 θ は，P が（S から出発して）円周上を動く弧（これを弧 SP としよう）の長さに比例することをみた。そこで，いっそのこと，

半径 1 の円周上の弧 SP の長さを，そのまま，角度 θ の値として定義しよう。

これが**弧度法**と呼ばれる角度の測り方である。度数法と弧度法による角度の対応関係をみよう。度数法で一回転分の角度 $360°$ は，弧度法では，半径 1 の円の円周の長さ 2π に対応する（円周の長さ = 直径 × 円周率 π）。これより度数法による角度と，弧度法による角度の対応は，

$$360° \text{ は } 2\pi, \qquad 180° \text{ は } \pi,$$
$$\frac{180°}{2} = 90° \text{ は } \frac{\pi}{2}, \qquad \frac{180°}{3} = 60° \text{ は } \frac{\pi}{3},$$
$$\frac{180°}{4} = 45° \text{ は } \frac{\pi}{4}, \qquad \frac{180°}{6} = 30° \text{ は } \frac{\pi}{6}$$

となる。弧度法による角度の単位は，**ラジアン**と呼ぶが，これは省略することが多い。

9.10 一般角（A）

次に，一般角とよばれるものを定義する。引き続き図 9.15 の左図をみよう。点 P が点 S を出発し反時計回りに回る。動径 OP が 1 回転して OS にくると，$\theta = 2\pi$ となる。そして OP が 2 回転して OS にきたとき，$\theta = 2 \cdot 2\pi = 4\pi$ と考える（下左図参照）。こうして OP が n 回転して，OS の位置にきたときの角度 θ は $2n\pi$ となる。このように，θ が任意の正の実数のとき，動径 OP（あるいは P）が回転した角度として θ を考えることができる。θ を（動径 OP の表す）**回転角**と呼ぶ。

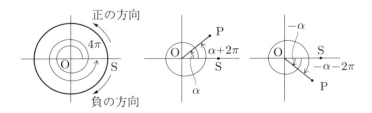

図 9.16

図 9.16 の中図のように点 P において，$\angle \mathrm{POS} = \alpha$，$0 \leq \alpha < 2\pi$ とする。動径 OP が表す回転角 θ は，OP が何回転してその位置に来たかによって，何通りにも表すことができる。$n\,(>0)$ 回転したとすれば，$\theta = \alpha + 2n\pi$ と表すことができる。ここで $2n\pi$ は，反時計回りに n 回転していることを表している。

今度は，動径 OP が OS から出発して半径 1 の円周上を，時計回り に回るとする。このときは θ は 負の値 をとると考える。そして OP が，時計回りに，一回転して OS にくると，$\theta = -2\pi$ となる。そして OP が 2 回転して OS にきたとき，$\theta = 2(-2\pi) = -4\pi$ と考える。すると OP が，時計回りに $n\,(\geq 0)$ 回転して，OS の位置にきたときの角度は $-2n\pi$ となる。このように考えると，θ が任意の負の実数のときも，回転角として θ を考えることができる。

以上より θ が任意の実数のとき，回転角として θ を考えることができる。図 9.16 の点 P において，動径 OP の表す回転角 θ の値は，OP が（正負それぞれの方向に）何回転したかによって（n を整数として）

$$\theta = \alpha + 2n\pi \text{（図 9.16 中図）},\ \theta = -\alpha + 2n\pi \text{（図 9.16 右図）}$$

と何通りにも表される。動径 OP（または P）が反時計回りに動くとき，正の方向に動くと言う。一方時計回りに動くとき，負の方向に動くと言う。このように表した角度 θ を（動径 OP の表す）**一般角** と言う。

9.11 三角比その 2（A）

9.7 節で，角度 θ が $0°$ と $90°$ の間のとき $\left(\text{弧度法で } 0 \text{ と } \dfrac{\pi}{2} \text{ の間のとき}\right)$ に，三角比を定義した。そこでは，$\dfrac{\pi}{2}$ より大きい角度では三角比は定義できなかった。三角比の考え方を θ が一般角のときに拡張しよう（そして次章で三角関数を定義する）。まず座標平面上で，原点 O を中心と

した半径1の円（**単位円**と言う）を考える。単位円周上の任意の点 P をとる（下の3つの図参照）。P より x 軸上に垂線を下ろす。そして x 軸との交点を A とし，点 P の座標を (x, y) とする。$\overline{\text{OP}} = 1$ に注意しよう。

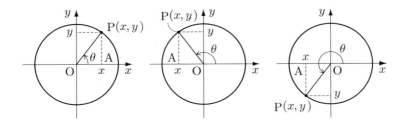

図 9.17

もし上左図の位置に点 P があるとき $\left(\text{すなわち } 0 < \theta < \dfrac{\pi}{2} \text{ のとき}\right)$ は，9.7 節より，三角比を x, y を使って書き直すと，

$$\left(\sin\theta = \frac{\overline{\text{PA}}}{\overline{\text{OP}}} \text{ を考えて}\right) \sin\theta = \frac{y}{1} = y$$

$$\left(\cos\theta = \frac{\overline{\text{OA}}}{\overline{\text{OP}}} \text{ を考えて}\right) \cos\theta = \frac{x}{1} = x \quad (9.12)$$

$$\left(\tan\theta = \frac{\overline{\text{PA}}}{\overline{\text{OA}}} \text{ を考えて}\right) \tan\theta = \frac{y}{x} \left(= \frac{\sin\theta}{\cos\theta}\right)$$

よって P の座標は $(x, y) = (\cos\theta, \sin\theta)$ (9.13)

である（例 9.2 参照）。ここで点 P が，単位円周上をぐるぐると回り，上中図右図といった単位円周上の任意の点にあるときでも（すなわち θ が任意の角度での）三角比の値を上記 x, y を使った式によって定義する。すなわち $\sin\theta = y$, $\cos\theta = x$, $\tan\theta = \dfrac{y}{x}$ と定義するのである [*2]。このとき点 P(x, y) において x, y は正のときも負のときもあり得るから，

---

*2 $x = 0$ $\left(\text{すなわち } \theta = \dfrac{\pi}{2} \pm n\pi, \ n \text{ は自然数}\right)$ のときは $\tan\theta$ は定義されない。

三角比の値も正負あり得る[*3]。(9.12) より，$\overline{OA} = |x| = |\cos\theta|$，$\overline{PA} = |y| = |\sin\theta|$，$\overline{PO} = 1$ だから，直角三角形 POA に三平方の定理を使って，

$$\sin^2\theta + \cos^2\theta = x^2 + y^2 = 1 \tag{9.14}$$

となる。ここで $(\sin\theta)^2$ を $\sin^2\theta$，$(\cos\theta)^2$ を $\cos^2\theta$ と書く。角 θ と $2\pi+\theta$ では，点 P の位置は同じであるから，次が成り立つ。

$\sin(2\pi+\theta) = \sin\theta,\qquad \cos(2\pi+\theta) = \cos\theta,\qquad \tan(2\pi+\theta) = \tan\theta$

例 9.5 三角比を求めよう。次の図で単位円周上の点 P の座標を $(x, y) = (\cos\theta, \sin\theta)$ とする。例 9.1 の三角形の 3 辺の比を参考にしよう。

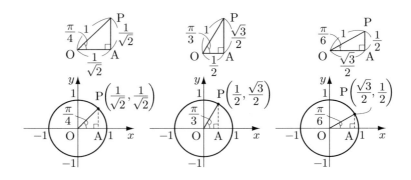

図 9.18

$\theta = \dfrac{\pi}{4}$ (45°) のときは，点 P の座標 (x, y) は $\left(\dfrac{1}{\sqrt{2}}, \dfrac{1}{\sqrt{2}}\right)$ より，

$\sin\dfrac{\pi}{4} = y = \dfrac{1}{\sqrt{2}},\qquad \cos\dfrac{\pi}{4} = x = \dfrac{1}{\sqrt{2}},\qquad \tan\dfrac{\pi}{4} = \dfrac{y}{x} = 1$

[*3] $\theta > \dfrac{\pi}{2}$ のときの三角比をイメージするのに，図 9.17 の中図右図で示したように「△POA に着目し PO を斜辺，OA を底辺，PA を高さ，とみてさらに（座標平面の）正負の符号を考慮している」とみなすこともできる。

$\theta = \dfrac{\pi}{3}$ (60°) のときは，点 P の座標 (x, y) は $\left(\dfrac{1}{2}, \dfrac{\sqrt{3}}{2}\right)$ であるから，

$$\sin\dfrac{\pi}{3} = y = \dfrac{\sqrt{3}}{2}, \qquad \cos\dfrac{\pi}{3} = x = \dfrac{1}{2}, \qquad \tan\dfrac{\pi}{3} = \dfrac{y}{x} = \sqrt{3}$$

$\theta = \dfrac{\pi}{6}$ (30°) のときは，点 P の座標 (x, y) は $\left(\dfrac{\sqrt{3}}{2}, \dfrac{1}{2}\right)$ であるから，

$$\sin\dfrac{\pi}{6} = y = \dfrac{1}{2}, \qquad \cos\dfrac{\pi}{6} = x = \dfrac{\sqrt{3}}{2}, \qquad \tan\dfrac{\pi}{6} = \dfrac{y}{x} = \dfrac{1}{\sqrt{3}}$$

図 9.17 によると，$\theta = 0$ のときは，点 P の座標は $(1, 0)$ であるから，

$$\sin 0 = y = 0, \qquad \cos 0 = x = 1, \qquad \tan 0 = \dfrac{y}{x} = \dfrac{0}{1} = 0$$

$\theta = \dfrac{\pi}{2}$ (90°) のときは，点 P の座標は $(0, 1)$ であるから，

$$\sin\dfrac{\pi}{2} = y = 1, \qquad \cos\dfrac{\pi}{2} = x = 0, \qquad \tan\dfrac{\pi}{2} = \dfrac{y}{x} \text{ は定義されない}$$

$\theta = \pi$ (180°) のときは，点 P の座標は $(-1, 0)$ であるから，

$$\sin \pi = y = 0, \qquad \cos \pi = x = -1, \qquad \tan \pi = \dfrac{y}{x} = \dfrac{0}{-1} = 0$$

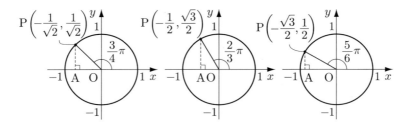

図 9.19

$\theta = \dfrac{3}{4}\pi$ (135°) のとき，点 P の座標 (x, y) は $\left(-\dfrac{1}{\sqrt{2}}, \dfrac{1}{\sqrt{2}}\right)$ より，

$$\sin\frac{3}{4}\pi = y = \frac{1}{\sqrt{2}}, \quad \cos\frac{3}{4}\pi = x = -\frac{1}{\sqrt{2}}, \quad \tan\frac{3}{4}\pi = \frac{y}{x} = -1$$

$\theta = \dfrac{2}{3}\pi\,(120°)$ のときは，点 P の座標 (x, y) は $\left(-\dfrac{1}{2}, \dfrac{\sqrt{3}}{2}\right)$ より，

$$\sin\frac{2}{3}\pi = y = \frac{\sqrt{3}}{2}, \quad \cos\frac{2}{3}\pi = x = -\frac{1}{2}, \quad \tan\frac{2}{3}\pi = \frac{y}{x} = -\sqrt{3}$$

$\theta = \dfrac{5}{6}\pi\,(150°)$ のときは，点 P の座標 (x, y) は $\left(-\dfrac{\sqrt{3}}{2}, \dfrac{1}{2}\right)$ より，

$$\sin\frac{5}{6}\pi = y = \frac{1}{2}, \quad \cos\frac{5}{6}\pi = x = -\frac{\sqrt{3}}{2}, \quad \tan\frac{5}{6}\pi = \frac{y}{x} = -\frac{1}{\sqrt{3}}$$

練習 9.3 同様に下図を参考にして，$\theta = \dfrac{7}{6}\pi\,(210°)$，$\dfrac{5}{4}\pi\,(225°)$，$\dfrac{4}{3}\pi$ $(240°)$，$\dfrac{5}{3}\pi\,(300°)$，$\dfrac{7}{4}\pi\,(315°)$，$\dfrac{11}{6}\pi\,(330°)$ のときの各三角比を求めよ。

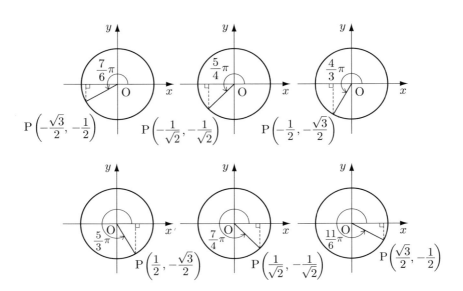

図 9.20

解答 $\sin\dfrac{7}{6}\pi = y = -\dfrac{1}{2}, \quad \cos\dfrac{7}{6}\pi = x = -\dfrac{\sqrt{3}}{2}, \quad \tan\dfrac{7}{6}\pi = \dfrac{y}{x} = \dfrac{1}{\sqrt{3}}$

$\sin\dfrac{5}{4}\pi = y = -\dfrac{1}{\sqrt{2}}, \quad \cos\dfrac{5}{4}\pi = x = -\dfrac{1}{\sqrt{2}}, \quad \tan\dfrac{5}{4}\pi = \dfrac{y}{x} = 1$

$\sin\dfrac{4}{3}\pi = y = -\dfrac{\sqrt{3}}{2}, \quad \cos\dfrac{4}{3}\pi = x = -\dfrac{1}{2}, \quad \tan\dfrac{4}{3}\pi = \dfrac{y}{x} = \sqrt{3}$

$\sin\dfrac{5}{3}\pi = y = -\dfrac{\sqrt{3}}{2}, \quad \cos\dfrac{5}{3}\pi = x = \dfrac{1}{2}, \quad \tan\dfrac{5}{3}\pi = \dfrac{y}{x} = -\sqrt{3}$

$\sin\dfrac{7}{4}\pi = y = -\dfrac{1}{\sqrt{2}}, \quad \cos\dfrac{7}{4}\pi = x = \dfrac{1}{\sqrt{2}}, \quad \tan\dfrac{7}{4}\pi = \dfrac{y}{x} = -1$

$\sin\dfrac{11}{6}\pi = y = -\dfrac{1}{2}, \quad \cos\dfrac{11}{6}\pi = x = \dfrac{\sqrt{3}}{2}, \quad \tan\dfrac{11}{6}\pi = \dfrac{y}{x} = -\dfrac{1}{\sqrt{3}}$

10 三角関数

《目標＆ポイント》 三角関数の概念も，わかりづらいと思われる 1 つである。これについて丁寧に解説する。サイン，コサイン等の意味を理解し，それらの持つ性質を学ぶ。最後に三角関数とそのグラフを描く。
《キーワード》 サイン，コサイン，正弦定理，余弦定理，加法定理

10.1 三角関数の性質（A）

(9.13) [p.176] を思い出そう。下図で，単位円周上の任意の点を P とし，動径 OP の表す（一般）角を θ とする。点 P の座標を (x, y) とすると，$(x, y) = (\cos\theta, \sin\theta)$ となる。さて，図 10.1 の左図のように点 P′$(x, -y)$ を考えると（$\triangle$POS $\equiv \triangle$P′OS より）$\angle$P′OS $= \angle$POS となる。OP′ の表す角は（負の方向に θ 回転させたと考えて）$-\theta$ である。すると点 P′ の座標は $(x, -y) = (\cos(-\theta), \sin(-\theta))$ となる。ここで

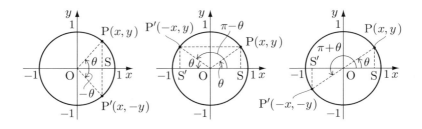

図 10.1

$$(x, y) = (\cos\theta, \sin\theta),\ (x, -y) = (\cos(-\theta), \sin(-\theta))\ \text{より}$$
$$\sin\theta = y,\ \sin(-\theta) = -y\ \text{で},\ \sin(-\theta) = -\sin\theta$$

$\cos\theta = x$, $\cos(-\theta) = x$ で,$\cos(-\theta) = \cos\theta$

$\tan\theta = \dfrac{y}{x}$, $\tan(-\theta) = \dfrac{-y}{x}$ で,$\tan(-\theta) = -\tan\theta$

ただし,最後の式では,$x \neq 0$ とする(以下同様)。

次に図 10.1 の中図のように点 P$'(-x, y)$ を考えると($\triangle$POS$\equiv\triangle$P$'$OS$'$ より)$\angle$P$'$OS$' = \angle$POS。OP$'$ の表す角は $\pi - \theta$ である。すると点 P$'$ の座標は $(-x, y) = (\cos(\pi - \theta), \sin(\pi - \theta))$ となる。よって,

$(x, y) = (\cos\theta, \sin\theta)$, $(-x, y) = (\cos(\pi - \theta), \sin(\pi - \theta))$ より

$\sin\theta = y$, $\sin(\pi - \theta) = y$ で,$\sin(\pi - \theta) = \sin\theta$

$\cos\theta = x$, $\cos(\pi - \theta) = -x$ で,$\cos(\pi - \theta) = -\cos\theta$

$\tan\theta = \dfrac{y}{x}$, $\tan(\pi - \theta) = \dfrac{y}{-x}$ で,$\tan(\pi - \theta) = -\tan\theta$

ただし,最後の式では,$x \neq 0$ とする。

さらに図 10.1 の右図のように点 P$'(-x, -y)$ を考えると($\triangle$POS$\equiv\triangle$P$'$OS$'$ より)$\angle$P$'$OS$' = \angle$POS となる。OP$'$ の表す角は $\pi + \theta$ である。すると点 P$'$ の座標は $(-x, -y) = (\cos(\pi + \theta), \sin(\pi + \theta))$ となる。よって,

$(x, y) = (\cos\theta, \sin\theta)$, $(-x, -y) = (\cos(\pi + \theta), \sin(\pi + \theta))$ より

$\sin\theta = y$, $\sin(\pi + \theta) = -y$ で,$\sin(\pi + \theta) = -\sin\theta$

$\cos\theta = x$, $\cos(\pi + \theta) = -x$ で,$\cos(\pi + \theta) = -\cos\theta$

$\tan\theta = \dfrac{y}{x}$, $\tan(\pi + \theta) = \dfrac{-y}{-x}$ で,$\tan(\pi + \theta) = \tan\theta$

図 10.2 の左図のように点 P$'(y, x)$ を考えると,$\angle$P$'$OS$' = \angle$POS となる。OP$'$ の表す角は $\dfrac{\pi}{2} - \theta$ で,点 P$'$ の座標は

$(y, x) = \left(\cos\left(\dfrac{\pi}{2} - \theta\right), \sin\left(\dfrac{\pi}{2} - \theta\right)\right)$ となる。よって,

$(x,\ y) = (\cos\theta,\ \sin\theta),\ (y,\ x) = \left(\cos\left(\dfrac{\pi}{2} - \theta\right),\ \sin\left(\dfrac{\pi}{2} - \theta\right)\right)$ より

$\cos\theta = x,\ \sin\left(\dfrac{\pi}{2} - \theta\right) = x$ で, $\sin\left(\dfrac{\pi}{2} - \theta\right) = \cos\theta$

$\sin\theta = y,\ \cos\left(\dfrac{\pi}{2} - \theta\right) = y$ で, $\cos\left(\dfrac{\pi}{2} - \theta\right) = \sin\theta$

$\tan\theta = \dfrac{y}{x},\ \tan\left(\dfrac{\pi}{2} - \theta\right) = \dfrac{x}{y}$ で, $\tan\left(\dfrac{\pi}{2} - \theta\right) = \dfrac{1}{\tan\theta}$

ただし，最後の式では，$x,\ y \neq 0$ とする。

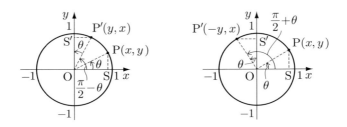

図 10.2

上右図のように点 $P'(-y,\ x)$ を考えると，$\angle P'OS' = \angle POS$ となる。OP' の表す角は $\dfrac{\pi}{2} + \theta$ で，点 P' の座標は

$(-y,\ x) = \left(\cos\left(\dfrac{\pi}{2} + \theta\right),\ \sin\left(\dfrac{\pi}{2} + \theta\right)\right)$ となる。よって

$(x,\ y) = (\cos\theta,\ \sin\theta),\ (-y,\ x) = \left(\cos\left(\dfrac{\pi}{2} + \theta\right),\ \sin\left(\dfrac{\pi}{2} + \theta\right)\right)$,
より

$\cos\theta = x,\ \sin\left(\dfrac{\pi}{2} + \theta\right) = x$ で, $\sin\left(\dfrac{\pi}{2} + \theta\right) = \cos\theta$

$\sin\theta = y,\ \cos\left(\dfrac{\pi}{2} + \theta\right) = -y$ で, $\cos\left(\dfrac{\pi}{2} + \theta\right) = -\sin\theta$

$\tan\theta = \dfrac{y}{x},\ \tan\left(\dfrac{\pi}{2} + \theta\right) = -\dfrac{x}{y}$ で, $\tan\left(\dfrac{\pi}{2} + \theta\right) = -\dfrac{1}{\tan\theta}$

ただし,最後の式では, $x, y \neq 0$ とする。以上をまとめると,

$$\sin(-\theta) = -\sin\theta, \quad \cos(-\theta) = \cos\theta, \quad \tan(-\theta) = -\tan\theta \quad (10.1)$$
$$\sin(\pi - \theta) = \sin\theta, \quad \cos(\pi - \theta) = -\cos\theta, \quad \tan(\pi - \theta) = -\tan\theta \tag{10.2}$$
$$\sin(\pi + \theta) = -\sin\theta, \quad \cos(\pi + \theta) = -\cos\theta, \quad \tan(\pi + \theta) = \tan\theta \tag{10.3}$$
$$\sin\left(\frac{\pi}{2} - \theta\right) = \cos\theta, \quad \cos\left(\frac{\pi}{2} - \theta\right) = \sin\theta, \quad \tan\left(\frac{\pi}{2} - \theta\right) = \frac{1}{\tan\theta} \tag{10.4}$$
$$\sin\left(\frac{\pi}{2} + \theta\right) = \cos\theta, \quad \cos\left(\frac{\pi}{2} + \theta\right) = -\sin\theta, \quad \tan\left(\frac{\pi}{2} + \theta\right) = -\frac{1}{\tan\theta} \tag{10.5}$$

10.2 正弦定理(A)

例 10.1 例 9.3 [p.171] を思い出そう。下左図の鈍角三角形[*1]ABC において,A より辺 BC の延長上に垂線 AD を下ろす。(10.2) より,

$$\triangle\text{ABD で,} \quad \sin B = \sin(\pi - B) = \frac{\overline{\text{AD}}}{\overline{\text{AB}}} \text{ より,}$$

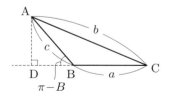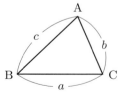

図 10.3

---

*1 三角形の内角の 1 つが $\frac{\pi}{2}$ より大きいとき,**鈍角三角形**と言う。すべての内角が $\frac{\pi}{2}$ より小さいとき,**鋭角三角形**と言う。

$$\overline{\mathrm{AD}} = \overline{\mathrm{AB}} \sin B = c \sin B$$

よって，$\triangle \mathrm{ABC}$ の面積 $= \dfrac{1}{2} a \times \overline{\mathrm{AD}} = \dfrac{1}{2} ac \sin B$

となる。例 9.3 [p.171] と合わせると，$\triangle \mathrm{ABC}$ がどのような形でも，その面積は (9.11) [p.172] で求められることがわかる。

さて，図 10.3 の右図において，(9.11)（と例 10.1）より，

$$\triangle \mathrm{ABC} = \dfrac{1}{2} bc \sin A = \dfrac{1}{2} ac \sin B = \dfrac{1}{2} ab \sin C$$

これより，$bc \sin A = ac \sin B = ab \sin C$

各辺を abc で割ると，$\dfrac{\sin A}{a} = \dfrac{\sin B}{b} = \dfrac{\sin C}{c}$ \hfill (10.6)

この等式を**正弦定理**と言う。

10.3 補 足（C）

前節では正弦定理を，三角形の面積を考えることによって証明した。しかし (10.6) の値が何を意味するかはわからない。そこで次のように考えてみよう。

右図のように，点 A，B，C を通る外接円（例 6.7 [p.110] 参照）を考え，半径を R とする。点 B から中心 O を通る直径 BA' をひくと，(6.20) [p.114] より，

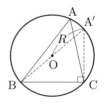

図 10.4

弧 BC に対する円周角は等しいから $\angle \mathrm{BAC} = \angle \mathrm{BA}'\mathrm{C}$

さらに例 6.9 [p.114] より，BA' は直径だから，$\angle \mathrm{BCA}' = \dfrac{\pi}{2}$

よって，$\sin A = \sin A' = \dfrac{\mathrm{BC}}{\mathrm{A}'\mathrm{B}} = \dfrac{a}{2R}$

したがって，$\dfrac{\sin A}{a} = \dfrac{1}{2R} = \dfrac{1}{\text{外接円の直径}}$

よって，正弦定理 (10.6) の値が $\dfrac{1}{2R}$ となることがわかった。したがって

$$\frac{\sin A}{a} = \frac{\sin B}{b} = \frac{\sin C}{c} = \frac{1}{2R} \tag{10.7}$$

10.4 余弦定理（A）

余弦定理とは，次の3つの等式のことで，2辺の長さとそのはさむ角度が与えられれば残りの辺の長さが求められることを意味している。

$$a^2 = b^2 + c^2 - 2bc \cos A$$
$$b^2 = c^2 + a^2 - 2ca \cos B$$
$$c^2 = a^2 + b^2 - 2ab \cos C$$

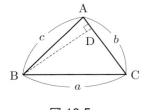

図 10.5

10.5 余弦定理の証明（C）

上図のように，B から AC に垂線 BD を下ろす。(9.14) [p.177] より，$\sin^2 A + \cos^2 A = 1$ を思い出そう。

$\sin A = \dfrac{\overline{\text{BD}}}{c}$ より $\overline{\text{BD}} = c \sin A$

$\cos A = \dfrac{\overline{\text{AD}}}{c}$ より $\overline{\text{AD}} = c \cos A$ で，$\overline{\text{CD}} = b - c \cos A$

これらを使い，△CDB に三平方の定理を用いると，

$$a^2 = \overline{\text{BD}}^2 + \overline{\text{CD}}^2 = (c \sin A)^2 + (b - c \cos A)^2$$
$$= c^2 \sin^2 A + b^2 - 2bc \cos A + c^2 \cos^2 A$$

$$= c^2(\sin^2 A + \cos^2 A) + b^2 - 2bc\cos A$$
$$= b^2 + c^2 - 2bc\cos A \quad \text{よって}$$
$$a^2 = b^2 + c^2 - 2bc\cos A$$

他の 2 つの等式も同様に示せる。また，一般の △ABC においても余弦定理が同様に成り立つ。

10.6 余弦定理の別証明（C）

先程の証明は，△DBC に三平方の定理を使うことを考えた。我々は三平方の定理の証明を知っているので，このアイデアを使って証明しよう。そのため下左図を考えよう。

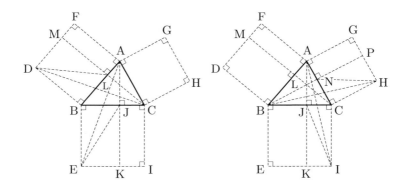

図 10.6

(i) まず，例 6.8 より（合同だから面積が等しく）△DBC = △ABE。
(ii) また，左辺の △DBC において，DB と MC は，共に AB に垂直に交わっているから，平行である。よって (6.3) より，△DBL = △DBC となる。(iii) さらに，△ABE において，BE と AK は，共に BC に垂直に交わっているから，平行である。よって (6.3) より △ABE = △JBE

となる。(ii), (i), (iii) より，まとめると，

$$\triangle \text{DBL} = \triangle \text{DBC}$$
$$\triangle \text{DBC} = \triangle \text{ABE}$$
$$\triangle \text{ABE} = \triangle \text{JBE}$$

これより，

$$\triangle \text{DBL} = \triangle \text{JBE} \quad \text{ここで}$$
$$\frac{1}{2}\text{長方形 LBDM} = \triangle \text{DBL} = \triangle \text{JBE} = \frac{1}{2}\text{長方形 BEKJ}$$
$$\text{よって，長方形 LBDM} = \text{長方形 BEKJ} \tag{10.8}$$

となる。同様に図 10.6 の右図で，長方形 NCHP = 長方形 CIKJ が得られる。この 2 つより，

$$\text{長方形 LBDM} + \text{長方形 NCHP} = \text{長方形 BEKJ} + \text{長方形 CIKJ}$$
$$= \text{正方形 BCIE} \tag{10.9}$$

一方，$\triangle \text{CAL}$ と $\triangle \text{BAN}$ に注目して，

$$\text{AL} = b\cos A \text{ より長方形 ALMF} = bc\cos A \quad \text{同様に}$$
$$\text{AN} = c\cos A \text{ より長方形 ANPG} = bc\cos A \text{ となり}$$
$$\text{長方形 ALMF} + \text{長方形 ANPG} = 2bc\cos A \tag{10.10}$$

すると，

$$c^2 + b^2$$
$$= \text{正方形 ABDF} + \text{正方形 ACHG} \tag{10.11}$$
$$= \text{長方形 LBDM} + \text{長方形 ALMF} + \text{長方形 NCHP}$$
$$\quad + \text{長方形 ANPG} \quad \text{ここで (10.9) より，}$$

$$= \text{正方形 BCIE} + \text{長方形 ALMF} + \text{長方形 ANPG}$$

さらに (10.10) より，

$$= \text{正方形 BCIE} + 2bc\cos A = a^2 + 2bc\cos A \quad \text{よって}$$

$$a^2 = b^2 + c^2 - 2bc\cos A$$

この証明を見ると，$2bc\cos A$ の幾何学的な解釈が得られる。(10.10) より，$2bc\cos A$ は，長方形 ALMF と長方形 ANPG との和である。∠A が直角の場合は，AF と CM は同一直線上にあるから，長方形 ALMF （面積は $bc\cos A$）は消えてしまう。同様に，AG と BP は同一直線上にあるから，長方形 ANPG（面積は $bc\cos A$）も消えてしまう。すなわち上式 $a^2 = b^2 + c^2 - 2bc\cos A$ において，$2bc\cos A$ がなくなって，三平方の定理が成り立つことになる。このように考えると余弦定理は，三平方の定理の一般化とみることができる。

10.7 加法定理（A）

加法定理とは次を言う。

$$\sin(\alpha + \beta) = \sin\alpha\cos\beta + \cos\alpha\sin\beta \tag{10.12}$$

$$\cos(\alpha + \beta) = \cos\alpha\cos\beta - \sin\alpha\sin\beta \tag{10.13}$$

ここで $\alpha = \beta$ とすると，次の 2 倍角の公式が成り立つ。

$$\sin 2\alpha = 2\sin\alpha\cos\alpha$$

$$\cos 2\alpha = \cos^2\alpha - \sin^2\alpha = 1 - 2\sin^2\alpha = 2\cos^2\alpha - 1 \,{}^{*2}$$

さらに加法定理を変形してみよう。

$$\sin(\alpha + \beta) = \sin\alpha\cos\beta + \cos\alpha\sin\beta \tag{10.14}$$

で β を $-\beta$ で置き換えると，

---

*2 (9.14) [p.177] を使うと，$\cos^2\alpha - \sin^2\alpha = (1 - \sin^2\alpha) - \sin^2\alpha = 1 - 2\sin^2\alpha$ また，$\cos^2\alpha - \sin^2\alpha = \cos^2\alpha - (1 - \cos^2\alpha) = 2\cos^2\alpha - 1$

$$\sin(\alpha + (-\beta)) = \sin\alpha\cos(-\beta) + \cos\alpha\sin(-\beta)$$

(10.1) より，$\cos(-\beta) = \cos\beta, \quad \sin(-\beta) = -\sin\beta$

よって，$\sin(\alpha - \beta) = \sin\alpha\cos\beta - \cos\alpha\sin\beta \qquad (10.15)$

また，

$$\cos(\alpha + \beta) = \cos\alpha\cos\beta - \sin\alpha\sin\beta \qquad (10.16)$$

で β を $-\beta$ で置き換えると，

$$\cos(\alpha + (-\beta)) = \cos\alpha\cos(-\beta) - \sin\alpha\sin(-\beta)$$

(10.1) より，$\cos(-\beta) = \cos\beta, \quad \sin(-\beta) = -\sin\beta$

よって，$\cos(\alpha - \beta) = \cos\alpha\cos\beta + \sin\alpha\sin\beta \qquad (10.17)$

となる。(10.14), $\cdots$, (10.17) をまとめて，

$$\sin(\alpha \pm \beta) = \sin\alpha\cos\beta \pm \cos\alpha\sin\beta \qquad (10.18)$$
$$\cos(\alpha \pm \beta) = \cos\alpha\cos\beta \mp \sin\alpha\sin\beta \qquad (10.19)$$

（複号同順）

通常，上式をまとめて**加法定理**と言う。

例 10.2

$$\begin{aligned}
\sin\left(\frac{5}{12}\pi\right) &= \sin\left(\frac{\pi}{6} + \frac{\pi}{4}\right) = \sin\frac{\pi}{6}\cos\frac{\pi}{4} + \cos\frac{\pi}{6}\sin\frac{\pi}{4} \\
&= \frac{1}{2}\cdot\frac{1}{\sqrt{2}} + \frac{\sqrt{3}}{2}\cdot\frac{1}{\sqrt{2}} = \frac{\sqrt{3}+1}{2\sqrt{2}} = \frac{\sqrt{6}+\sqrt{2}}{4} \\
\cos\left(\frac{5}{12}\pi\right) &= \cos\left(\frac{\pi}{6} + \frac{\pi}{4}\right) = \cos\frac{\pi}{6}\cos\frac{\pi}{4} - \sin\frac{\pi}{6}\sin\frac{\pi}{4} \\
&= \frac{\sqrt{3}}{2}\cdot\frac{1}{\sqrt{2}} - \frac{1}{2}\cdot\frac{1}{\sqrt{2}} = \frac{\sqrt{3}-1}{2\sqrt{2}} = \frac{\sqrt{6}-\sqrt{2}}{4}
\end{aligned}$$

10.8 加法定理の証明（C）

加法定理の (10.12)，(10.13) を証明しよう。まず，次の図を考える。

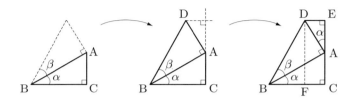

図 10.7

まず $\angle ABC = \alpha$ なる直角三角形 BCA をつくる。次にその斜辺を使って，$\angle DBA = \beta$ となるように直角三角形 BAD を乗せるようにおく（$\alpha + \beta$ ができ上がる）。さらに，辺 CA の延長線上に点 E を，$\triangle AED$ が直角三角形となるようにとる。$\triangle ABC$ の内角の和は π より，

$$\frac{\pi}{2} + \angle BAC + \alpha = \pi = \angle CAE$$
$$= \frac{\pi}{2} + \angle BAC + \angle DAE \quad \text{よって}$$
$$\angle DAE = \alpha$$

ここで例 9.4 [p.172] と練習 9.2 [p.173] を思い出そう。$\overline{BD} = 1$ とすると，

$$\begin{aligned}
\sin(\alpha + \beta) &= \overline{DF} \\
&= \overline{AC} + \overline{AE} \\
&= \overline{AB}\sin\alpha + \overline{DA}\cos\alpha \\
&= \cos\beta\sin\alpha + \sin\beta\cos\alpha \\
&= \sin\alpha\cos\beta + \cos\alpha\sin\beta
\end{aligned}$$

これで，(10.12) が示された。同様に

$$
\begin{aligned}
\cos(\alpha+\beta) &= \overline{\mathrm{BF}} \\
&= \overline{\mathrm{BC}} - \overline{\mathrm{FC}} \\
&= \overline{\mathrm{BC}} - \overline{\mathrm{DE}} \\
&= \overline{\mathrm{AB}}\cos\alpha - \overline{\mathrm{DA}}\sin\alpha \\
&= \cos\beta\cos\alpha - \sin\beta\sin\alpha \\
&= \cos\alpha\cos\beta - \sin\alpha\sin\beta
\end{aligned}
$$

これで，(10.13) が示された。一般に α, β がどのような角であっても加法定理 (10.12)，(10.13) は成り立つことが知られている。

10.9 三角関数とそのグラフ（A）

9.11 節 [p.175] より，実数 x に対して（x が一般角を表すと思えば）$\sin x$ や $\cos x$ の値がただ 1 つに定まる。よって，関数 $y = \sin x$ や関数 $y = \cos x$ が考えられる。$y = \sin x$ のグラフを**サイン曲線（正弦曲線）**と言い，$y = \cos x$ のグラフを**コサイン曲線（余弦曲線）**と言う。$y = \sin x$ のグラフを描こう。まずグラフ上の点は $(\theta, \sin\theta)$ と書ける。

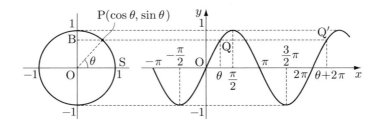

図 10.8

上左図で単位円周上に点 P をとり，OP の表す一般角を θ としたとき，P の座標は $(\cos\theta, \sin\theta)$ となる（(9.13) [p.176] 参照）。$\sin\theta$ の値は点 P

の y 座標になる。すると，P から x 軸に平行（水平）な直線を引くことによって，点 Q を上右図のように決めると，点 Q の座標は $(\theta, \sin\theta)$ となり，$y = \sin x$ のグラフは点 Q を通る（同様に図 10.8 で点 Q$'$ の座標は $(\theta + 2\pi, \sin\theta)$ である。$\theta + 2\pi$ は，点 P が一回転して上図と同じ位置にあることを示している）。このようにして正弦曲線を描いたのが図 10.8 の右図である。また，

$y = 2\sin x$ のグラフは，$y = \sin x$ を y 方向に 2 倍したもの
$y = \dfrac{1}{2}\sin x$ のグラフは，$y = \sin x$ を y 方向に $\dfrac{1}{2}$ 倍したもの

でグラフは次の図のようになる。また (8.18) [p.155] より，

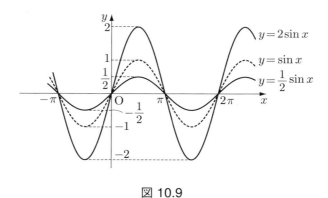

図 10.9

$y = \sin(x - p)$ は $y = \sin x$ を x 方向に p だけ平行移動したものだから，$y = \sin\left(x + \dfrac{\pi}{2}\right)$ は $y = \sin x$ を x 方向に $-\dfrac{\pi}{2}$ だけ平行移動したもの[*3]。ところが (10.5) より，$\sin\left(x + \dfrac{\pi}{2}\right) = \cos x$ だから，このグラフは $y = \cos x$ のグラフでもある。以上より，

[*3] $\sin\left(x + \dfrac{\pi}{2}\right) = \sin\left(x - \left(-\dfrac{\pi}{2}\right)\right)$ とみる。

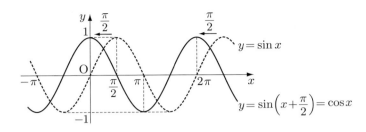

図 10.10

$-1 \leq \sin x \leq 1, \ -1 \leq \cos x \leq 1$

$\sin x = \sin(x + 2\pi)$ だから正弦曲線は周期が 2π の周期関数

$\cos x = \cos(x + 2\pi)$ だから余弦曲線は周期が 2π の周期関数 [*4]

である。$a > 0$ として，$-a \leq a\sin x \leq a, \ -a \leq a\cos x \leq a$ である。さらに (8.21) [p.158] より，$y = \sin 2x$ のグラフは，$y = \sin x$ のグラフを，x 方向に $\dfrac{1}{2}$ 倍に伸ばした（縮めた）もので，周期は半分の π である。同様に，$y = \sin \dfrac{1}{2}x$ のグラフは，$y = \sin x$ を x 方向に 2 倍に伸ばしたもので，周期は 2 倍の 4π となる。これらのグラフは，図のようになる。

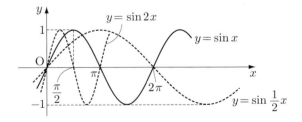

図 10.11

---

*4 例えば，x が $0 \leq x \leq 2\pi$ の範囲での $y = \sin x$ のグラフと，x が $2\pi \leq x \leq 4\pi$ の範囲での $y = \sin x$ のグラフは同じ形である。同様に，x が $0 \leq x \leq 2\pi$ の範囲での $y = \cos x$ のグラフと，x が $2\pi \leq x \leq 4\pi$ の範囲での $y = \cos x$ のグラフは同じ形である。

最後に，$y = \tan x$ のグラフを描くと次の図のようになる。$x = \dfrac{\pi}{2} \pm n\pi$ では定義されないことに注意。

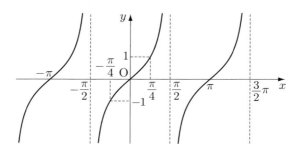

図 10.12

この節で考えた $y = \sin x$, $y = \cos x$, $y = \tan x$ 及びそれらを変形した関数をまとめて**三角関数**と言う。

例 10.3 例 9.5 [p.177] と練習 9.3 [p.179] を思い出そう。

$$\sin \frac{19}{6}\pi = \sin\left(2\pi + \frac{7}{6}\pi\right) = \sin \frac{7}{6}\pi = -\frac{1}{2}$$

$$\tan \frac{21}{4}\pi = \tan\left(4\pi + \frac{5}{4}\pi\right) = \tan \frac{5}{4}\pi = 1$$

$$\cos \frac{22}{3}\pi = \cos\left(6\pi + \frac{4}{3}\pi\right) = \cos \frac{4}{3}\pi = -\frac{1}{2}$$

$$\sin \frac{11}{3}\pi = \sin\left(2\pi + \frac{5}{3}\pi\right) = \sin \frac{5}{3}\pi = -\frac{\sqrt{3}}{2}$$

$$\cos \frac{23}{4}\pi = \cos\left(4\pi + \frac{7}{4}\pi\right) = \cos \frac{7}{4}\pi = \frac{1}{\sqrt{2}}$$

$$\tan \frac{47}{6}\pi = \tan\left(6\pi + \frac{11}{6}\pi\right) = \tan \frac{11}{6}\pi = -\frac{\sqrt{3}}{3}$$

10.10　三角関数の合成（B）

　2つの三角関数 $y = a\sin x$ のグラフと $y = b\cos x$ のグラフを加えた，$y = a\sin x + b\cos x$ はどのようなグラフになるか考えよう。

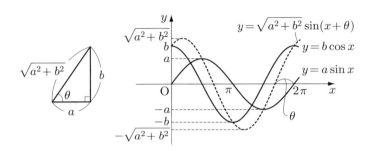

図 10.13

　上左図のように，2辺の長さが a, b で，そのはさむ角が直角となる直角三角形を考える。このとき斜辺の長さは，三平方の定理より，$\sqrt{a^2 + b^2}$ である。ここで，上図のように θ を決めると，

$\cos\theta = \dfrac{a}{\sqrt{a^2+b^2}}, \quad \sin\theta = \dfrac{b}{\sqrt{a^2+b^2}}$ だから，

$a = (\sqrt{a^2+b^2})\cos\theta, \quad b = (\sqrt{a^2+b^2})\sin\theta$ となり，

$y = a\sin x + b\cos x = \sqrt{a^2+b^2}\sin x \cos\theta + \sqrt{a^2+b^2}\cos x \sin\theta$

加法定理を使って，$= \sqrt{a^2+b^2}\sin(x+\theta)$ となる。

つまり $y = a\sin x$ と $y = b\cos x$ の和は，振幅 $\sqrt{a^2+b^2}$ の正弦関数（を x 方向に $-\theta$ だけずらしたもの）になる（上右図参照）。

11 場合の数

《目標&ポイント》 場合の数とはどういうものかを学ぶ。ある事柄の起こり得る数が何通りあるか，その数え方を理解する。また数学的帰納法についても解説する。

《キーワード》 場合の数，順列，組み合わせ，二項定理，数学的帰納法

11.1 順列その1（A）

例 11.1 あるレストランで，飲み物が2種類（コーヒーと紅茶），ケーキが3種類（チーズケーキ，チョコレートケーキ，マロンケーキ）用意されていた。ケーキと飲み物をセットで注文する場合，何通りの注文の仕方（組み合わせ）があるだろうか。まずコーヒーに対して，3種類のケーキを

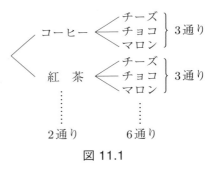

図 11.1

組み合わせることができる。同様に紅茶に対しても，3種類のケーキを組み合わせることができる。したがって全部で，

$$3 + 3 = 3 \times 2 = 6$$

通りの組み合わせがあることがわかる。さらに，サンドイッチが4種類用意されていた。すると，飲み物，ケーキ，サンドイッチをセットにして注文する場合，何通りの注文の仕方（組み合わせ）があるだろうか。6通りある飲み物とケーキの組み合わせ<u>各々に対して</u>，4種類のサンドイッ

チを組み合わせることができる。したがって，

$$\overbrace{4+4+\cdots+4}^{6個}=4\times 6=4\times 3\times 2=24$$

通りの組み合わせがあることがわかる。

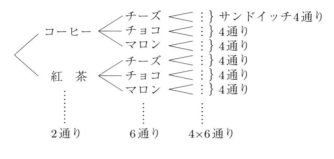

図 11.2

例 11.2 さいころを 3 回振る。目の出方は何通りあるだろうか。1 回目には，1 から 6 まで 6 通りの目の出方がある。その各々に対して，2 回目も，1 から 6 までの目の出方がある。したがって $6\times 6=6^2$ 通りの目の出方がある。さらにその各々に対して，3 回目も 1 から 6 までの目の出方がある。

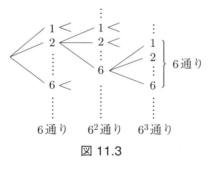

図 11.3

したがって全部で $6^2\cdot 6=6^3$ 通りの目の出方がある。さいころを k 回振る場合には，目の出方は全部で 6^k 通りあることになる。同様に考えて，1 から 9 までの数字を，繰り返し用いることを許して k 個並べる並べ方は，全部で 9^k 通りある。

一般に異なる n 個のものを繰り返し用いることを許して，k 個並べる

並べ方は，全部で n^k 通りあることになる。

練習 11.1 あるレストランで，前菜4種類，メインディッシュ3種類，デザート6種類がある。これらから各1つずつ選んでコース料理として注文する場合，何通りの注文の仕方があるか。

解答 $4 \times 3 \times 6 = 72$ 通り。

11.2 順列その2（A）

数字の1と2が書かれたカードが1枚ずつ，合計2枚ある。この2枚のカードを1列に並べる方法は何通りあるだろうか。最初に1（と書かれたカード）を選べば，次には2（と書かれたカード）を選ぶことになる。もし，最初に2（と書かれたカード）を選べば，次には1（と書かれたカード）を選ぶことになる。したがって全部で2通りの並べ方がある。この2通りの並べ方を，

$$(1, 2), \quad (2, 1)$$

と書くことにする。以上のことを次のように言い換えよう。数字の1と2を1回ずつ用いて（繰り返し用いることを許さず）1列に並べる方法は，2通りである。ここで「1回ずつ用いて（繰り返し用いることを許さず）」とは，数字の1を2回用いて (1, 1) という並べ方は許さないということである。まとめると，

1と2を1列に並べる方法は　　　　(1, 2), (2, 1) で2通り

異なる数 a, b を1列に並べる方法は $(a, b), (b, a)$ で2通り　　(11.1)

では今度は，数字の1と2と3を（1回ずつ用いて）1列に並べる方法は何通りあるだろうか。最初に1を選ぶとする，すなわち

$$(1, □, □)$$

である．上の列の 2 番目と 3 番目の空白（□ の部分）には，数字の 2 と 3 を入れるが，その方法は，(11.1) より，2 通りある．今度はもし，最初に 2 を選べば，

$$(2, □, □)$$

である．上の列の 2 番目と 3 番目の空白には，数字の 1 と 3 を入れるが，その方法は，(11.1) より，やはり 2 通りある．同様に最初にもし 3 を選べば，

$$(3, □, □)$$

である．上の式の 2 番目と 3 番目の空白には，数字の 1 と 2 を入れるが，その方法は，(11.1) より，2 通りある．したがって 2 通りずつのものが 3 種類あるから全部で $2+2+2 = 2 \times 3 = 6$ 通りある．これを $3! = 3 \times 2 \times 1 = 6$ と書き，次のように理解しよう；1 番目の選び方は 3 通りで，その各々について 2 番目の選び方は 2 通り，さらにその各々について 3 番目の選び方は 1 通りとなる．これより全部で $3! = 3 \times 2 \times 1 = 6$ 通りとなる．

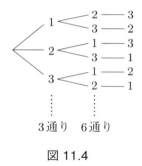

図 11.4

一般に自然数 $n > 0$ に対して，$n! = n(n-1)(n-2) \cdots 3 \cdot 2 \cdot 1$ と定義し，n の **階乗** と呼ぶ．特に $0! = 1$ とする．以上より，

 1, 2, 3 の 3 つの数を 1 列に並べる方法は $3! = 3 \times 2 \times 1 = 6$ 通り
 異なる 3 つの数を 1 列に並べる方法は $3! = 3 \times 2 \times 1 = 6$ 通り

(11.2)

このように異なる 3 つの数を並べるときの並べ方の総数（場合の数 *1）は 3! 通りある。では今度は，数字の 1, 2, 3, 4 を（1 回ずつ用いて）1 列に並べる方法は何通りあるだろうか。最初に 1 を選ぶとする，すなわち

$$(1, \Box, \Box, \Box)$$

である。上の式の 2, 3, 4 番目の空白には，数字の 2, 3, 4 を入れるが，その方法は，(11.2) より，3! = 6 通りある。同様に最初に 2 を選んだ場合，3 を選んだ場合，4 を選んだ場合，

$$(2, \Box, \Box, \Box)$$
$$(3, \Box, \Box, \Box)$$
$$(4, \Box, \Box, \Box)$$

のそれぞれにおいて，空白部分に残りの数を並べる方法は，3! 通りずつある。したがって 3! 通りのものが 4 種類あるから，全部で

$$3! + 3! + 3! + 3! = 3! \times 4$$
$$= 4 \times 3 \times 2 \times 1 = 4! = 24$$

通りある。まとめると，

$$1 から 4 までの数を 1 列に並べる方法は \quad 4! = 24 通り$$
$$異なる 4 つの数を 1 列に並べる方法は \quad 4! = 24 通り \quad (11.3)$$

このように考えると一般に

$$1 から n までの n 個の数を 1 列に並べる方法は$$
$$n! = n(n-1)(n-2) \cdots 3 \cdot 2 \cdot 1 \text{ 通り}$$

---

*1 このようにある事柄の起り方の総数を**場合の数**と言う。

異なる n 個の数を 1 列に並べる方法
$$n! = n(n-1)(n-2)\cdots\cdots 3\cdot 2\cdot 1 \text{ 通り} \qquad (11.4)$$

11.3　順列その 3（A）

次に異なる n 個のものから r 個を選んで一列に並べる方法を考えよう。

例としてまず，1 から 10 までの 10 個の数から 1 個だけを選ぶ方法を考えよう。これは 10 通りの方法がある。まとめると，

1 から 10 までの 10 個の数から 1 個を選ぶ方法は　10 通り

異なる k 個の数から 1 個を選ぶ方法は　　　　　k 通り　(11.5)

次に，1 から 10 までの 10 個の数から 2 個を選んで，1 列に並べる方法を考えよう。最初に 1 を選ぶとする，すなわち

$$(1, \Box)$$

である。上の式の 2 番目の空白（$\Box$ の部分）には，数字の 2 から 10 までの 9 個の数から 1 つを選ぶから，その方法は，(11.5) で $k=9$ とすれば，9 通りある。今度は，最初に 2 を選べば，

$$(2, \Box)$$

である。上の式の 2 番目の空白には，数字の 1 と 3, $\cdots$, 10 の 9 個の数から 1 つを選ぶから，その方法は，(11.5) で $k=9$ とすれば，やはり 9 通りある。以下同様に考えると，

$(1, \Box)$　　$(2, \Box)$　　$(3, \Box)$　　$(4, \Box)$　　$(5, \Box)$
$(6, \Box)$　　$(7, \Box)$　　$(8, \Box)$　　$(9, \Box)$　　$(10, \Box)$

の各々の場合，空白の部分に入れる数は，それぞれ 9 通りある。したがって上図のように，9 通りのものが 10 種類あるから，全部で 9×10 通り

あることになる。これを 10×9 と書こう。まとめると，

1 から 10 までの 10 個の数から 2 個を選んで 1 列に並べる方法は
$$10 \times 9 = \frac{10!}{8!} \text{ 通り}$$
異なる k ($k \geq 2$) 個の数から 2 個を選んで 1 列に並べる方法は
$$k \times (k-1) = \frac{k!}{(k-2)!} \text{ 通り} \tag{11.6}$$

さらに，1 から 10 までの 10 個の数から 3 個を選んで，1 列に並べる方法を考えよう．最初に 1 を選ぶとする，すなわち

$$(1, \square, \square)$$

である．上の式の 2 番目と 3 番目の空白の部分には，数字の 2 から 10 までの 9 個の数から 2 つを選んで 1 列に並べるのだから，その方法は，(11.6) で $k = 9$ とすれば，9×8 通りある．今度は，最初に 2 を選べば，

$$(2, \square, \square)$$

である．上の式の 2 番目と 3 番目の空白の部分には，数字の 1 と 3 から 10 までの 9 個の数から 2 つを選んで 1 列に並べるのだから，その方法は，(11.6) で $k = 9$ とすれば，やはり 9×8 通りある．今度は，最初に 3 を選べば，

$$(3, \square, \square)$$

である．上の式の 2 番目と 3 番目の空白の部分には，数字の 1, 2 と 4 から 10 までの 9 個の数から 2 つを選んで 1 列に並べるのだから，その方法は，(11.6) で $k = 9$ とすれば，やはり 9×8 通りある．このように考えて，

$(1, \square, \square)$　$(2, \square, \square)$　$(3, \square, \square)$　$(4, \square, \square)$　$(5, \square, \square)$
$(6, \square, \square)$　$(7, \square, \square)$　$(8, \square, \square)$　$(9, \square, \square)$　$(10, \square, \square)$

の各々の場合，空白の部分に入れる数の並べ方は，それぞれ 9×8 通りある。上図のように，9×8 通りのものが 10 種類あるから，全部で $9 \times 8 \times 10$ 通りあることになる。これを $10 \times 9 \times 8$ と書こう。まとめると，

　　1 から 10 までの 10 個の数から 3 個を選んで 1 列に並べる方法は
$$10 \times 9 \times 8 = \frac{10!}{7!} \text{ 通り}$$
　　異なる k $(k \geq 3)$ 個の数から 3 個を選んで 1 列に並べる方法は
$$k(k-1)(k-2) = \frac{k!}{(k-3)!} \text{ 通り} \tag{11.7}$$

さらに，1 から 10 までの 10 個の数から 4 個を選んで，1 列に並べる方法を考えよう。最初に 1 を選ぶとする，すなわち

$$(1, \square, \square, \square)$$

である。上の式の 2, 3, 4 番目の空白の部分には，数字の 2 から 10 までの 9 個の数から 3 つを選んで 1 列に並べるのだから，その方法は，(11.7) で $k=9$ とすれば，$9 \times 8 \times 7$ 通りある。今度は，最初に 2 を選べば，

$$(2, \square, \square, \square)$$

である。上の式の 2, 3, 4 番目の空白の部分には，数字の 1 と 3 から 10 までの 9 個の数から 3 つを選んで 1 列に並べるのだから，その方法は，(11.7) で $k=9$ とすれば，やはり $9 \times 8 \times 7$ 通りある。このように考えて，

$(1, \square, \square, \square)$　　$(2, \square, \square, \square)$　　$(3, \square, \square, \square)$　　$(4, \square, \square, \square)$
$(5, \square, \square, \square)$　　$(6, \square, \square, \square)$　　$(7, \square, \square, \square)$　　$(8, \square, \square, \square)$
$(9, \square, \square, \square)$　　$(10, \square, \square, \square)$

の各々の場合，空白の部分に入れる数の並べ方は，それぞれ $9 \times 8 \times 7$ 通りある。上図のように $9 \times 8 \times 7$ 通りのものが 10 種類あるから，全部で $9 \times 8 \times 7 \times 10$ 通りあることになる。これを $10 \times 9 \times 8 \times 7$ と書こう。

まとめると,

　　1 から 10 までの 10 個の数から 4 個を選んで 1 列に並べる方法は
　　　　$10 \times 9 \times 8 \times 7$ 通り

　　異なる k ($k \geq 4$) 個の数から 4 個を選んで 1 列に並べる方法は
　　　　$k(k-1)(k-2)(k-3)$ 通り　　　　　　　　　　　　　　(11.8)

(11.7), (11.8) のように考えると, 一般に

　　異なる k 個の数から 3 個を選んで 1 列に並べる方法は
　　　　$k(k-1)(k-2) = \dfrac{k!}{(k-3)!}$ 通り

　　異なる k 個の数から 4 個を選んで 1 列に並べる方法は
　　　　$k(k-1)(k-2)(k-3) = \dfrac{k!}{(k-4)!}$ 通り

　　異なる n 個の数から r 個を選んで 1 列に並べる方法は
　　　　$\overbrace{n(n-1)\cdots(n-(r-1))}^{r \text{ 個}} = \dfrac{n!}{(n-r)!}$ 通り　　(11.9)

となる. 因数 $(n-(r-1))$ に気をつけよう (次ページのコメント 11.1 参照). ここで,

　　$\overbrace{n(n-1)\cdots(n-(r-1))}^{r \text{ 個}} = \dfrac{n!}{(n-r)!}$ を ${}_nP_r$ と書くことにすると

　　(11.9) は ${}_nP_r$ 通り.　　　　　　　　　　　　　　　　　　(11.10)

したがって, $0! = 1$ なので ${}_nP_n = \dfrac{n!}{(n-n)!} = n(n-1)(n-2)(n-3)\cdots 3 \cdot 2 \cdot 1 = n!$ である. ${}_nP_r$ において $r = 0$ のときは, ${}_nP_0 = \dfrac{n!}{(n-0)!} = 1$ と決める. いままで見たように, 順序を考慮した並べ方 (選び方) を**順列**と言う.

コメント 11.1

1 以上 100 以下の自然数の個数は，100 個，

2 以上 100 以下の自然数の個数は，$100 - 1 = 99$ 個，

3 以上 100 以下の自然数の個数は，$100 - 2 = 98$ 個，一般に
r 以上 n 以下の自然数の個数は，$n - (r - 1) = n - r + 1$ 個，また
$r + 1$ 以上 n 以下の自然数の個数は，$n - \{(r + 1) - 1\} = n - r$ 個，
さらに $n - r + 1$ 以上 n 以下の自然数の個数は，
$n - \{(n - r + 1) - 1\} = r$ 個。

11.4 組み合わせ（A）

（異なる）3 人の中から 2 人を選び 1 列に並べる方法について考えよう。前節でやったように，(11.10) で $n = 3$, $r = 2$ の場合で，全部で $_3P_2 = 3 \times 2 = 6$ 通りある。これを別の方法で考え直そう。次の 2 段階に分けて考える。

  3 人から（順序を考慮せずとりあえず）2 人を選び，その後 (11.11)

  選んだ 2 人を（今度は順序を考慮して）1 列に並べる   (11.12)

(11.11) の場合「2 人を選ぶ選び方」とは選ぶ順番は考慮しない（気にしなくてよい）ということである。このような選び方を**組み合わせ**と言う。3 人を 1, 2, 3 と番号をつければ，番号 1 の人と番号 2 の人を選ぶということと，番号 2 の人と番号 1 の人を選ぶということは，同じことである。どちらも番号 1 の人と番号 2 の人からなるグループ（集合）ができるからである。この集合を $\{1, 2\}$ と書くことにする。したがって $\{1, 2\}$ と $\{2, 1\}$ は同じものである。すると (11.11) の選び方は，

$$\{1,\ 2\},\quad \{1,\ 3\},\quad \{2,\ 3\}$$

と 3 通りの方法があることになる。

次に (11.12) で「選んだ 2 人を 1 列に並べる方法」を考えよう。上の 3 つの集合から 1 つ，例えば $\{1, 2\}$ を選ぼう。この 2 人，すなわち番号 1 と番号 2 の人達を今度は（順序を考慮して）「1 列に並べる方法」は $2! = 2$ 通りある（前節の表記を使えば $(1, 2), (2, 1)$ の 2 通り）。同様に $\{1, 3\}$ を選んだ場合，この 2 人を「1 列に並べる方法」は $2! = 2$ 通りある（すなわち $(1, 3), (3, 1)$)。$\{2, 3\}$ を選んだ場合，この 2 人を「1 列に並べる方法」は $2! = 2$ 通りある (すなわち $(2, 3), (3, 2)$)。このように全部で 6 通りあるものを，2 通りずつ 3 つの集合に分けたのである。

以上を整理しよう。全部で 6 通りあるもののグループ分けを，次のように書こう。

$$\begin{array}{ccc} \{1,\ 2\}, & \{1,\ 3\}, & \{2,\ 3\} \\ \vdots & \vdots & \vdots \\ (1,\ 2) & (1,\ 3) & (2,\ 3) \\ (2,\ 1) & (3,\ 1) & (3,\ 2) \end{array}$$

そして，(11.11), (11.12) の考えから，

「3 人から 2 人を選び 1 列に並べる場合の数」$= 6$

$=$「3 人から 2 人を選ぶ組み合わせの数」

$\times$「選んだ 2 人を 1 列に並べる場合の数」 (11.13)

$= 3 \times 2!$ (11.14)

と考えることができる。今度は，異なる 7 人の中から 3 人を選んで 1 列に並べる場合の数について考えよう。(11.10) で $n = 7, r = 3$ の場合で，全部で ${}_7P_3 = 7 \times 6 \times 5$ 通りある。これを先程と同様次の 2 段階に分けて考えよう。

7人から（順序を考慮せずとりあえず）3人を選び，その後　(11.15)
選んだ3人を（今度は順序を考慮して）1列に並べる　(11.16)

(11.15) の場合「7人から3人を選ぶ組み合わせ」は $\{1, 2, 3\}, \{1, 2, 4\}$, $\{5, 6, 7\}$ などあるが，全部で何通りあるかすぐにはわからない。なので x 通りとしておく。次に (11.16) において「選んだ3人を1列に並べる方法」について考えよう。これは (11.4) より 3! 通りある。(11.15) の各組み合わせについてそれぞれ 3! 通りずつある。以上を整理しよう。全部で $_7P_3$ 通りあるもののグループ分けを，次のように図示しよう。

$$\overbrace{\{1, 2, 3\}, \quad \{1, 2, 4\}, \quad \cdots \quad \{5, 6, 7\}}^{x \text{ 通り}}$$
$$\vdots, \qquad \vdots, \qquad \qquad \vdots$$
$$3! \text{ 通り}, \quad 3! \text{ 通り}, \quad \quad 3! \text{ 通り}$$

そして (11.15), (11.16) の考え方から，

「7人から3人を選び1列に並べる場合の数」$= {}_7P_3$

$=$「7人から3人を選ぶ組み合わせの数」

$\quad \times$「選んだ3人を1列に並べる場合の数」

$= x \times 3!$

と考えることができる。よって，

$$_7P_3 = x \times 3! \text{ で } x = \frac{_7P_3}{3!}$$

と x の値が求まることになる。すなわち，7人から3人を選ぶ組み合わせの数は全部で $\frac{_7P_3}{3!}$ 通りである。

(11.15), (11.16) を一般的に考えると，

「n 人から r 人を選び1列に並べる場合の数」

$$= \text{「}n\text{ 人から }r\text{ 人を選ぶ組み合わせの数」}$$
$$\times \text{「選んだ }r\text{ 人を 1 列に並べる場合の数」} \quad (11.17)$$

となる。ここで n 人から r 人を選ぶ組み合わせの数を ${}_nC_r$ で表すことにする。(11.10) を使えば，「n 人から r 人を選び 1 列に並べる場合の数」は ${}_nP_r$ 通りあり，また「選んだ r 人を 1 列に並べる方法の数」は ${}_rP_r = r!$ 通り。すると (11.17) より，${}_nP_r = {}_nC_r \times r!$ となり，

$$ {}_nC_r = \frac{{}_nP_r}{r!} = \frac{\overbrace{n(n-1)\cdots\cdots(n-(r-1))}^{r\,\text{個}}}{r!} = \frac{n!}{(n-r)!\,r!}$$

と，n 人から r 人を選ぶ組み合わせの数 ${}_nC_r$ が求まることになる。$r = 0$ のときは，${}_nC_0 = \dfrac{n!}{(n-0)!\,0!} = 1$ と決める。

11.5 組み合わせの性質（B）

1 から n まで番号のついた n 個のもの（1 番, 2 番, $\cdots$, n 番と呼ぶことにする）から，r 個を選ぶ選び方（組み合わせ）は全部で ${}_nC_r$ 通りあることをみた。ここで r 個を選べば（自動的に）$n-r$ 個のものが残る。したがって r 個を選ぶということと，（残る）$n-r$ 個を選ぶということは「事象」としては同じことである（同じ事柄を「選ぶ方」に着目するか「残る方」に着目するかの違いにすぎない）。したがって，n 個のものから r 個を選ぶ選び方の総数は，n 個のものから $n-r$ 個を選ぶ選び方の総数は等しい。すなわち，

$$ {}_nC_r = {}_nC_{n-r} = \frac{n!}{(n-r)!\,r!} \quad (11.18)$$

が成り立つ。次に n 個のもの（1 番, 2 番, $\cdots$, n 番と呼ぶ）から r 個を選ぶ選び方は全部で ${}_nC_r$ 通りあるが，（n 個のうち 1 つ，例えば）n 番のものに注目して，次の 2 つのグループにわけよう。

n 番が選ばれているもの (11.19)

n 番が選ばれていないもの (11.20)

(11.19) の場合を考えよう。この場合は，（n 番は選ばれているので）あとは 1 番から $n-1$ 番までの $n-1$ 個のものから $r-1$ 個を選べばよく，その選び方は全部で ${}_{n-1}C_{r-1}$ 通りある。したがって (11.19) に入る組み合わせの総数は ${}_{n-1}C_{r-1}$ である。

次に (11.20) の場合を考えよう。この場合は，（n 番は選ばれていないので）1 番から $n-1$ 番までの $n-1$ 個のものから r 個を選ぶ必要があり，その選び方は全部で ${}_{n-1}C_r$ 通りある。したがって (11.20) に入る組み合わせの総数は ${}_{n-1}C_r$ である。以上より，

「n 個から r 個を選ぶ組み合わせの総数」

=「n 番が選ばれる組み合わせの総数」

+「n 番が選ばれない組み合わせの総数」

だから，${}_nC_r = {}_{n-1}C_{r-1} + {}_{n-1}C_r$ (11.21)

という式が成り立つことがわかる。

例 11.3

6 人から 2 人を選んで 1 列に並べる並べ方は ${}_6P_2 = 6 \cdot 5 = 30$ 通り

6 人から 2 人を選ぶ選び方は ${}_6C_2 = \dfrac{{}_6P_2}{2!} = \dfrac{6 \cdot 5}{2!} = 15$ 通り

6 人から 4 人を選ぶ選び方は ${}_6C_4 = \dfrac{{}_6P_4}{4!} = \dfrac{6 \cdot 5 \cdot 4 \cdot 3}{4!} = 15$ 通り

(11.18) からもわかる通り，${}_6C_4 = {}_6C_2$ である。

11.6 シグマ記号（A）

シグマ記号 $\sum$ は数の列の和を表す記号である。例えば

1 から 10 までの和 $1 + 2 + 3 + \cdots + 9 + 10$ は，$\sum_{k=1}^{10} k$

で表す。k が 1 から 10 までの自然数をとったときの，すべての k の和を表す。ここで $\sum_{i=1}^{10} i$ や $\sum_{j=1}^{10} j$ と書いても値は同じである。どの変数を使うかは問題ではない。同様に各 a_k を数として，

a_1 から a_{10} までの和 $a_1 + a_2 + a_3 + \cdots + a_9 + a_{10}$ は，$\sum_{k=1}^{10} a_k$

で表す。つまり，k が 1 から 10 までの自然数の値をとったときの，a_k のすべての和を表しているわけである。また n を自然数として，例えば

0 から n までの和 $0 + 1 + 2 + 3 + \cdots + (n-1) + n$ は，$\sum_{k=0}^{n} k$

で表す。つまり，k が 0 から n までの自然数の値をとったときの，すべての k の和を表しているわけである。ここで n は定数と見ている。k との違いに気をつけよう。同様に，

a_0 から a_n までの和 $a_0 + a_1 + a_2 + \cdots + a_{n-1} + a_n$ は，$\sum_{k=0}^{n} a_k$

で表す。つまり，k が 0 から n までの自然数の値をとったときの，すべての a_k の和を表しているわけである。また，

$S = \{1,\ 3,\ 7\}$ のとき，$a_1 + a_3 + a_7$ は，$\sum_{k \in S} a_k$

で表される。k が S のすべての要素をとったときの，すべての a_k の和を表しているわけである。一般の集合 S についても同様に定義できる。

例 11.4

$$\sum_{r=0}^{3} a^r = 1 + a + a^2 + a^3$$

$$\sum_{r=0}^{3} (a^r + b^r) = 1 + 1 + a + b + a^2 + b^2 + a^3 + b^3$$

$$\sum_{r=0}^{3} (a^r b^r) = 1 + ab + a^2 b^2 + a^3 b^3$$

$$\sum_{r=0}^{3} (a^r b^{3-r}) = b^3 + ab^2 + a^2 b + a^3$$

$$\sum_{r=0}^{n} a^r = 1 + a + a^2 + a^3 + \cdots + a^n$$

$$\sum_{r=0}^{n} (a^r + b^r) = 1 + 1 + a + b + a^2 + b^2 + a^3 + b^3 + \cdots + a^n + b^n$$

$$\sum_{r=0}^{n} (a^r b^r) = 1 + ab + a^2 b^2 + a^3 b^3 + \cdots + a^n b^n$$

$$\sum_{r=0}^{n} (a^r b^{n-r}) = b^n + ab^{n-1} + a^2 b^{n-2} + a^3 b^{n-3} + \cdots$$
$$+ a^{n-3} b^3 + a^{n-2} b^2 + a^{n-1} b + a^n$$

11.7 二項定理 (A)

二項定理とは,

$$\begin{aligned}
(a+b)^n &= \sum_{r=0}^{n} {}_nC_r\, a^r b^{n-r} \\
&= {}_nC_0\, a^0 b^n + {}_nC_1\, ab^{n-1} + {}_nC_2\, a^2 b^{n-2} + {}_nC_3\, a^3 b^{n-3} + \cdots \\
&\quad + {}_nC_r\, a^r b^{n-r} + \cdots + {}_nC_{n-3}\, a^{n-3} b^3 + {}_nC_{n-2}\, a^{n-2} b^2 \\
&\quad + {}_nC_{n-1}\, a^{n-1} b + {}_nC_n\, a^n b^0 \quad\quad\quad (11.22)
\end{aligned}$$

と展開されることを言う（証明は次節参照）。つまり $(a+b)^n$ を展開したとき，$a^r b^{n-r}$ の係数は ${}_n C_r$ となる。$\sum_{r=0}^{n} {}_n C_r a^r b^{n-r}$ は，r を 0 から n まで変化させたときの ${}_n C_r a^r b^{n-r}$ の総和を表している。総和をとるとき，r は変化させるが n は変化させない。この違いに注意しよう。

例 11.5

$$\begin{aligned}
(a+b)^2 &= \sum_{r=0}^{2} {}_2 C_r \, a^r b^{2-r} \\
&= {}_2 C_0 \, a^0 b^2 + {}_2 C_1 \, ab + {}_2 C_2 \, a^2 b^0 = b^2 + 2ab + a^2 \\
(a+b)^3 &= \sum_{r=0}^{3} {}_3 C_r \, a^r b^{3-r} \\
&= {}_3 C_0 \, a^0 b^3 + {}_3 C_1 \, ab^2 + {}_3 C_2 \, a^2 b + {}_3 C_3 \, a^3 b^0 \\
&= b^3 + 3ab^2 + 3a^2 b + a^3 \\
(a+b)^4 &= \sum_{r=0}^{4} {}_4 C_r \, a^r b^{4-r} \\
&= {}_4 C_0 \, a^0 b^4 + {}_4 C_1 \, ab^3 + {}_4 C_2 \, a^2 b^2 + {}_4 C_3 \, a^3 b + {}_4 C_4 \, a^4 b^0 \\
&= b^4 + 4ab^3 + 6a^2 b^2 + 4a^3 b + a^4
\end{aligned}$$

例えば，$(a+b)^{100}$ の展開式の $a^{60} b^{40}$ の係数は，${}_{100} C_{60}$　また $(x+2)^{100}$ の展開式の（$x^{60} \cdot 2^{40}$ の係数は ${}_{100} C_{60}$ なので）x^{60} の係数は，$2^{40} \cdot {}_{100} C_{60}$

(11.22) で $a=x$, $b=1$ とすると，

$$\begin{aligned}
(x+1)^n &= \sum_{r=0}^{n} {}_n C_r \, x^r \\
&= {}_n C_0 \, x^0 + {}_n C_1 \, x + {}_n C_2 \, x^2 + {}_n C_3 \, x^3 + \cdots + {}_n C_r \, x^r + \cdots \\
&\quad + {}_n C_{n-3} \, x^{n-3} + {}_n C_{n-2} \, x^{n-2} + {}_n C_{n-1} \, x^{n-1} + {}_n C_n \, x^n
\end{aligned}$$

$$= 1 + \frac{n}{1}x + \frac{n(n-1)}{2!}x^2 + \frac{n(n-1)(n-2)}{3!}x^3 + \cdots + \frac{n!}{n!}x^n \tag{11.23}$$

(11.23) で $x = 1$ とすると,

$$2^n = \sum_{r=0}^{n} {}_n C_r$$
$$= 1 + \frac{n}{1} + \frac{n(n-1)}{2!} + \frac{n(n-1)(n-2)}{3!} + \cdots + \frac{n!}{n!} \tag{11.24}$$

例 11.6

$$(x+1)^3 = \sum_{r=0}^{3} {}_3 C_r\, x^r$$
$$= {}_3C_0\,x^0 + {}_3C_1\,x + {}_3C_2\,x^2 + {}_3C_3\,x^3 = 1 + 3x + 3x^2 + x^3$$
$$(x+1)^4 = \sum_{r=0}^{4} {}_4 C_r\, x^r$$
$$= {}_4C_0\,x^0 + {}_4C_1\,x + {}_4C_2\,x^2 + {}_4C_3\,x^3 + {}_4C_4\,x^4$$
$$= 1 + 4x + 6x^2 + 4x^3 + x^4$$

11.8 二項定理の証明（C）

まず分配の法則を使って次の式を展開してみよう。

$$(a+b)^2 = (a+b)(a+b) = a^2 + ab + ba + b^2 = a^2 + 2ab + b^2 \tag{11.25}$$

$(a+b)(a+b)$ の計算は，左側の因数 $(a+b)$ と右側の因数 $(a+b)$ の積を計算するわけである。これを丹念に見ていくと，左側の因数 $(a+b)$ から a または b を選び，また右側の因数 $(a+b)$ から a または b を選び，その積をとる。つまり，

左側の因数 $(a+b)$ から a を選び,

また右側の因数 $(a+b)$ から a を選び，その積 a^2 をとる．

左側の因数 $(a+b)$ から a を選び，

　　また右側の因数 $(a+b)$ から b を選び，その積 ab をとる． (11.26)

左側の因数 $(a+b)$ から b を選び，

　　また右側の因数 $(a+b)$ から a を選び，

　　　その積 ba をとる． (11.27)

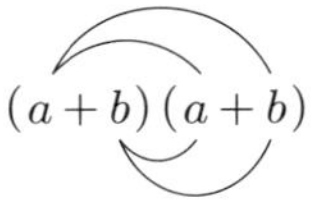

左側の因数 $(a+b)$ から b を選び，

　　また右側の因数 $(a+b)$ から b を選び，その積 b^2 をとる．

図 11.6

これをすべての場合（$2 \times 2 = 4$ 通り）において和をとると，(11.25) の真ん中の式 $a^2 + ab + ba + b^2$ が得られる（上図参照）．ここで (11.26)，(11.27) をみると，ともに積 ab が得られるから，これを整理して (11.25) 右辺の式 $a^2 + 2ab + b^2$ が得られる．

同様に，次の式を見よう．

$$\begin{aligned}(a+b)^3 &= (a+b)(a+b)(a+b) = (a+b)(a^2+ab+ba+b^2) \\ &= a^3 + a^2b + ba^2 + b^2a + a^2b + ab^2 + b^2a + b^3 \quad (11.28) \\ &= a^3 + 3a^2b + 3ab^2 + b^3 \quad\quad\quad\quad\quad\quad\quad\quad (11.29)\end{aligned}$$

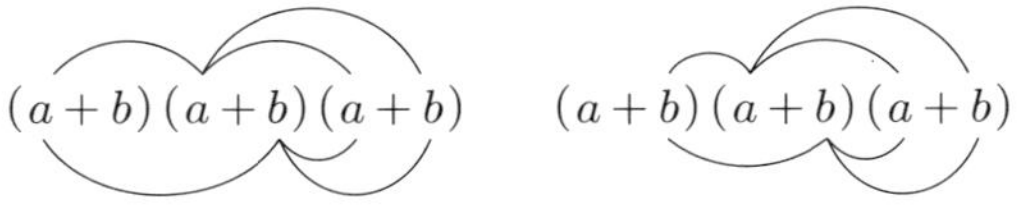

図 11.7

$(a+b)(a+b)(a+b)$ の計算では，左側の因数 $(a+b)$，真ん中の因数 $(a+b)$ それと，右側の因数 $(a+b)$ の3つの積を計算するわけである．

これを詳細に見ると，左側の因数 $(a+b)$ から（簡単のため「左」からと言う）a または b を選び，真ん中の因数 $(a+b)$ から（簡単のため「中」からと言う）a または b を選び（その積は先程みたように a^2, ab, ba, b^2 の中の1つ），そしてさらに右側の因数 $(a+b)$ から（簡単のため「右」からと言う）a または b を選び，3つの積をとる．これをすべての場合（$2 \times 2 \times 2 = 8$ 通り）において和をとったものが，(11.28) となっていることがわかる（図 11.7 参照）．つまり，左，中，右の3カ所の $(a+b)$ から a あるいは b のどれを選ぶかで，(11.28) の各項が決まる．

さてここで (11.29) のように，式を整理したとき，各項における係数（数字部分）を求めることを考えよう．左，中，右のすべてで a を選んだときのみ，それらの積が a^3 となるから，a^3 の係数は1である．また，左，中，右のうち2カ所で a を選べば（したがって残り1カ所は b が選ばれる），それらの積が $a^2 b$ となる．ここで，左，中，右のうち2カ所で a を選ぶ選び方は ${}_3 C_2 = 3$ 通りある．したがって (11.28) で $a^2 b$ が3カ所現れる．よってその和をとれば，$a^2 b$ の係数は3である．

同様に，左，中，右のうち1カ所で a を選べば（したがって残り2カ所は b が選ばれる），それらの積が ab^2 となる．ここで，左，中，右のうち1カ所で a を選ぶ選び方は ${}_3 C_1 = 3$ 通りある．よって (11.28) で ab^2 が3カ所表れる．よってその和をとれば，ab^2 の係数は3であることがわかる．さらに，左，中，右のすべてで a を選ばない（すなわち b を選ぶ）ときのみ，それらの積が b^3 となるから，b^3 の係数は1であることがわかる．こうして (11.29) が導かれるのである．

これを一般化しよう．次の式を展開することを考える．

$$(a+b)^n = \overbrace{(a+b)(a+b) \cdot \cdots \cdot (a+b)}^{n \text{ 個}}$$

$(a+b)(a+b) \cdot \cdots \cdot (a+b)$ の計算において，左から1番目の因数

$(a+b)$, 2番目の因数 $(a+b)$, $\cdots$, そして n 番目の因数 $(a+b)$ の n 個の積を計算するわけである。これを 1 つ 1 つ見ていくと、左から 1 番目の因数 $(a+b)$ から（簡単のため「1 番目から」と言う）a または b を選び、2 番目の因数 $(a+b)$ から（簡単のため「2 番目」からと言う）a または b を選び、これを繰り返し、最後に n 番目の因数 $(a+b)$ から（簡単のため「n 番目」からと言う）a または b を選び、n 個の積をとる。このすべての場合（2^n 通り）において和をとったものが、$(a+b)^n$ を展開したものとなっていることがわかる。簡単に言うと、1 番目、2 番目、$\cdots$、n 番目の（全部で n 個ある）$(a+b)$ から a あるいは b のどれを選ぶかが問題となる。n 個のうち r カ所で a を選べば（したがって残り $n-r$ カ所は b が選ばれる）、それらの積が $a^r b^{n-r}$ となる。ここで、n 個のうち r カ所で a を選ぶ選び方は ${}_nC_r$ 通りある。よって $a^r b^{n-r}$ の係数は ${}_nC_r$ であることがわかる。以上において、r は 0 以上 n 以下の自然数であるから、二項定理 (11.22), $(a+b)^n = \sum_{r=0}^{n} {}_nC_r a^r b^{n-r}$ が得られる。

11.9 数学的帰納法（A）

この節では**数学的帰納法**について述べる。n を任意の自然数とする。$\phi(n)$ を数 n についての性質を述べたものとする。例えば $\phi(n)$ が、

$$\phi(n): 0+1+2+\cdots+n = \frac{n(n+1)}{2} \tag{11.30}$$

であったりする。ここで我々はすべての n について $\phi(n)$ が成り立つことを証明したい。これは $\phi(0)$, $\phi(1)$, $\phi(2)$, $\cdots$ がすべて成り立つことを証明したいという意味である。例えば $\phi(n)$ が (11.30) で表されるとき、$\phi(5)$ を証明するとは、$0+1+2+\cdots+5 = \frac{5(5+1)}{2}$ の等式が成り立つことを証明するということである。

もし、$\phi(0)$, $\phi(1)$, $\phi(2)$, $\cdots$ が 1 つ 1 つ成り立つことを証明していっ

たのでは，いつまでたっても証明が完了しない。どうすればよいか？　それには次の 2 つのことを証明すればよい。

$\phi(0)$ が成り立つ。 (11.31)

任意に数 n が与えられたとし， (11.32)
もし $\phi(n)$ が成り立てば $\phi(n+1)$ も成り立つ。

ここで n は具体的な数ではなく，(いかなる数にも置き換えることが可能な)「変数」である。その意味で「任意に」という言葉を用いている *2。

その理由は次のとおりである。まず (11.31) により $\phi(0)$ が成り立つ。(11.32) において n は任意であるから，$n=0$ とすると，(11.32) は，「もし $\phi(0)$ が成り立てば $\phi(1)$ も成り立つ」ということを言っている。ここで $\phi(0)$ は成り立つことがわかっているから，$\phi(1)$ も成り立つことがわかる。同様に，(11.32) において n は任意であるから，今度は $n=1$ とすると，(11.32) は，「もし $\phi(1)$ が成り立てば $\phi(2)$ も成り立つ」ということを言っている。ここで $\phi(1)$ は先ほど証明したように成り立つことがわかっているから，$\phi(2)$ も成り立つことがわかる。この論議を繰り返すことによって，すべての n について $\phi(n)$ が成り立つことがわかる。これを帰納法による証明と言う。図に示すと次のようになる。

$\phi(0)$ が成り立つ $\xrightarrow{\phi(0) \text{ が成り立てば } \phi(1) \text{ も成り立つ}}$ $\phi(1)$ が成り立つ

$\phi(1)$ が成り立つ $\xrightarrow{\phi(1) \text{ が成り立てば } \phi(2) \text{ も成り立つ}}$ $\phi(2)$ が成り立つ

$\phi(2)$ が成り立つ $\xrightarrow{\phi(2) \text{ が成り立てば } \phi(3) \text{ も成り立つ}}$ $\phi(3)$ が成り立つ

・・・・・・・・・・・・・・・・・・・・・・・・・・・・・・・

---

*2 (11.32) の意味は，n は任意であるから，$n=0, 1, 2, \cdots$ とすることによって，$\phi(0)$ が成り立てば $\phi(1)$ も成り立つ，$\phi(1)$ が成り立てば $\phi(2)$ も成り立つ，$\phi(2)$ が成り立てば $\phi(3)$ も成り立つ，$\cdots$ を意味する。一方，すべての n について $\phi(n)$ が成り立つとは，$\phi(0), \phi(1), \phi(2), \cdots$ がすべて成り立つことである。混同しないこと。$\phi(n+1)$ が成り立つことを直接証明することはしないで，(11.32) では $\phi(n)$ を仮定して ($\phi(n)$ の力を借りて) $\phi(n+1)$ を証明しようというわけである。

先ほどの例を考えよう。$\phi(n)$ を $0+1+2+\cdots+n = \dfrac{n(n+1)}{2}$ とする。$\phi(n)$ がすべての n について成り立つことを証明したい。$n=0$ のときは，両辺が 0 になり，$\phi(0)$ が成り立つ。よって上の (11.31) が成り立つ。次に (11.32) が成り立つことを示すために，任意に n が与えられたときとし，$\phi(n)$ が成り立つと仮定して $\phi(n+1)$ を証明しよう。つまり，$1+2+\cdots+n = \dfrac{n(n+1)}{2}$ が成り立つと仮定して，この仮定のもとで我々は $\phi(n+1)$ つまり，$1+2+\cdots+(n+1) = \dfrac{(n+1)(n+2)}{2}$ を証明したい。

次のように証明しよう。まず，$1+2+\cdots+n = \dfrac{n(n+1)}{2}$ は成り立つと仮定している。この式の両辺に $n+1$ を加えると，

$$1+2+\cdots+n+(n+1) = \dfrac{n(n+1)}{2} + (n+1) \tag{11.33}$$

である。右辺を計算すると $\dfrac{n(n+1)}{2} + (n+1) = (n+1)\left(\dfrac{n}{2}+1\right) = \dfrac{(n+1)(n+2)}{2}$ となり，$1+2+\cdots+(n+1) = \dfrac{(n+1)(n+2)}{2}$ となる。これは $\phi(n+1)$ が成り立つことを示している。よって (11.32) も成り立つ。したがって数学的帰納法により，すべての n について $1+2+\cdots+n = \dfrac{n(n+1)}{2}$ が成り立つ。

練習 11.2 すべての自然数 n について $\phi(n)$ が成り立つことを数学的帰納法を使って証明せよ。

(i)　　$\phi(n): 1+3+5+\cdots+(2n+1) = (n+1)^2$

(ii)　　$\phi(n): 0^2+1^2+2^2+\cdots+n^2 = \dfrac{n(n+1)(2n+1)}{6}$

解答　(i)　$n=0$ のときは $\phi(0)$ の両辺が 1 になり，$\phi(0)$ が成り立つ。よって (11.31) が成り立つ。次に (11.32) が成り立つことを示すために，任意の n が与えられたとし，$\phi(n)$ が成り立つと仮定しよう。つまり，

$1+3+5+\cdots+(2n+1) = (n+1)^2$ が成り立つと仮定するのである。我々は $\phi(n+1)$ つまり, $1+3+5+\cdots+(2n+1)+(2n+3) = (n+2)^2$ を証明したい。次のように証明しよう。まず, $1+3+5+\cdots+(2n+1) = (n+1)^2$ は成り立つ。この式の両辺に $2(n+1)+1 = 2n+3$ を加えると,

$$1+3+5+\cdots+(2n+1)+(2n+3) = (n+1)^2 + (2n+3)$$

である。右辺を計算すると $(n+1)^2+(2n+3) = n^2+2n+1+(2n+3) = n^2+4n+4 = (n+2)^2$ となり, $1+3+5+\cdots+(2n+1)+(2n+3) = (n+2)^2$ となる。すなわち $\phi(n+1)$ が成り立つことを示している。よって数学的帰納法により, すべての n について $1+3+5+\cdots+(2n+1) = (n+1)^2$ が成り立つ。

(ii) $n=0$ のときは $\phi(0)$ の両辺が 0 になり, $\phi(0)$ が成り立つことがわかる。よって (11.31) が成り立つ。次に (11.32) が成り立つことを示すために, 任意の n が与えられたとき, $\phi(n)$ が成り立つと仮定しよう。つまり, $0^2+1^2+2^2+\cdots+n^2 = \dfrac{n(n+1)(2n+1)}{6}$ が成り立つと仮定するのである。我々は $\phi(n+1)$ つまり, $0^2+1^2+2^2+\cdots+n^2+(n+1)^2 = \dfrac{(n+1)(n+2)(2n+3)}{6}$ を証明したい。次のように証明しよう。まず, $0^2+1^2+2^2+\cdots+n^2 = \dfrac{n(n+1)(2n+1)}{6}$ は成り立つ。この式の両辺に $(n+1)^2$ を加えると,

$$0^2+1^2+2^2+\cdots+n^2+(n+1)^2 = \dfrac{n(n+1)(2n+1)}{6} + (n+1)^2$$

である。右辺を計算すると

$$\dfrac{n(n+1)(2n+1)}{6} + (n+1)^2 = (n+1)\left\{\dfrac{n(2n+1)}{6} + n+1\right\}$$
$$= \dfrac{(n+1)(2n^2+n+6n+6)}{6} = \dfrac{(n+1)(2n^2+7n+6)}{6}$$

$$= \frac{(n+1)(n+2)(2n+3)}{6}$$

となり，$0^2 + 1^2 + 2^2 + \cdots + n^2 + (n+1)^2 = \dfrac{(n+1)(n+2)(2n+3)}{6}$ となる。すなわち $\phi(n+1)$ が成り立つ。よって，数学的帰納法により，すべての n について $0^2 + 1^2 + 2^2 + \cdots + n^2 = \dfrac{n(n+1)(2n+1)}{6}$ が成り立つ。

12 数　列

《**目標＆ポイント**》　数列とはどういうものかを解説する．代表的な数列として，等差数列，等比数列，階差数列について解説する．また数列の和の求め方を学ぶ．
《**キーワード**》　数列，等差数列，等比数列，階差数列，数列の和

12.1　数列とは（A）

$$1, 3, 5, 7, 9, 11, 13, 15, 17, \cdots$$

のように数を一列に並べたものを**数列**と言う．一般には，各 a_n $(1 \leq n)$ は数を表すものとして，数列を

$$a_1, a_2, a_3, a_4, a_5, \cdots$$

と書き表すことができる．この数列を $\{a_n\}$ と簡単に書くことにする．a_1 を第1項（**初項**），a_2 を第2項，そして a_n を第 n 項（あるいは**一般項**）と言う[*1]．項が無限に続く数列をとくに**無限数列**と言う．一般項が $a_n = 2n - 1$ と表されたとき，数列 $\{a_n\}$ すなわち，

$$a_1, a_2, a_3, a_4, a_5, a_6, \cdots \quad \text{は具体的に}$$
$$1, \ 3, \ 5, \ 7, \ 9, \ 11, \cdots$$

となる．また一般項が $b_n = n^2$ と表されたとき，数列 $\{b_n\}$ すなわち，

$$b_1, b_2, b_3, b_4, b_5, b_6, \cdots \quad \text{は具体的に}$$
$$1, \ 4, \ 9, \ 16, \ 25, \ 36, \cdots$$

となる．このように何らかの規則で並べられた数列について考える．

[*1] 数列 $\{a_n\}$ は，（見方を変えて）各 n に対して a_n を対応させる関数と見なすこともできる．この関数を f と書けば，$f(1) = a_1, f(2) = a_2, \cdots, f(n) = a_n, \cdots$ となる．

練習 12.1 数列 $a_1, a_2, a_3, \cdots, a_n, \cdots$ の第 n 項が，$2n+3$ と表されるとき，初項，第 5 項を求めよ．

解答 初項は $a_1 = 2 \times 1 + 3 = 5$，第 5 項は $a_5 = 2 \times 5 + 3 = 13$

12.2 等差数列（A）

数列 $1, 3, 5, 7, 9, 11, 13, \cdots$ は左隣の項との差をとると，

$$1, \underbrace{\quad}_{+2} 3, \underbrace{\quad}_{+2} 5, \underbrace{\quad}_{+2} 7, \underbrace{\quad}_{+2} 9, \underbrace{\quad}_{+2} 11, \underbrace{\quad}_{+2} 13, \cdots$$

となり，差が一定で 2 である．隣の項との差が一定である数列を**等差数列**と言う．上の数列は，初項が 1 で等差（**公差**）が 2 の等差数列と呼ぶ．よって $a_{n+1} = a_n + 2$ という関係が成り立つ．各項は，

$$a_1 = 1$$
$$a_2 = a_1 + 2 = 1 + 2 = 3$$
$$a_3 = a_2 + 2 = 1 + \overbrace{2+2}^{2\text{個}} = 5$$
$$a_4 = a_3 + 2 = 1 + \overbrace{2+2+2}^{3\text{個}} = 7$$

$\cdots$ と考えて，一般項は

$$a_n = 1 + \overbrace{2 + 2 + \cdots + 2}^{n-1\text{個}} = 1 + 2(n-1) = 2n - 1$$

となる．一般に，初項が a で等差が d の等差数列は，

$$a_1, \underbrace{\quad}_{d} a_2, \underbrace{\quad}_{d} a_3, \underbrace{\quad}_{d} a_4, \underbrace{\quad}_{d} a_5, \underbrace{\quad}_{d} a_6, \cdots$$

より，

$$a_1 = a$$
$$a_2 = a_1 + d = a + d$$
$$a_3 = a_2 + d = a + \overbrace{d + d}^{2\text{個}} = a + 2d$$
$$a_4 = a_3 + d = a + \overbrace{d + d + d}^{3\text{個}} = a + 3d$$

…と考えて，一般項は

$$a_n = a + \overbrace{d + d + \cdots + d}^{n-1\text{個}} = a + (n-1)d \qquad (12.1)$$

12.3 等比数列（A）

数列 3, 6, 12, 24, 48, 96, … は左隣の項との比をとると，

3, 6, 12, 24, 48, 96, …
　2倍　2倍　2倍　2倍　2倍　…

となり比が一定である。よって $a_{n+1} = 2a_n$ という関係が成り立つ。このように，比が一定である数列を**等比数列**と言う。上の数列は，初項が 3 で等比（**公比**）が 2 の等比数列と呼ぶ。この数列の各項は，

$$a_1 = 3$$
$$a_2 = a_1 \times 2 = 3 \times 2 = 6$$
$$a_3 = a_2 \times 2 = 3 \times \overbrace{2 \times 2}^{2\text{個}} = 12$$
$$a_4 = a_3 \times 2 = 3 \times \overbrace{2 \times 2 \times 2}^{3\text{個}} = 24$$

…と考えて一般項は，

$$a_n = 3 \times \overbrace{2 \times 2 \times \cdots \times 2}^{n-1\text{個}} = 3 \times 2^{n-1}$$

となる。一般に初項が a で等比が r の等比数列は,

$$a_1, \quad a_2, \quad a_3, \quad a_4, \quad a_5, \quad a_6, \cdots$$
$$\quad \times r \quad \times r \quad \times r \quad \times r \quad \times r \quad \cdots$$

より,

$$a_1 = a$$
$$a_2 = a_1 r = ar$$
$$a_3 = a_2 r = ar^2$$
$$a_4 = a_3 r = ar^3$$

… と考えて一般項は,

$$a_n = ar^{n-1} \tag{12.2}$$

12.4 数列の和（A）

この節では**数列の和**について考える。11.6 節 [p.211] のシグマ記号を思い出そう。数列 $\{a_n\}$ の初項 a_1 から第 n 項 a_n までの和（第 n 部分和と呼ぶ）は $\sum_{k=1}^{n} a_k$ で表される。ここで, $\sum_{i=1}^{n} a_i$ や $\sum_{j=1}^{n} a_j$ と書いても値は同じである。とくに, $a_n = c$ と, 各項が同じ c の数列 $\{a_n\}$ を考えると,

$$\sum_{k=1}^{n} a_k = \sum_{k=1}^{n} c = \overbrace{c + c + \cdots + c}^{n \text{ 個}} = cn$$

例えば, $\sum_{k=1}^{n} 2 = \overbrace{2 + 2 + \cdots + 2}^{n \text{ 個}} = 2n$

である。また, c を定数としたとき,

$$\sum_{k=1}^{n} ca_k = ca_1 + ca_2 + ca_3 + \cdots + ca_{n-1} + ca_n$$

$$= c(a_1 + a_2 + a_3 + \cdots + a_{n-1} + a_n)$$
$$= c \sum_{k=1}^{n} a_k \tag{12.3}$$

例えば，$\displaystyle\sum_{k=1}^{n} 4k = 4 \cdot 1 + 4 \cdot 2 + 4 \cdot 3 + \cdots + 4 \cdot (n-1) + 4 \cdot n$
$$= 4\{1 + 2 + 3 + \cdots + (n-1) + n\} = 4 \sum_{k=1}^{n} k$$

となる．次に，$\{a_n\}$, $\{b_n\}$ を数列としたとき，

$$\sum_{k=1}^{n} (a_k + b_k) = (a_1 + b_1) + (a_2 + b_2) + \cdots + (a_n + b_n)$$
$$= (a_1 + a_2 + \cdots + a_n) + (b_1 + b_2 + \cdots + b_n) = \sum_{k=1}^{n} a_k + \sum_{k=1}^{n} b_k$$

となる．これらを組み合わせて，

$$\sum_{k=1}^{n} (ca_k + db_k) = \sum_{k=1}^{n} ca_k + \sum_{k=1}^{n} db_k = c \sum_{k=1}^{n} a_k + d \sum_{k=1}^{n} b_k$$

例えば，$\displaystyle\sum_{k=1}^{n} (2 + 4k) = \sum_{k=1}^{n} 2 + \sum_{k=1}^{n} 4k = 2n + 4 \sum_{k=1}^{n} k$

となる．今後は上の性質は断りなく使うことにする．

例 12.1

$$\sum_{k=1}^{n} (a + dk) = (a + d) + (a + 2d) + (a + 3d) + \cdots$$
$$+ \{a + (n-1)d\} + (a + nd)$$
$$= (\overbrace{a + a + \cdots + a + a}^{n\,\text{個}}) + d\{1 + 2 + 3 + \cdots + (n-1) + n\}$$
$$= an + d \sum_{k=1}^{n} k$$
$$\sum_{k=1}^{n} ar^{k-1} = a + ar + ar^2 + ar^3 + \cdots + ar^{n-1}$$

$$= a(1 + r + r^2 + r^3 + \cdots + r^{n-1}) = a \sum_{k=1}^{n} r^{k-1}$$

コメント 12.1

$$\sum_{i=1}^{n} (i-1)^2 = \sum_{i=0}^{n-1} i^2 = \sum_{i=1}^{n-1} i^2$$

$$\sum_{i=0}^{n} a_{i+1} = \sum_{i=1}^{n+1} a_i, \qquad \sum_{i=1}^{n} a_{i-1} = \sum_{i=0}^{n-1} a_i$$

最後の式では，a_0 から始まる数列 $a_0, a_1, a_2, \cdots$ を考えていることになる．この場合，初項は a_0 と考える．このように場合によっては a_0（a_1 以外）から始まる数列を考えることもある．

12.5 等差数列の和（A）

まず最初に，初項 1，等差 1 の等差数列

$$1,\ 2,\ 3,\ 4,\ 5,\ \cdots,\ n-1,\ n,\ \cdots$$

の初項 1 から第 n 項 n までの和 S_n を求めよう．次の計算図を考えると，

$$
\begin{array}{rcccccccccccl}
 & 1 & + & 2 & + & 3 & +\cdots+ & (n-2) & + & (n-1) & + & n & = S_n \\
+) & n & + & n-1 & + & n-2 & +\cdots+ & 3 & + & 2 & + & 1 & = S_n \\
\hline
 & (n+1) & + & (n+1) & + & (n+1) & +\cdots+ & (n+1) & + & (n+1) & + & (n+1) & = 2S_n
\end{array}
$$

3 行目の左辺は，$n+1$ が n 個あるから，

$$n(n+1) = 2S_n \quad \text{より} \quad S_n = \frac{1}{2}n(n+1)$$

となる（11.9 節 [p.217] で数学的帰納法を使っても証明した）．よって

$$1 + 2 + 3 + \cdots + (n-1) + n = \sum_{k=1}^{n} k = \frac{1}{2}n(n+1) \qquad (12.4)$$

例 12.2 1 から $n-1$ までの和は，(12.4) で n を $n-1$ に置き換えて，$\frac{1}{2}(n-1)n$ となる．同様に 1 から $2n$ までの和は，(12.4) で n を $2n$ に置き換えて，$\frac{1}{2} \cdot 2n(2n+1) = n(2n+1)$ となる．

一般に初項 a，等差 d の等差数列 $\{a_n\}$ の初項から第 n 項までの和，すなわち第 n 部分和 S_n を求めよう．一般項は (12.1) より，$a_k = a + (k-1)d$ であるから，(12.4) を使って，

$$\sum_{k=1}^{n} a_k = \sum_{k=1}^{n} \{a + (k-1)d\} = \sum_{k=1}^{n} a + d \sum_{k=1}^{n} (k-1)$$
$$= na + d \cdot \frac{1}{2}(n-1)n = \frac{n}{2}\{2a + d(n-1)\} \qquad (12.5)$$

となる．ここで $\sum_{k=1}^{n}(k-1)$ は 1 から $n-1$ までの和で，例 12.2 より $\frac{1}{2}(n-1)n$ となる．以上からわかる通り，基本となる式は (12.4) である．

例 12.3 初項 a，等差 d の等差数列 $\{a_n\}$ の初項から第 $n-1$ 項までの和は，(12.5) で n を $n-1$ に置き換えて，$\frac{n-1}{2}\{2a + d(n-2)\}$ となる．例えば，初項 2，等差 2 の等差数列の初項から第 $n-1$ 項までの和は，$\frac{n-1}{2}\{2\cdot 2 + 2(n-2)\} = (n-1)n$ となる．同様に初項 a，等差 d の等差数列 $\{a_n\}$ の初項から第 $2n$ 項までの和は，(12.5) で n を $2n$ に置き換えて，$n\{2a + d(2n-1)\}$ となる．

12.6 等比数列の和（A）

次に，初項 1，公比 r の等比数列 $\{a_n\}$

$$1, \ r, \ r^2, \ r^3, \ r^4, \ \cdots, \ r^{n-1}, \ \cdots$$

の初項 1 から第 n 項 r^{n-1} までの和, 第 n 部分和 S_n を求めよう. 第 k 項は (12.2) より $a_k = r^{k-1}$ である. S_n を r 倍したもの rS_n を, 下記の 2 行目のように, 左辺では 1 項分右にずらして書く. そして S_n から rS_n を引くと,

$$
\begin{array}{r}
1 + r + r^2 + \cdots + r^{n-2} + r^{n-1} = S_n \\
-)\phantom{1 +{}} r + r^2 + \cdots + r^{n-2} + r^{n-1} + r^n = rS_n \\
\hline
1 \phantom{+ r + r^2 + \cdots + r^{n-2} + r^{n-1}} - r^n = (1-r)S_n
\end{array}
$$

となるから,

$$1 + r + r^2 + r^3 + \cdots + r^{n-2} + r^{n-1} = \sum_{k=1}^{n} r^{k-1} = \frac{1-r^n}{1-r} \quad *2 \quad (12.6)$$

例 12.4 初項 1, 公比 r の等比数列の初項から第 $n-1$ 項までの和は, (12.6) で n を $n-1$ に置き換えて, $\dfrac{1-r^{n-1}}{1-r}$ となる. 同様に第 $2n$ 項までの和は, (12.6) で n を $2n$ に置き換えて, $\dfrac{1-r^{2n}}{1-r}$ となる.

一般に初項 a, 公比 r の等比数列 $\{a_n\}$ の初項から第 n 項までの和 S_n を求めよう. (12.2) より一般項は $a_k = ar^{k-1}$ で, (12.6) を使うと,

$$\sum_{k=1}^{n} a_k = \sum_{k=1}^{n} ar^{k-1} = a \sum_{k=1}^{n} r^{k-1} = a \cdot \frac{1-r^n}{1-r} \quad (12.7)$$

となる. これからわかるとおり基本となる式は, (12.6) である.

例 12.5 繰り返すが基本となる式は, (12.4), (12.6) である.

$$\sum_{k=1}^{n} 2k = 2 \sum_{k=1}^{n} k = 2 \cdot \frac{1}{2} n(n+1) = n(n+1)$$

$$\sum_{k=1}^{n} (2k+2) = 2 \sum_{k=1}^{n} k + \sum_{k=1}^{n} 2 = n(n+1) + 2n = n(n+3)$$

$$\sum_{k=1}^{n} 2^k = 2 \sum_{k=1}^{n} 2^{k-1} = 2 \cdot \frac{1-2^n}{1-2} = 2(2^n - 1) \quad *3$$

---

*2 2.5 節命題 2.3-(vi) を使っても導ける.

*3 初項 2, 公比 2 の等比数列とみて, (12.7) を使ってもよい.

$$\sum_{k=1}^{n} \frac{1}{2^k} = \frac{1}{2} \sum_{k=1}^{n} \left(\frac{1}{2}\right)^{k-1} = \frac{1}{2} \cdot \frac{1 - \left(\frac{1}{2}\right)^n}{1 - \frac{1}{2}} = 1 - \frac{1}{2^n} \quad *4$$

12.7 階差数列 (B)

例 12.6 $n \geq 2$ として，一般項 $b_n = \dfrac{1}{n(n-1)}$ で表される数列 $\{b_n\}$ の和 $S = \sum\limits_{k=2}^{n} b_k$ を求めることを考えよう．

$$S = \sum_{k=2}^{n} \frac{1}{k(k-1)} = \frac{1}{2(2-1)} + \frac{1}{3(3-1)} + \cdots + \frac{1}{n(n-1)}$$

このままでは計算が難しいので，次のように考える．

$$\frac{1}{k(k-1)} = \frac{k-(k-1)}{k(k-1)} = \frac{1}{k-1} - \frac{1}{k} \quad \text{と変形して}$$

$$\begin{aligned}
S &= \sum_{k=2}^{n} \left(\frac{1}{k-1} - \frac{1}{k}\right) \\
&= \left(\frac{1}{1} - \frac{1}{2}\right) + \left(\frac{1}{2} - \frac{1}{3}\right) + \left(\frac{1}{3} - \frac{1}{4}\right) + \cdots \\
&\quad + \left(\frac{1}{n-2} - \frac{1}{n-1}\right) + \left(\frac{1}{n-1} - \frac{1}{n}\right) \\
&= 1 - \frac{1}{n}
\end{aligned}$$

上式で途中の項は互いに打ち消し合う．これを次に図示する．

---

*4 初項 $\dfrac{1}{2}$，公比 $\dfrac{1}{2}$ の等比数列とみて，(12.7) を使ってもよい．

$$
\begin{array}{rcl}
\dfrac{1}{n-1} - \dfrac{1}{n} &=& b_n \\
\dfrac{1}{n-2} - \dfrac{1}{n-1} &=& b_{n-1} \\
\dfrac{1}{n-3} - \dfrac{1}{n-2} &=& b_{n-2} \\
\vdots \quad - \quad \vdots &=& \vdots \\
\dfrac{1}{2} - \dfrac{1}{3} &=& b_3 \\
+)\quad \dfrac{1}{1} - \dfrac{1}{2} &=& b_2 \\
\hline
\dfrac{1}{1} - \dfrac{1}{n} &=& \displaystyle\sum_{k=2}^{n} b_k
\end{array}
$$

上の例の考え方を少し変形して一般的に言い直してみよう．数列 $\{a_n\}$ と $\{b_n\}$ において，数列 $\{a_n\}$ は（以降の議論を考えて）$n \geq 0$ として，$a_0, a_1, a_2, \cdots$ と，a_0 から始まる数列を考えることにする．ここでもし $a_n - a_{n-1} = b_n$ なる関係があると，$\{b_n\}$ は b_1 から始まるとして，

$$
\begin{array}{rcl}
a_n - a_{n-1} &=& b_n \\
a_{n-1} - a_{n-2} &=& b_{n-1} \\
a_{n-2} - a_{n-3} &=& b_{n-2} \\
\vdots \quad - \quad \vdots &=& \vdots \\
a_2 - a_1 &=& b_2 \\
+)\quad a_1 - a_0 &=& b_1 \\
\hline
a_n - a_0 &=& \displaystyle\sum_{k=1}^{n} b_k
\end{array}
$$

となるから，

$$\sum_{k=1}^{n} b_k = a_n - a_0 \quad \text{あるいは} \quad a_n = a_0 + \sum_{k=1}^{n} b_k$$

となる。このように，

$\sum_{k=1}^{n} b_k$ を求めるのに，$a_n - a_{n-1} = b_n$ となる数列 $\{a_n\}$ が見つかれば，
$\sum_{k=1}^{n} b_k = a_n - a_0$ となる。 (12.8)

見方を変えると，

a_n を求めるのに，$a_n - a_{n-1} = b_n$ となる数列 $\{b_n\}$ が見つかれば，
$a_n = a_0 + \sum_{k=1}^{n} b_k$ となる。 (12.9)

$a_n - a_{n-1} = b_n$ なる数列 $\{b_n\}$ を，$\{a_n\}$ の**階差数列**と言う。これらを次節で使ってみよう。

12.8 いろいろな数列の和（C）

まず，(12.8) の観点で考えてみよう。一般項 $a_n = n^2$ なる数列 $\{a_n\}$，

$$1,\ 4,\ 9,\ 16,\ 25,\ \cdots,\ (n-1)^2,\ n^2$$

の和を求めることを考えよう。そのために次の式を考える。

$$n^3 - (n-1)^3 = n^3 - (n^3 - 3n^2 + 3n - 1) = 3n^2 - 3n + 1$$

この式で n を $n-1,\ n-2,\ \cdots$ と順次置き換え，それらを縦に並べ，各列の和をとると，次の図式が得られる。

$$
\begin{array}{rcl}
n^3 - (n-1)^3 &=& 3n^2 - 3n + 1 \\
(n-1)^3 - (n-2)^3 &=& 3(n-1)^2 - 3(n-1) + 1 \\
(n-2)^3 - (n-3)^3 &=& 3(n-2)^2 - 3(n-2) + 1 \\
\vdots\ -\ \vdots &=& \vdots \\
2^3 - 1^3 &=& 3 \times 2^2 - 3 \times 2 + 1 \\
+)\quad 1^3 - 0^3 &=& 3 \times 1^2 - 3 \times 1 + 1 \\
\hline
n^3 &=& 3 \sum_{k=1}^{n} k^2 - 3 \sum_{k=1}^{n} k + \sum_{k=1}^{n} 1
\end{array}
$$

すると，
$$3\sum_{k=1}^{n} k^2 = n^3 + 3\sum_{k=1}^{n} k - \sum_{k=1}^{n} 1$$
$$= n^3 + 3 \times \frac{1}{2}n(n+1) - n = \frac{1}{2}\{2n^3 + 3n(n+1) - 2n\}$$
$$= \frac{1}{2}(2n^2 + 3n + 1)n = \frac{1}{2}(2n+1)(n+1)n$$

となる。よって
$$\sum_{k=1}^{n} k^2 = \frac{1}{6}n(n+1)(2n+1) \tag{12.10}$$

が成り立つ（実は練習 11.2 でも数学的帰納法を使って証明した）。

次に，(12.9) の観点で考えてみよう。

例 12.7 $a_0 = 0$, $n \geq 1$ のとき $a_n - a_{n-1} = n$ なる数列 $\{a_n\}$ の一般項 a_n を求めよう。$b_n = n$ $(n \geq 1)$ とおくと，(12.9) より，
$$a_n = a_0 + \sum_{k=1}^{n} b_k = \sum_{k=1}^{n} k = \frac{1}{2}n(n+1)$$

$a_0 = 0$, $n \geq 1$ のとき $a_n - a_{n-1} = 2n+3$ で表される数列 $\{a_n\}$, $n \geq 0$ の一般項 a_n を求めよう。$b_n = 2n+3$ $(n \geq 1)$ とおくと，(12.9) より，
$$a_n = a_0 + \sum_{k=1}^{n} b_k = \sum_{k=1}^{n}(2k+3)$$
$$= 2\sum_{k=1}^{n} k + \sum_{k=1}^{n} 3 = n(n+1) + 3n = n^2 + 4n$$

$a_0 = 0$, $n \geq 1$ のとき $a_n - a_{n-1} = r^{n-1}$ で表される数列 $\{a_n\}$, $n \geq 0$ の一般項 a_n を求めよう。$b_n = r^{n-1}$ $(n \geq 1)$ とおくと，(12.9) より，
$$a_n = a_0 + \sum_{k=1}^{n} b_k = \sum_{k=1}^{n} r^{k-1} = \frac{1-r^n}{1-r}$$

13 極　　限

《目標＆ポイント》　極限とはどういうものか，その考え方を学ぶ。数列の極限から始まり，関数値の極限，そして関数の連続性について解説する。
《キーワード》　極限，収束，級数，連続

13.1　数列の極限（A）

　本節以降，無限数列について考える。例えば，一般項が $a_n = \dfrac{1}{n}$ と表される数列 $\{a_n\}$ を考えよう。n が「限りなく大きくなる」につれて，a_n の値は小さくなって「限りなく 0 に近づく」。このとき，数列 $\{a_n\}$ は**収束**し，その**極限値**は 0 と言う。このことを，

$$\text{「}n \to \infty \text{ のとき } a_n \to 0\text{」} \quad \text{あるいは}, \quad \lim_{n\to\infty} a_n = 0$$

と書く。∞ は無限大とよばれる記号で，数ではない。この数列では任意の n について，$a_n > a_{n+1}$ である。このような数列を（狭義）**単調減少な数列**と言う。また，一般項が $b_n = 2 - \dfrac{1}{n}$ と表される数列 $\{b_n\}$ を考えよう。n が「限りなく大きくなる」につれて，b_n の値は「限りなく 2 に近づく」。このとき，数列 $\{b_n\}$ は収束し，その極限値は 2 と言い，

$$\text{「}n \to \infty \text{ のとき } b_n \to 2\text{」} \quad \text{あるいは}, \quad \lim_{n\to\infty} b_n = 2$$

と書く。この数列では，$b_n < b_{n+1}$ である。このような数列を（狭義）**単調増加な数列**と言う。

　一般に，数列 $\{a_n\}$ が与えられているとする。n が限りなく大きくなるにつれて，a_n がある値 α に限りなく近づくとする。このとき，数列

$\{a_n\}$ は収束し,その極限値は α と言う.そして,

「$n \to \infty$ のとき $a_n \to \alpha$」 あるいは, $\displaystyle\lim_{n\to\infty} a_n = \alpha$

と書く.ここで,$a_n = \alpha$ となる項 a_n がなくてもよい.あくまで a_n が「限りなく」α に近づけばよいのである.上で,一般項が $a_n - \alpha$ で表される数列を考えれば,

$$\lim_{n\to\infty} a_n = \alpha \quad \Leftrightarrow \quad \lim_{n\to\infty}(a_n - \alpha) = 0 \tag{13.1}$$

である.すなわち,数列 $\{a_n\}$ が α に収束することと,数列 $\{a_n - \alpha\}$ が 0 に収束することは同値である.

収束しない数列は**発散**すると言う.数列 $\{a_n\}$ において,n が「限りなく大きくなる」につれて,a_n の値も「限りなく大きくなる」とき,

「$n \to \infty$ のとき $a_n \to \infty$」 あるいは, $\displaystyle\lim_{n\to\infty} a_n = \infty$

と書き,数列 $\{a_n\}$ は無限大に発散すると言う.例えば,一般項が $a_n = n$ と表される数列 $\{a_n\}$ や,一般項が $b_n = n^2$ なる数列 $\{b_n\}$ はどちらも無限大に発散する.これらの数列は(狭義)単調増加で収束しない.

同様に,数列 $\{a_n\}$ において,n が「限りなく大きくなる」につれて,a_n の値が「限りなく小さくなる」($-a_n$ が限りなく大きくなる)とき,

「$n \to \infty$ のとき $a_n \to -\infty$」 あるいは, $\displaystyle\lim_{n\to\infty} a_n = -\infty$

と書き,数列 $\{a_n\}$ はマイナス無限大に発散すると言う.例えば,一般項が $a_n = -n$ と表される数列 $\{a_n\}$ や,一般項が $b_n = -n^2$ と表される数列 $\{b_n\}$ はどちらもマイナス無限大に発散する.これらの数列は(狭義)単調減少で収束しない数列である.

さて,次が成り立つ.

$$a_n > 0 \text{ のとき}, \quad \lim_{n\to\infty} a_n = \infty \quad \Leftrightarrow \quad \lim_{n\to\infty} \frac{1}{a_n} = 0 \tag{13.2}$$

$$a_n > 0 \text{ のとき}, \quad \lim_{n \to \infty} a_n = 0 \quad \Leftrightarrow \quad \lim_{n \to \infty} \frac{1}{a_n} = \infty \quad (13.3)$$

$$a_n \leq b_n \text{ で } \lim_{n \to \infty} a_n = \infty \quad \text{ならば} \quad \lim_{n \to \infty} b_n = \infty \quad (13.4)$$

(13.2) は，$a_n > 0$ で $n \to \infty$ のとき，a_n が限りなく大きくなることと，$\frac{1}{a_n}$ が限りなく 0 に近づくこととは同値であることを示している。同様に，(13.3) は，a_n が限りなく 0 に近づくことと，$\frac{1}{a_n}$ が限りなく大きくなることとは同値であることを示している。(13.4) は，$a_n \leq b_n$ で，a_n が限りなく大きくなれば，b_n も限りなく大きくなることを示している。

例 13.1　一般項が $a_n = n$ と表される数列 $\{a_n\}$ と，一般項が $b_n = n^2$ と表される数列 $\{b_n\}$ について考えよう。どちらも $n \to \infty$ のとき，無限大に発散する。そこで a_n と b_n との比

$$c_n = \frac{b_n}{a_n} = \frac{n^2}{n} = n$$

を一般項とする数列 $\{c_n\}$ を考えよう。$n \to \infty$ のとき，$c_n \to \infty$ となる。これは n の増大とともに，a_n と比べて b_n のほうがはるかに大きくなることを示している。これを a_n と比べて b_n のほうが**発散速度**が大きいと言う（逆に b_n と比べて a_n のほうが発散速度が小さい）。

例 13.2　一般項が $a_n = n$ と表される数列 $\{a_n\}$ と，一般項が $b_n = n+2$ なる数列 $\{b_n\}$ を考えよう。どちらも $n \to \infty$ のとき，無限大に発散する。そこで，一般項が $c_n = \frac{a_n}{b_n}$ なる数列 $\{c_n\}$ を考えよう。ここで，

$$c_n = \frac{a_n}{b_n} = \frac{n}{n+2} = \frac{1}{1 + \frac{2}{n}}$$

と変形しよう（分母・分子を n で割った）。すると，$n \to \infty$ のとき $\left(\frac{2}{n} \to 0\right.$

だから) $c_n \to 1$ となる。これは n の増大とともに，a_n と b_n の発散速度はほぼ等しくなる（とみなせる）ことを示している（次コメント参照）。

コメント 13.1　上の数列 $\{c_n\}$ に対して，
$$c'_n = c_n - 1 = \frac{a_n}{b_n} - 1 = \frac{a_n - b_n}{b_n}$$
として，数列 $\{c'_n\}$ を考えれば，(13.1) より，$n \to \infty$ のとき（$c_n \to 1$ だから）$c'_n \to 0$ となることがわかる。これは n が大きければ大きいほど，a_n と b_n との差が b_n に比べてはるかに小さくなることを示している。実際 $a_n - b_n = n - (n+2) = -2$ で，差は常に -2 であるが，b_n と比べれば（n が大きければ大きいほど）はるかに小さいということである。この意味において，n の増大とともに，a_n と b_n は発散速度がほぼ等しくなると言ったのである。

例 13.3　次に，一般項が $a_n = n^2$ と表される数列 $\{a_n\}$ と，一般項が $b_n = n^2 + n$ と表される数列 $\{b_n\}$ について考えよう。どちらも $n \to \infty$ のとき，無限大に発散する。そこで，この2つの数列の各項の比を考えて，一般項が $c_n = \dfrac{a_n}{b_n}$ なる数列 $\{c_n\}$ を考えよう。ここで，
$$c_n = \frac{a_n}{b_n} = \frac{n^2}{n^2 + n} = \frac{1}{1 + \dfrac{1}{n}}$$
と変形しよう（分母・分子を n^2 で割った）。すると，$n \to \infty$ のとき $\left(\dfrac{1}{n} \to 0 \text{ だから}\right) c_n \to 1$ となる。これは n の増大とともに，a_n と b_n は発散速度がほぼ等しくなる（とみなせる）ことを示している。

コメント 13.2 上の数列 $\{c_n\}$ に対して,
$$c'_n = c_n - 1 = \frac{a_n}{b_n} - 1 = \frac{a_n - b_n}{b_n}$$
として,数列 $\{c'_n\}$ を考えれば,(13.1) より,$n \to \infty$ のとき ($c_n \to 1$ だから) $c'_n \to 0$ となることがわかる。これは n が大きければ大きいほど,a_n と b_n との差が b_n に比べてはるかに小さくなることを示している。ここで,差 $a_n - b_n = n^2 - (n^2 + n) = -n$ で (n の増大とともに) $-\infty$ に発散する。それでもこの差は b_n に比べればはるかに小さくなると言うことである。この意味において,n の増大とともに,a_n と b_n は発散速度がほぼ等しくなると言ったのである。

例 13.4 一般項が $a_n = \sqrt{n}$ と表される数列 $\{a_n\}$ と,一般項が $b_n = n$ と表される数列 $\{b_n\}$ を考えよう。どちらも $n \to \infty$ のとき,無限大に発散する。そこで 2 つの数列の各項 a_n と b_n との比を考えて,一般項が
$$c_n = \frac{b_n}{a_n} = \frac{n}{\sqrt{n}} = \frac{\sqrt{n}\sqrt{n}}{\sqrt{n}} = \sqrt{n}$$
となる数列 $\{c_n\}$ を考えよう。$n \to \infty$ のとき,$c_n \to \infty$ となる。よって,a_n と比べて b_n のほうが発散速度が大きい。

例 13.5 (i) c を正の定数とする。このとき,$n \to \infty$ ならば $cn \to \infty$ である。c はどんなに 0 に近い正数であっても,n を限りなく大きくすれば,cn も限りなく大きくなる。この性質の根本には次のアルキメデスの原理とよばれるものがある。

　どんな $c, d > 0$ に対しても,$nc > d$ となる自然数 n が存在する

この意味は,どんな小さな数 $c > 0$ (ちり紙の厚さ) とどんな大きな数 d (富士山の高さ) が与えられても,十分に大きな自然数 n をとれば $nc > d$

となる（ちり紙を n 枚重ねればやがて富士山より高くなる）。アルキメデスの原理は「ちりも積もれば山となる」の数学的な解釈と言える。

(ii) $r>1$ ならば，$r<r^2<r^3<\cdots$ で $((3.11)$ [p.57] 参照) r^n はいくらでも大きくなるから，$\lim_{n\to\infty} r^n = \infty$ である。このことは次のように説明してもよい。$r>1$ だから，$h>0$ として，$r=1+h$ と書ける。すると二項定理 (11.23) より $(x=h$ として)，$r^n=(1+h)^n>1+nh$ ここで，$n\to\infty$ のとき $(1+nh)\to\infty$ だから，(13.4) より，$r^n\to\infty$

(iii) 次に，$0<r<1$ ならば，$r>r^2>r^3>\cdots$ となり $((3.12)$ [p.57] 参照) $\lim_{n\to\infty} r^n = 0$ である。このことは次のように説明してもよい。$0<r<1$ より $\dfrac{1}{r}>1$ よって，(ii) より，$n\to\infty$ のとき，$\left(\dfrac{1}{r}\right)^n = \dfrac{1}{r^n}\to\infty$ である。すると (13.3) より，$\lim_{n\to\infty} r^n = 0$ である。

以上をまとめて，

$$\begin{aligned}&c>0 \text{ ならば，} \lim_{n\to\infty} cn = \infty \\ &r>1 \text{ ならば，} \lim_{n\to\infty} r^n = \infty \\ &1>r>0 \text{ ならば，} \lim_{n\to\infty} r^n = 0\end{aligned} \tag{13.5}$$

例 13.6 次の最初の 2 式では分母・分子を n^2 や n で割ることが「カギ」になっている。

$$\lim_{n\to\infty} \frac{n^2+n}{n^2-n} = \lim_{n\to\infty} \frac{1+\dfrac{1}{n}}{1-\dfrac{1}{n}} = 1$$

$$\lim_{n\to\infty} \left(\frac{n}{n+1}\right)^2 = \lim_{n\to\infty} \left(\frac{1}{1+\dfrac{1}{n}}\right)^2 = 1$$

$$\lim_{n\to\infty} (n^2-n) = \lim_{n\to\infty} n^2\left(1-\frac{1}{n}\right) = \infty$$

最後の式において $n \to \infty$ のとき, $\left(1 - \dfrac{1}{n}\right) \to 1$ だから $\displaystyle\lim_{n\to\infty} n^2\left(1 - \dfrac{1}{n}\right) = \infty$ となる (次節コメント 13.3 参照).

練習 13.1 次の極限値の値を求めよ.

(i) $\displaystyle\lim_{n\to\infty} \dfrac{n(n-1)}{n^2}$ (ii) $\displaystyle\lim_{n\to\infty} \dfrac{n(n-1)}{n^2+1}$

(iii) $\displaystyle\lim_{n\to\infty} \dfrac{n(n-1)(n-2)}{n^3}$ (iv) $\displaystyle\lim_{n\to\infty} \dfrac{n(n-1)(n-2)}{n^3+n}$

解答 2番目と4番目の式は分母・分子をそれぞれ n^2, n^3 で割った.

(i) $\displaystyle\lim_{n\to\infty} \dfrac{n(n-1)}{n^2} = \lim_{n\to\infty}\left(1 - \dfrac{1}{n}\right) = 1$

(ii) $\displaystyle\lim_{n\to\infty} \dfrac{n(n-1)}{n^2+1} = \lim_{n\to\infty} \dfrac{\left(1 - \dfrac{1}{n}\right)}{\left(1 + \dfrac{1}{n^2}\right)} = 1$

(iii) $\displaystyle\lim_{n\to\infty} \dfrac{n(n-1)(n-2)}{n^3} = \lim_{n\to\infty} \dfrac{n-1}{n} \cdot \dfrac{n-2}{n}$
$\qquad\qquad\qquad\qquad\qquad = \displaystyle\lim_{n\to\infty}\left(1 - \dfrac{1}{n}\right)\left(1 - \dfrac{2}{n}\right) = 1$

(iv) $\displaystyle\lim_{n\to\infty} \dfrac{n(n-1)(n-2)}{n^3+n} = \lim_{n\to\infty} \dfrac{\left(1 - \dfrac{1}{n}\right)\left(1 - \dfrac{2}{n}\right)}{\left(1 + \dfrac{1}{n^2}\right)} = 1$

13.2 数列の性質 (A)

前節の例や練習問題からも予想されるように一般に次のことが言える. 数列 $\{a_n\}$, $\{b_n\}$ がともに収束し,

$$\lim_{n\to\infty} a_n = \alpha, \qquad \lim_{n\to\infty} b_n = \beta$$

とする. このとき, 次の性質が成り立つ (複号同順).

(i) $\quad\lim_{n\to\infty}(a_n \pm b_n) = \lim_{n\to\infty} a_n \pm \lim_{n\to\infty} b_n = \alpha \pm \beta$

(ii) $\quad\lim_{n\to\infty}(a_n b_n) = \lim_{n\to\infty} a_n \cdot \lim_{n\to\infty} b_n = \alpha\beta$

(iii) $\quad\lim_{n\to\infty}\dfrac{a_n}{b_n} = \dfrac{\lim_{n\to\infty} a_n}{\lim_{n\to\infty} b_n} = \dfrac{\alpha}{\beta}$

(iv) 各項で $a_n \leq b_n$ ならば，$\lim_{n\to\infty} a_n \leq \lim_{n\to\infty} b_n$

ただし，(iii) においては，$b_n \neq 0$ かつ $\beta \neq 0$ とする。(i) は例えば，一般項が $c_n = a_n + b_n$ で表される数列 $\{c_n\}$（すなわち a_1+b_1, a_2+b_2, a_3+b_3, $\cdots$）の極限は，$\alpha+\beta$ であることを示している。(ii) は，一般項が $c_n = a_n b_n$ で表される数列 $\{c_n\}$（すなわち $a_1 b_1$, $a_2 b_2$, $a_3 b_3$, $\cdots$）の極限は，$\alpha\beta$ であることを示している。(iii) は，$c_n = \dfrac{a_n}{b_n}$ なる数列 $\{c_n\}$ $\left(\text{すなわち } \dfrac{a_1}{b_1}, \dfrac{a_2}{b_2}, \dfrac{a_3}{b_3}, \cdots\right)$ の極限は，$\dfrac{\alpha}{\beta}$ であることを示している。

コメント 13.3 (ii) に関して。$\lim_{n\to\infty} a_n = \alpha > 0$，$\lim_{n\to\infty} b_n = \infty$ のときは，$\lim_{n\to\infty}(a_n b_n) = \infty$ となることに留意しよう。

(iv) に関して。各々の項で $a_n < b_n$ であっても（極限をとったとき）$\lim_{n\to\infty} a_n \leq \lim_{n\to\infty} b_n$ ではあるが $\lim_{n\to\infty} a_n < \lim_{n\to\infty} b_n$ とは限らない。例えば第 n 項が $a_n = \dfrac{1}{n+1}$ である数列 $\{a_n\}$ と，$b_n = \dfrac{1}{n}$ である数列 $\{b_n\}$ において，$a_n < b_n$ であるが，$\lim_{n\to\infty} a_n = \lim_{n\to\infty} b_n = 0$ である。

(iv) を使うと次の**はさみうちの原理**が成り立つ。すなわち，3つの数列 $\{a_n\}$, $\{b_n\}$, $\{c_n\}$ が，各 n において

$a_n \leq b_n \leq c_n$ で $\lim_{n\to\infty} a_n = \lim_{n\to\infty} c_n = \alpha$，ならば $\lim_{n\to\infty} b_n = \alpha$

となる。なぜならば，$a_n \leq b_n \leq c_n$ だから (iv) より，$\lim_{n\to\infty} a_n \leq \lim_{n\to\infty} b_n \leq \lim_{n\to\infty} c_n$ で，$\alpha \leq \lim_{n\to\infty} b_n \leq \alpha$ となるからである。

13.3 極限の計算（C）

例 13.7
$$\lim_{n\to\infty} \frac{2^n}{n^2} = \infty$$

を示そう。(11.24) [p.214] より，

$$2^n = 1 + \frac{n}{1} + \frac{n(n-1)}{2!} + \frac{n(n-1)(n-2)}{3!} + \cdots + \frac{n!}{n!}$$
$$> \frac{n(n-1)(n-2)}{3!} \text{ より}$$

$$\frac{2^n}{n^2} > \frac{n(n-1)(n-2)}{6n^2} \text{ で，右辺の分母・分子を } n^2 \text{ で割ると}$$

$$\frac{\left(1 - \frac{1}{n}\right)(n-2)}{6} \text{ より}$$

$$\lim_{n\to\infty} \frac{2^n}{n^2} \geq \lim_{n\to\infty} \frac{\left(1 - \frac{1}{n}\right)(n-2)}{6} = \infty$$

となり求める式が示された。ここで，n を実数 x に置き換えて得られる式

$$\lim_{x\to\infty} \frac{2^x}{x^2} = \infty$$

も成り立つ[*1]。この式の意味は，x が（自然数のみならず）実数をとりながら限りなく大きくなるとき，$\frac{2^x}{x^2}$ も限りなく大きくなる，という意味である $\left(13.7 \text{ 節 (v) 参照，そこで } f(x) = \frac{2^x}{x^2} \text{ とする}\right)$。

[*1] 直感的に明らかと思われる（とばしてもいいし，あるいは 13.8 節まで終えた後読めばよい）。正の実数 x が与えられたとき，$n < x \leq n+1$ なる n を選ぶ。すると $2^n < 2^x$，$x^2 < (n+1)^2$ だから，$\frac{2^n}{(n+1)^2} < \frac{2^x}{x^2}$ が成り立つ。この式を $\left(\frac{n}{n+1}\right)^2 \cdot \frac{2^n}{n^2} < \frac{2^x}{x^2}$ と変形する。$n \to \infty$ のとき $x \to \infty$ である。ここで $\left(\frac{n}{n+1}\right)^2 \cdot \frac{2^n}{n^2} \to \infty$ を示せば，$\frac{2^x}{x^2} \to \infty$ となる。さて $n \to \infty$ のとき，例 13.6 より，$\left(\frac{n}{n+1}\right)^2 \to 1$ である。また $\frac{2^n}{n^2} \to \infty$ である。よって $\lim_{n\to\infty} \left(\frac{n}{n+1}\right)^2 \cdot \frac{2^n}{n^2} = \infty$ となるから，$\lim_{x\to\infty} \frac{2^x}{x^2} = \infty$

例 13.8
$$\lim_{n\to\infty} \frac{\sqrt{n}}{\log_2 n} = \infty$$
を示そう。

$\log_2 n = t$ とおくと，$2^t = n$ だから，$\sqrt{n} = (2^t)^{\frac{1}{2}} = 2^{\frac{t}{2}}$
よって，$\dfrac{\sqrt{n}}{\log_2 n} = \dfrac{2^{\frac{t}{2}}}{t} = \dfrac{1}{2} \cdot \dfrac{2^{\frac{t}{2}}}{\frac{t}{2}}$ だから

$\dfrac{t}{2} = \dfrac{\log_2 n}{2} = m$ とおくと，$n \to \infty$ のとき $m \to \infty$ で，
$$\lim_{n\to\infty} \frac{\sqrt{n}}{\log_2 n} = \lim_{m\to\infty} \frac{1}{2} \cdot \frac{2^m}{m} = \infty \text{ となる。}$$

上の最後の式について述べる。t は実数だから，m も実数である。そして $m > 1$ ならば $\dfrac{2^m}{m^2} < \dfrac{2^m}{m}$ だから，$\lim_{m\to\infty} \dfrac{2^m}{m^2} \leq \lim_{m\to\infty} \dfrac{2^m}{m}$ となり（詳細は 13.8 節参照），例 13.7 の最後の式を使うと左辺は ∞ に発散するから，上の最後の式が得られる。

例 13.9
$$\lim_{n\to\infty} \frac{n!}{2^n} = \infty$$
を示そう。（この式は 2^n は増加の度合いが著しい（9.6 節 [p.167] 参照）が，$n!$ の方がさらに増加の度合いが大きい（発散速度が大きい）ことを示している。）$n > 4$ のとき，

$$\frac{n!}{2^n} = \overbrace{\frac{n}{2} \cdot \frac{n-1}{2} \cdot \frac{n-2}{2} \cdot \cdots \cdot \frac{5}{2} \cdot \frac{4}{2}}^{n-3 \text{ 個}} \cdot \frac{3 \cdot 2 \cdot 1}{2^3} > 2^{n-3} \cdot \frac{6}{8}$$

よって，$2^{n-3} \cdot \dfrac{6}{8} < \dfrac{n!}{2^n}$ より，$\lim_{n\to\infty} 2^{n-3} \cdot \dfrac{6}{8} \leq \lim_{n\to\infty} \dfrac{n!}{2^n}$
左辺は無限大に発散するから，$\lim_{n\to\infty} \dfrac{n!}{2^n} = \infty$

例 13.1，例 13.4，例 13.7，例 13.8，例 13.9 より，

$\log_2 n$ と比べて $\sqrt{n}$ のほうが発散速度が大きい,

$\sqrt{n}$ と比べて n のほうが発散速度が大きい,

n と比べて n^2 のほうが発散速度が大きい,

n^2 と比べて 2^n のほうが発散速度が大きい,

2^n と比べて $n!$ のほうが発散速度が大きい。

13.4 単調な数列（C）

数列 $\{a_n\}$ が**単調増加**であるとは，任意の n において，$a_n \leq a_{n+1}$ であるときを言う。ここで，もし $a_n < a_{n+1}$ ならば，**狭義の単調増加**と言う。同様に，数列 $\{a_n\}$ が**単調減少**であるとは，任意の n において，$a_n \geq a_{n+1}$ であるときを言う。ここで，もし $a_n > a_{n+1}$ ならば，**狭義の単調減少**と言う。数列 $\{a_n\}$ が**有界**であるとは，ある M, N が存在して，すべての n において，$M \leq a_n$ かつ $a_n \leq N$ となるときを言う。

定理 13.1 有界で，単調増加な数列 $\{a_n\}$ は収束する。

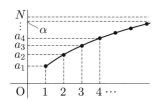 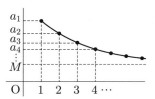

図 13.1

証明 直観的に理解しよう。$\{a_n\}$ は有界であるから，すべての n において $a_n \leq N$ なる N が存在する。このような N のなかで，最小のものを

α とすれば,
$$\lim_{n\to\infty} a_n = \alpha$$
となる（図 13.1 左図で点 (n, a_n) の動きとして示した）。

練習 13.2 有界で，単調減少な数列 $\{a_n\}$ は収束することを示せ（図 13.1 右図参照）。

解答 $\{a_n\}$ は有界であるから，すべての n において $M \leq a_n$ なる M が存在する。このような M のなかで，最大のものを α とすれば，
$$\lim_{n\to\infty} a_n = \alpha$$
となる。

例 13.10 $a > 0$ とする。
$$\lim_{n\to\infty} \sqrt[n]{a} = 1$$
を示そう。まず，$a > 1$ のときを証明する。$a_n = \sqrt[n]{a}$ なる数列 $\{a_n\}$ は，(4.5) [p.69] より，狭義単調減少である。また，$a > \sqrt[n]{a} > 1$ であるから有界である。したがって練習 13.2 より，数列 $\{a_n\}$ は収束する。また $\sqrt[n]{a} > 1$ であるから，極限値 $\alpha = \lim_{n\to\infty} \sqrt[n]{a} \geq 1$ で，任意の n について $\sqrt[n]{a} > \alpha \geq 1$ である。$\sqrt[n]{a} > \alpha$ より，両辺を n 乗して，$a > \alpha^n$　もし極限値 α が 1 より大きければ，n は任意の正の整数であるから，(13.5) より α^n は（したがって有限値 a も）いくらでも大きくなり，明らかに矛盾する。よって，$\alpha = 1$ である。

同様に，$0 < a < 1$ の場合には，$a = \dfrac{1}{a'}$ とすれば，$a' > 1$ であり，$\sqrt[n]{a} = \sqrt[n]{\dfrac{1}{a'}} = \dfrac{1}{\sqrt[n]{a'}}$ であるから，
$$\lim_{n\to\infty} \sqrt[n]{a} = \lim_{n\to\infty} \frac{1}{\sqrt[n]{a'}} = \frac{1}{\lim_{n\to\infty} \sqrt[n]{a'}} = \frac{1}{1} = 1$$

13.5 無限数列の和（A）

無限数列 $\{a_n\}$ が与えられたとき，各項すべての和

$$a_1 + a_2 + a_3 + a_4 + a_5 + a_6 + \cdots + a_k + \cdots \, \text{を} \, \sum_{k=1}^{\infty} a_k \quad (13.6)$$

と書き，**級数**と呼ぶ。この値を求めるにはどう考えればよいであろうか。そのために，初項から第 n 項までの和（第 n 部分和）を考え，

$$a_1 + a_2 + a_3 + \cdots + a_n = \sum_{k=1}^{n} a_k = s_n$$

とおく。そして，数列 $\{s_n\}$

$$s_1, \; s_2, \; s_3, \; s_4, \; s_5, \; \cdots$$

を考える。

数列 $\{s_n\}$ が収束して $\lim_{n \to \infty} s_n = s$ のとき，級数 (13.6) は**収束**すると言い，s を級数 $\sum_{k=1}^{\infty} a_k$ の和の値とする。すなわち

$$\sum_{k=1}^{\infty} a_k = \lim_{n \to \infty} s_n = \lim_{n \to \infty} \sum_{k=1}^{n} a_k \quad (13.7)$$

である。数列 $\{s_n\}$ が発散するときは，級数 (13.6) は**発散**すると言う。

例 13.11

$$1 + 2 + 3 + 4 + 5 + \cdots + n + (n+1) + \cdots$$
$$1 + 1 + 1 + 1 + 1 + \cdots$$
$$c + c + c + c + c + \cdots$$

ここで，c は任意の正数とする。これらの級数は発散する。なぜなら，

$$s_n = 1 + 2 + 3 + \cdots + n = \frac{n(n+1)}{2} \text{ より, } \lim_{n \to \infty} s_n = \infty$$

$$s_n = \overbrace{1 + 1 + \cdots + 1}^{n \text{ 個}} = n \text{ より, } \lim_{n \to \infty} s_n = \infty$$

$$s_n = \overbrace{c + c + \cdots + c}^{n \text{ 個}} = cn \text{ より, } \lim_{n \to \infty} s_n = \infty$$

となるからである (最後の式については (13.5) 参照)。

例 13.12 $0 < r < 1$ とし,初項 1,公比 r の等比数列 $\{a_n\}$ を考えよう。一般項 $a_n = r^{n-1}$ である。まず (13.5) より,$\lim_{n \to \infty} r^n = 0$ を思い出そう。初項から第 n 項までの和 s_n は,(12.6) [p.229] より,

$$s_n = \frac{1-r^n}{1-r} \text{ だから } \sum_{k=1}^{\infty} r^{k-1} = \lim_{n \to \infty} \frac{1-r^n}{1-r} = \frac{1}{1-r}$$

例 13.13 $a_n = \dfrac{1}{n}$ なる数列 $\{a_n\}$ に対して,級数 $\sum_{k=1}^{\infty} a_k$ は

$$1 + \frac{1}{2} + \frac{1}{3} + \frac{1}{4} + \frac{1}{5} + \frac{1}{6} + \frac{1}{7} + \frac{1}{8} + \frac{1}{9} + \cdots + \frac{1}{16} + \cdots$$
$$> 1 + \frac{1}{2} + \underbrace{\frac{1}{4} + \frac{1}{4}}_{2 \text{ 個}} + \underbrace{\frac{1}{8} + \frac{1}{8} + \frac{1}{8} + \frac{1}{8}}_{4 \text{ 個}} + \underbrace{\frac{1}{16} + \cdots + \frac{1}{16}}_{8 \text{ 個}} + \cdots$$
$$= 1 + \frac{1}{2} + \frac{1}{2} + \frac{1}{2} + \cdots$$

ここで,$\left(\text{例 13.11 で } c = \dfrac{1}{2} \text{ とすれば}\right)$ 最後の式は ∞ に発散する。よって,求める級数も ∞ に発散する。

13.6 幾つかの例（C）

例 13.14 数列 $\left\{\dfrac{1}{n^2}\right\}$ の第 n 部分和を s_n とする。級数

$$\sum_{k=1}^{\infty} \frac{1}{k^2} = \frac{1}{1^2} + \frac{1}{2^2} + \frac{1}{3^2} + \cdots + \frac{1}{n^2} + \cdots$$

は収束することを見よう。$k \geq 2$ とすれば，$k(k-1) < k^2$ だから，

$$\frac{1}{k^2} < \frac{1}{k(k-1)} = \frac{1}{k-1} - \frac{1}{k}$$

よって，例 12.6 [p.230] を思い出すと

$$s_n = 1 + \sum_{k=2}^{n} \frac{1}{k^2} < 1 + \sum_{k=2}^{n}\left(\frac{1}{k-1} - \frac{1}{k}\right) = 2 - \frac{1}{n} \quad \text{ここで}$$

$\displaystyle\lim_{n\to\infty}\left(2 - \frac{1}{n}\right) = 2$ だから，数列 $\{s_n\}$ は単調増加で有界である。

よって，定理 13.1 より $\{s_n\}$ は収束し，したがって，求める級数も収束する。$\left(\displaystyle\sum_{k=1}^{\infty}\frac{1}{k^2} = \frac{\pi^2}{6}\right.$ であることが知られている。$\left.\right)$

例 13.15 $a_n = \dfrac{1}{n!}$ なる数列 $\{a_n\}$ に対して第 n 部分和を s_n とする。$n \geq 2$ のとき，$n! = n(n-1)\cdots\cdots 3\cdot 2 \geq 2^{n-1}$ であるから，

$$1 + \frac{1}{2!} + \frac{1}{3!} + \cdots + \frac{1}{n!} + \cdots \tag{13.8}$$
$$< 1 + \frac{1}{2} + \frac{1}{2^2} + \cdots + \frac{1}{2^{n-1}} + \cdots = \sum_{k=1}^{\infty}\left(\frac{1}{2}\right)^{k-1} = \frac{1}{1-\dfrac{1}{2}}$$

最後の等式は例 13.12 を使った。よって，（$\{s_n\}$ は単調増加で有界となるから収束し，したがって）級数 (13.8) は収束することがわかる。

$\left(\sum_{k=1}^{\infty} \dfrac{1}{k!} = e - 1 \right.$ であることが知られている。e については 13.10 節参照。$\bigg)$

13.7 関数の値の極限（A）

a を実数として，関数 $y = f(x)$ は a の周辺（例えば a を含むある開区間（7.1 節 [p.118] 参照））で定義されているものとする。

(i)「x が限りなく a に近づくとき，$f(x)$ が限りなく α に近づく」このとき，「$x \to a$ のとき $f(x) \to \alpha$」 あるいは $\lim_{x \to a} f(x) = \alpha$ と書き，$f(x)$ は α に **収束** すると言う。例えば，$\lim_{x \to 1} \dfrac{1}{x^2} = 1$ である。

これは次のように解釈することもできる。$\{a_n\}$ を任意の数列とする。このとき，各項の f による値からなる列，すなわち $f(a_1)$, $f(a_2)$, $f(a_3)$, $\cdots$ もまた数列とみることができる。この数列を $\{f(a_n)\}$ と書くことにする。すると，上のことは次のように言い直すこともできる。

数列 $\{a_n\}$ が a に収束するとき，数列 $\{f(a_n)\}$ は α に収束する，すなわち，$\lim_{n \to \infty} a_n = a$ ならば，$\lim_{n \to \infty} f(a_n) = \alpha$

これは，$y = f(x)$ のグラフ上の点 $(x, f(x))$ が（下左図のように（例えば）左から動くとき）点 (a, α) に近づくことを示している。

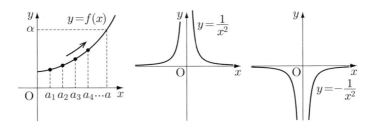

図 13.2

(ii) 「x が限りなく a に近づくとき，$f(x)$ が限りなく大きくなる」このとき，「$x \to a$ のとき $f(x) \to \infty$」あるいは $\lim_{x \to a} f(x) = \infty$ と書き，$f(x)$ は無限大に**発散**すると言う．例えば，$\lim_{x \to 0} \dfrac{1}{x^2} = \infty$ である．

(iii) 「x が限りなく a に近づくとき，$f(x)$ が限りなく小さく ($-f(x)$ は限りなく大きく) なる」このとき，「$x \to a$ のとき $f(x) \to -\infty$」あるいは，$\lim_{x \to a} f(x) = -\infty$ と書き，$f(x)$ は負の無限大に発散すると言う．例えば，$\lim_{x \to 0} -\dfrac{1}{x^2} = -\infty$ である．

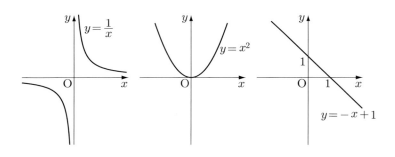

図 13.3

(iv) 「x が限りなく大きくなるとき，$f(x)$ が限りなく α に近づく」このとき，「$x \to \infty$ のとき $f(x) \to \alpha$」あるいは，$\lim_{x \to \infty} f(x) = \alpha$ と書く．例えば，$\lim_{x \to \infty} \dfrac{1}{x} = 0$

(v) 「x が限りなく大きくなるとき，$f(x)$ も限りなく大きくなる」このとき，「$x \to \infty$ のとき $f(x) \to \infty$」あるいは，$\lim_{x \to \infty} f(x) = \infty$ と書く．例えば，$\lim_{x \to \infty} x^2 = \infty$

(vi) 「x が限りなく大きくなるとき，$f(x)$ が限りなく小さく ($-f(x)$

は限りなく大きく) なる」このとき，「$x \to \infty$ のとき $f(x) \to -\infty$」あるいは，$\lim_{x \to \infty} f(x) = -\infty$ と書く．例えば，$\lim_{x \to \infty} (-x+1) = -\infty$

(vii) 同様にして，

$$\lim_{x \to -\infty} f(x) = \alpha, \qquad \lim_{x \to -\infty} f(x) = \infty, \qquad \lim_{x \to -\infty} f(x) = -\infty$$

も定義できる．

例 13.16 2つの関数 $f(x) = x$ と $g(x) = x^2$ を考えよう．どちらも

$$\lim_{x \to 0} f(x) = \lim_{x \to 0} g(x) = 0$$

である．そこで，この2つの関数の比をとった関数

$$h(x) = \frac{g(x)}{f(x)} = \frac{x^2}{x} = x$$

を考えよう．$x \to 0$ のとき，$h(x) \to 0$ となる．これは x が 0 に近づくにつれ，$f(x)$ と比べて $g(x)$ のほうがはるかに小さくなる ($f(x)$ より $g(x)$ のほうが速く 0 に近づく) ことを示している．

例 13.17 次に，2つの関数 $f(x) = x$ と $g(x) = x + x^2$ を考えよう．どちらも

$$\lim_{x \to 0} f(x) = \lim_{x \to 0} g(x) = 0$$

である．そこで，この2つの関数の比をとった関数

$$h(x) = \frac{g(x)}{f(x)} = \frac{x + x^2}{x} = 1 + x$$

を考えよう．$x \to 0$ のとき，$h(x) \to 1$ これは x が 0 に近づくにつれ，$f(x)$ と $g(x)$ はほぼ等しくなる（同程度の速さで 0 に近づく）ことを示している．

コメント 13.4 例 13.17 の関数 $h(x)$ に対して，

$$h_1(x) = h(x) - 1 = \frac{g(x)}{f(x)} - 1 = \frac{g(x) - f(x)}{f(x)}$$

とおくと, $x \to 0$ のとき ($h(x) \to 1$ だから) $h_1(x) \to 0$ となることがわかる。これは x が 0 に近づくとともに, $g(x)$ と $f(x)$ との差が $f(x)$ に比べてはるかに小さいことを示している。実際 $g(x) - f(x) = x^2$ で, $f(x) = x$ と比べれば (x が 0 に近づくにつれ) はるかに小さくなるとみなせるということである。この意味において, x が 0 に近づくにつれ, $f(x)$ と $g(x)$ はほぼ等しくなる (同程度の速さで 0 に近づく) と言ったのである (数列の極限の場合と同じ考え方である)。

コメント 13.5 $\lim_{x \to a} f(x) = \alpha$ とは, 「x が限りなく a に近づくとき, $f(x)$ が限りなく α に近づく」ことであった。ここで, 「x が限りなく a に近づく」と言ったときの「近づき方」はあらゆる近づき方を仮定 (想定) している。すなわち, 「x が a にどのような近づき方をしても, $f(x)$ は限りなく α に近づく」と言うことである。そこで, x が限りなく a に近づくときの「近づき方」を, 2 つの場合に分けよう。

x が, a より大きい値をとりながら, 限りなく a に近づく。

これを $x \to a + 0$ と書く。

x が, a より小さい値をとりながら,

限りなく a に近づく。これを $x \to a - 0$ と書く。

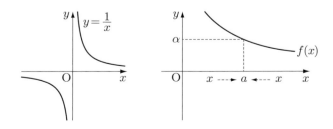

図 13.4

$x \to 0+0$ や $x \to 0-0$ は，それぞれ $x \to +0$，$x \to -0$ と書かれる。これによって，

$x \to a+0$ のとき $f(x) \to \alpha$ となるとき，$\lim_{x \to a+0} f(x) = \alpha$ と書く。

$x \to a-0$ のとき $f(x) \to \alpha$ となるとき，$\lim_{x \to a-0} f(x) = \alpha$ と書く。
$$(13.9)$$

例えば，

$$\lim_{x \to +0} \frac{1}{x} = \infty, \quad \text{また，} \quad \lim_{x \to -0} \frac{1}{x} = -\infty \text{ である。}$$

$\lim_{x \to a} f(x) = \alpha$ とは，(13.9) がともに成り立つことを意味している。

本書ではこのように（意識的に）場合分けをして考えることはあまりない。そのような場合に出会ったら適宜コメントすることにする。

13.8　極限の性質（A）

数列の極限において成り立つ性質は，関数の極限においても成り立つ。例えば，(13.5) と同様に，x を実数として，

$$\begin{aligned} c > 0 \text{ ならば，} & \lim_{x \to \infty} cx = \infty \\ r > 1 \text{ ならば，} & \lim_{x \to \infty} r^x = \infty \\ 1 > r > 0 \text{ ならば，} & \lim_{x \to \infty} r^x = 0 \end{aligned} \quad (13.10)$$

となる。13.2 節の数列の極限において成り立つ性質についても同様である。関数 $f(x)$，$g(x)$ がともに a の近くで定義され，$\alpha, \beta \neq \pm\infty$ に対して

$$\lim_{x \to a} f(x) = \alpha, \quad \lim_{x \to a} g(x) = \beta$$

とする。このとき，次の性質が成り立つ（複号同順）。

(i) $\quad \lim_{x \to a} \{f(x) \pm g(x)\} = \lim_{x \to a} f(x) \pm \lim_{x \to a} g(x) = \alpha \pm \beta$

(ii) $\quad \lim_{x \to a} f(x)g(x) = \lim_{x \to a} f(x) \cdot \lim_{x \to a} g(x) = \alpha\beta$

(iii) $\quad \lim_{x \to a} \dfrac{f(x)}{g(x)} = \dfrac{\lim_{x \to a} f(x)}{\lim_{x \to a} g(x)} = \dfrac{\alpha}{\beta}$

(iv) $\quad a$ の近くの x で常に $f(x) \leq g(x)$ ならば，$\lim_{x \to a} f(x) \leq \lim_{x \to a} g(x)$

ただし，(iii) においては，$g(x) \neq 0$, $\beta \neq 0$ とする。コメント 13.3 と同様に，(iv) を使うと次の**はさみうちの原理**が成り立つ。すなわち，3 つの関数 $f(x)$, $g(x)$, $h(x)$ が（a の近くの）任意の x で，

$$f(x) \leq g(x) \leq h(x) \text{ で，} \lim_{x \to a} f(x) = \lim_{x \to a} h(x) = \alpha \quad \text{ならば}$$

$$\lim_{x \to a} g(x) = \alpha$$

となる。なぜならば，$f(x) \leq g(x) \leq h(x)$ だから (iv) より，$\lim_{x \to a} f(x) \leq \lim_{x \to a} g(x) \leq \lim_{x \to a} h(x)$ で，$\alpha \leq \lim_{x \to a} g(x) \leq \alpha$ となるからである。

例 13.18 次の最初と 2 番目の式では分母・分子を x^2 や x で割ることが「カギ」になっている。

$$\lim_{x \to \infty} \frac{x^2 + x}{x^2 - x} = \lim_{x \to \infty} \frac{1 + \dfrac{1}{x}}{1 - \dfrac{1}{x}} = 1$$

$$\lim_{x \to \infty} \left(\frac{x}{x+1}\right)^2 = \lim_{x \to \infty} \left(\frac{1}{1 + \dfrac{1}{x}}\right)^2 = 1$$

$$\lim_{x \to \infty} x^2 - x = \lim_{x \to \infty} x^2 \left(1 - \frac{1}{x}\right) = \infty$$

$$\lim_{x \to 2} \frac{x^2 - 4}{x - 2} = \lim_{x \to 2} \frac{(x-2)(x+2)}{x - 2} = \lim_{x \to 2}(x + 2) = 4$$

13.9 連続な関数（A）

関数 $y = f(x)$ を考える。c を実数として，f は c の近く（例えば c を含むある開区間）で定義されているものとする。「$f(x)$ は c において**連続である**」とは，次のことを言う。

x が限りなく c に近づくとき，$f(x)$ が限りなく $f(c)$ に近づく，つまり，$\lim_{x \to c} f(x) = f(c)$ が成り立つ。 (13.11)

この定義は次のように言い直すこともできる。任意の数列 $\{c_n\}$ において，

$\{c_n\}$ が c に収束するとき，数列 $\{f(c_n)\}$ が $f(c)$ に収束する すなわち，$\lim_{n \to \infty} c_n = c$ ならば，$\lim_{n \to \infty} f(c_n) = f(c)$

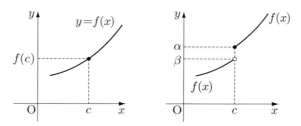

図 13.5

関数 $f(x)$ が考えている区間の各点で連続なとき，単に $f(x)$ は連続であると言うことにする。連続な関数 $y = f(x)$ は上左図のようにイメージできる。関数 $f(x)$ のグラフを紙の上に鉛筆で描くとき，点 $(a, f(a))$ から $(b, f(b))$ まで，鉛筆を紙から離さず描くことができる。したがって，

$f(a)$ と $f(b)$ の間の任意の α に対して $f(c) = \alpha$ となる

$$c, \ a < c < b \text{ が存在する} \tag{13.12}$$

(つまり,下図で y 軸上の α から x 軸に平行に線を引き $f(x)$ のグラフとの交点をとり,これより x 軸に垂線を下ろした点の値 c が求めるものである) これを**中間値の定理**と言う。また,

$$\text{閉区間 } [a, b] \text{ で } f(x) \text{ は最大値と最小値をもつ} \tag{13.13}$$

こともわかる。下左図では最大値,最小値はそれぞれ $f(b), f(a)$ で,この場合区間の両端の点 a, b で最小値,最大値をとる。そうでない場合の例を下右図で示した。$x = c_1$ で $f(x)$ は最小値 m をとり,$x = c_2$ で $f(x)$ は最大値 M をとる(ここで $a \le c_1, \ c_2 \le b$)。さらに (13.12) の場合と同様,

m と M の間の任意の β に対して

$$f(d) = \beta \text{ となる } d \ (a < d < b) \text{ が存在する} \tag{13.14}$$

こともわかる。

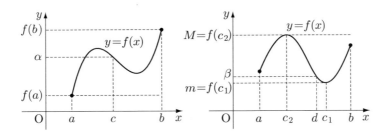

図 13.6

多項式で表される関数(すなわち $y = f(x) = a_n x^n + a_{n-1} x^{n-1} + \cdots + a_1 x + a_0$ という形の関数),指数関数,対数関数,三角関数はみな定義域上の各点で連続な関数である。

しかし連続でない関数の場合（例えば点 c において連続でない関数の場合）は，c に収束する数列 $\{c_n\}$ が存在して，$\lim_{n \to \infty} f(c_n) \neq f(c)$ となってしまうから，図 13.5 の右図のようにイメージできる（ここで黒丸はその点を含むことを示し，白丸はその点を含まないことを示す。したがって，$f(c) = \alpha$ である）。この場合は，関数のグラフが描かれた紙の上に鉛筆をおき，点 $(c, f(c))$ に向かって（右方向に）グラフ上をなぞっていくと，点 $(c, f(c))$ に到達するには，一度鉛筆を紙から離さないと到達できない。すなわち関数のグラフで，点 $(c, f(c))$ でギャップが見られる。コメント 13.5 の表記を使えば，

$$\lim_{x \to c+0} f(x) = \alpha = f(c) \text{ であるが，} \lim_{x \to c-0} f(x) = \beta$$

となり（$x \to c$ のとき $f(x)$ は収束せず）$x = c$ で連続ではない。この場合区間 $[a, b]$ で，$f(x)$ は α と β の間の値をとることはできず，中間値の定理は成り立たない。

13.10　e の定義その 1（A）

数列 $a_n = \left(1 + \dfrac{1}{n}\right)^n$ を考える。この数列は単調増加で，しかも有界であることが知られている（証明は次節参照）。よって，定理 13.1 より極限が存在する。この極限を e と定義する。すなわち，

$$\lim_{n \to \infty} \left(1 + \frac{1}{n}\right)^n = e \tag{13.15}$$

である。$e = 2.718281\cdots$ で無理数であることが知られている。この式では n が自然数である。n の代わりに，実数をとる変数 x に置き換えても同様に

$$\lim_{x \to \infty} \left(1 + \frac{1}{x}\right)^x = e \tag{13.16}$$

が成り立つ（次節参照）。

13.11 前節の証明（C）

数列 $a_n = \left(\dfrac{1}{n} + 1\right)^n$ が単調増加で有界であることを証明しよう。
11.7 節の二項定理を使えば $\left((11.23)\text{ で } x = \dfrac{1}{n} \text{ とする}\right)$,

$$\begin{aligned}
a_n &= \left(\frac{1}{n} + 1\right)^n = \sum_{r=0}^{n} {}_nC_r \frac{1}{n^r} \\
&= {}_nC_0 + {}_nC_1 \frac{1}{n} + {}_nC_2 \frac{1}{n^2} + {}_nC_3 \frac{1}{n^3} + \cdots + {}_nC_n \frac{1}{n^n} \\
&= 1 + \frac{n}{1} \cdot \frac{1}{n} + \frac{n(n-1)}{2!} \cdot \frac{1}{n^2} + \frac{n(n-1)(n-2)}{3!} \cdot \frac{1}{n^3} + \cdots \\
&\quad + \frac{n!}{n!} \cdot \frac{1}{n^n}
\end{aligned}$$

上式の各項で，分母の階乗（$2!$, $3!$, $\cdots$, $n!$）を除いた部分を考える。各 $k = 1, 2, \cdots$ において，$\dfrac{n-k}{n} = 1 - \dfrac{k}{n}$ だから，

$$\frac{n(n-1)}{n^2} = 1 - \frac{1}{n}, \quad \frac{n(n-1)(n-2)}{n^3} = \left(1 - \frac{1}{n}\right)\left(1 - \frac{2}{n}\right),$$

$$\frac{n(n-1)(n-2)\cdots\cdot 1}{n^n} = \left(1 - \frac{1}{n}\right)\left(1 - \frac{2}{n}\right)\cdots\cdot\left(1 - \frac{n-1}{n}\right) \text{*2}$$

などと変形すれば，上式 a_n は

$$1 + 1 + \frac{1}{2!}\left(1 - \frac{1}{n}\right) + \frac{1}{3!}\left(1 - \frac{1}{n}\right)\left(1 - \frac{2}{n}\right) + \cdots$$
$$+ \frac{1}{n!}\left(1 - \frac{1}{n}\right)\left(1 - \frac{2}{n}\right)\cdots\cdot\left(1 - \frac{n-1}{n}\right)$$

となる。ここで，a_{n+1} は，上式において n を $n+1$ に書き換えたもので a_n に比べて各項の値が増えている（項の数も 1 つ増える）から，$a_n < a_{n+1}$ となることがわかる。さらに上式で，各 $k = 1, 2, \cdots, n-1$ において，

---

*2 $\dfrac{1}{n} = \dfrac{n - (n-1)}{n} = 1 - \dfrac{n-1}{n}$

$1 - \dfrac{k}{n}$ と書かれた部分は 1 より小であるから,その部分を省けば,

$$
\begin{aligned}
a_n &< 1 + 1 + \frac{1}{2!} + \frac{1}{3!} + \cdots + \frac{1}{n!} \\
&< 1 + 1 + \frac{1}{2} + \frac{1}{2^2} + \cdots + \frac{1}{2^{n-1}} < 1 + 2 = 3
\end{aligned}
$$

ここで,例 13.15 の結果を使った。よって,数列 a_n は単調増加で,しかも有界である。

次に,(13.16) を解説しよう。x が与えられたとき,$n \leq x < n+1$ なる自然数 n をとると,

$1 + \dfrac{1}{n+1} < 1 + \dfrac{1}{x} < 1 + \dfrac{1}{n}$ だから

$\left(1 + \dfrac{1}{n+1}\right)^n < \left(1 + \dfrac{1}{x}\right)^x < \left(1 + \dfrac{1}{n}\right)^{n+1}$ よって,

$\left(1 + \dfrac{1}{n+1}\right)^{n+1} \dfrac{1}{1 + \dfrac{1}{n+1}} < \left(1 + \dfrac{1}{x}\right)^x < \left(1 + \dfrac{1}{n}\right)^n \cdot \left(1 + \dfrac{1}{n}\right)$

ここで,$n \to \infty$ とすると,上式の最左辺と最右辺は e に収束する。したがって,中辺も $x \to \infty$ として e に収束し,(13.16) が成り立つ。

さらに,$x \to -\infty$ の場合に (13.16) の値がどうなるかみてみよう。まず,$x = -y$ とおく。すると,$x \to -\infty$ のとき $y \to \infty$ である。

$\left(\dfrac{y-1}{y}\right)^{-1} = \dfrac{y}{y-1} = \dfrac{(y-1)+1}{y-1} = 1 + \dfrac{1}{y-1}$ に注意すると

$\left(1 + \dfrac{1}{x}\right)^x = \left(1 + \dfrac{1}{-y}\right)^{-y} = \left(\dfrac{y-1}{y}\right)^{-y} = \left(1 + \dfrac{1}{y-1}\right)^y$

よって,

$$\lim_{x \to -\infty} \left(1 + \frac{1}{x}\right)^x = \lim_{y \to \infty} \left(\left(1 + \frac{1}{y-1}\right)^{y-1}\right)^{\frac{y}{y-1}} = e \qquad (13.17)$$

ここで，$\displaystyle\lim_{y\to\infty}\frac{y}{y-1}=\lim_{y\to\infty}\frac{1}{1-\dfrac{1}{y}}=1$ である。

(13.16) で，$x=\dfrac{1}{t}$ とすると，$x\to\infty$ のとき，$t\to+0$（t は正の値をとりながら 0 に近づく）。また，$x\to-\infty$ のとき，$t\to-0$（t は負の値をとりながら 0 に近づく）。すると，(13.16)，(13.17) より，

$$\lim_{x\to\infty}\left(1+\frac{1}{x}\right)^x=\lim_{t\to+0}(1+t)^{\frac{1}{t}}=e=\lim_{x\to-\infty}\left(1+\frac{1}{x}\right)^x$$
$$=\lim_{t\to-0}(1+t)^{\frac{1}{t}}$$

よって，$\displaystyle\lim_{t\to+0}(1+t)^{\frac{1}{t}}=\lim_{t\to-0}(1+t)^{\frac{1}{t}}=e$ だから，

$$\lim_{t\to 0}(1+t)^{\frac{1}{t}}=e \tag{13.18}$$

となる（コメント 13.5 参照）。

コメント 13.6 本節では (13.15) によって e を定義し，それから幾つかの議論を経て，(13.16) を導いた。次章（14.5 節と 14.6 節）では指数関数のグラフを用い直観的に，極限 $\displaystyle\lim_{h\to 0}\frac{a^h-1}{h}=1$ が成り立つような a として，e を定義する。そして，逆に (13.16) を導くことにする。

14 | 微分

《目標&ポイント》 微分とはどういうものかを解説する。速度の求め方を通して，微分することの意味を学ぶ。また，導関数の求め方を理解する。
《キーワード》 微分，平均変化率，微分係数，接線，導関数

14.1 微分とは(A)

例 8.8 [p.152] を思い出そう。この例の 3 つの直線では，直線の傾きは速度を表し，傾きが大きい程，速度が速いことをみた。また，時間と距離との関係が（下左図のように）直線で表されるとき，速度は一定である。

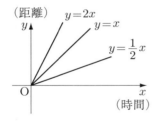 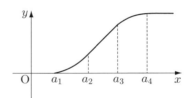

図 14.1

一方，上右図は，ある電車が，ある駅を出発して次の駅に着くまでの，時刻（分表示）と走行距離（km 表示）との関係を示したものである。ある駅を時刻 a_1 で出発した電車は，次第に速度を上げていき，時刻 a_2 から a_3 までの間は（直線となっているので）速度が一定である。その後時刻 a_3 から次第に減速し，次の駅に時刻 a_4 で到着している。ここで，時間と走行距離との関係が曲線で示されている区間（$[a_1, a_2]$，$[a_3, a_4]$）

は，速度が常に変化している。

そこで，次の図のように曲線の一部分を見てみよう。この曲線を表す関数を $y = f(x)$ とする。

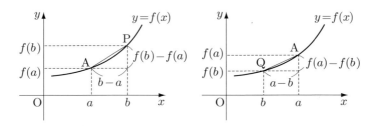

図 14.2

曲線 $y = f(x)$ のグラフを見ると，電車は速度が次第に速くなっていることがわかる。なぜならば，曲線 $y = f(x)$ の曲がり具合（カーブの度合い）が，緩やかなカーブから，徐々に，急なカーブに変化しているからである。グラフ上の点 $A(a, f(a))$ は，「時刻 a に，電車が（起点から）$f(a)$ の距離を走った」ことを表している。では，点 A での（時刻 a での）電車の（瞬間の）速度を求めるにはどうしたらよいだろうか。

まず上図のように a より後の時刻 b $(a < b)$ をとり，点 $P(b, f(b))$ を考える。点 P は，「時刻 b には（電車は）$f(b)$ の距離を走った」ことを表している。すると，電車は 2 点 AP 間において，時刻 a から時刻 b までの間で，$f(a)$ の地点から $f(b)$ の地点まで走ったことになる。すなわち，$b - a$ 時間で，距離 $f(b) - f(a)$ だけ走った。2 点 AP 間は，「実際は曲線になっており，速度は刻々変化している」。しかし，これを簡単のため「一定速度で走っている（したがってグラフは直線 AP となる）」と見よう。AP 間の速度は，距離÷時間で求められ，これは単位時間に進む距離（y の増加率とも言う）である。よって，AP 間の速度は，

$$\frac{f(b)-f(a)}{b-a} \text{ で, これは単位時間あたりの } y \text{ の増加率} \quad (14.1)$$

を表し,直線 AP の傾きに等しい.(14.1) を AP 間での,**平均速度**と呼ぶ.我々が知りたいのは点 A での(時刻 a での)瞬間速度であるが,これを(点 P を A の近くにとることによって)AP 間の平均速度 (14.1) で近似していると考えることにしよう.

コメント 14.1　上では b は,a より後の時刻をとったが,もちろん b を,a より前の時刻($b<a$)としてもよい.考え方は同じである.すなわち,この場合点 Q を Q$(b, f(b))$ とすれば,電車は 2 点 QA 間において,時刻 b から時刻 a までの間で,$f(b)$ の地点から $f(a)$ の地点まで走ったことになる.すなわち,$a-b$ 時間で,距離 $f(a)-f(b)$ だけ走ったわけである.2 点 QA 間の平均速度は,

$$\frac{f(a)-f(b)}{a-b} = \frac{f(b)-f(a)}{b-a} \quad (14.2)$$

となり,($b>a$ としたときの)(14.1) に等しい.点 A(時刻 a)での瞬間速度を,QA 間の平均速度 (14.2) で近似していると考える.

　もちろんこのような近似は,点 P(あるいは点 Q)が点 A から(遠く)離れていれば,良い近似とは言えない.しかし,点 P(あるいは点 Q)を徐々に A に近づければ,(14.1) の値は(点 A のごく近くでの平均速度となるから)点 A での速度の近似としては,徐々に良い近似,になっていく.そして,P(あるいは点 Q)を A に限りなく近づけたときの,(14.1) の値の行き着く先(極限の値)は何であろうか.この値は,点 A における(時刻 a での)**瞬間的な速度**を表していると言うことができる.

　ここで,点 P$(b, f(b))$(あるいは点 Q$(b, f(b))$)を点 A$(a, f(a))$ に限りなく近づけるということは,b を a に近づけるということであるから,

$$\lim_{b \to a} \frac{f(b) - f(a)}{b - a} \tag{14.3}$$

の値を求めることによって，点 A での（時刻 a での）瞬間速度（すなわち瞬間的な y の増加率）が求まる．(14.3) の値を $f'(a)$ で表す．したがって，$f'(a)$ は時刻 a での電車の**速度**を表す．

このことを次のように見直そう．

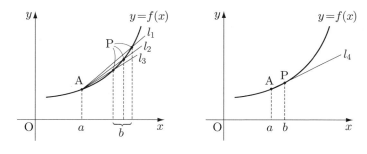

図 14.3

傾き (14.1) の直線 AP を考える．点 P が A に近づくと，直線 AP は上左図のように $l_1, l_2, l_3, \cdots$ と変化していく．そして，P が点 A のごく近くまで来ると，上右図のようになる．このとき，直線 AP は l_4 に変化している．そして，P を A に限りなく近づけたとき，傾き (14.1) の直線 AP ($l_1, l_2, l_3, l_4, \cdots$) の行き着く先は何であろうか．これは，曲線 $y = f(x)$ の点 A における**接線**で，(14.3) の値はこの**接線の傾き**と言うことができる（言い換えると接線はこのように定義される）．すなわち点 A における接線の傾き $f'(a)$ が，点 A での速度になるのである．（点 Q を A に近づけたときも全く同様である．）

(14.3) において，$b - a = h$ としよう．h は，a と b の間の（時間の）差を表している．したがって，「b が a に近づく」ということは「h が 0

に近づく」ことにほかならない。よって，(14.3) は，

$b - a = h$ より，$b = a + h$ で，$f(b) - f(a) = f(a+h) - f(a)$

よって $f'(a) = \lim_{b \to a} \dfrac{f(b) - f(a)}{b - a} = \lim_{h \to 0} \dfrac{f(a+h) - f(a)}{h}$

と書き換えられる。

例 14.1 上で考えた時刻 x と（走行）距離 y との関数が $f(x) = x^2$ と具体的に与えられたとき，時刻 a における速度 $f'(a)$ を計算しよう。

$$f'(a) = \lim_{h \to 0} \frac{f(a+h) - f(a)}{h} = \lim_{h \to 0} \frac{(a+h)^2 - a^2}{h} \quad (14.4)$$

$$= \lim_{h \to 0} \frac{2ah + h^2}{h} = \lim_{h \to 0} (2a + h) = 2a \quad (14.5)$$

となり $f'(a) = 2a$ である。a は時刻を表す任意の数であるから，$f'(a) = 2a$ は，一般に時刻 a での電車の速さは $2a$ であることを表している。$f'(a) = 2a$ において，$a = 1$ とすれば，1 分後の速さは分速 2 km，と言うことになる。同様に，$a = 2$ として，2 分後の速さは分速 4 km，と言うことになる。このように各時刻での電車の速度が，$f'(a) = 2a$ によって簡単に求まることがわかる。したがって，$f'(a) = 2a$ は，入力 a に対して $2a$ を出力する（対応させる）関数と見なせる。ここで，a を入力変数 x に置き換えて $y = f'(x) = 2x$ と書き直そう。この関数 $y = f'(x) = 2x$ を，元の関数 $y = f(x) = x^2$ の**導関数**と言う。

以上のことを一般的に見直そう。曲線 $y = f(x)$ が与えられたとする。この曲線のグラフ上で 2 点 A$(a, f(a))$ と P$(b, f(b))$ において，

$$\frac{f(b) - f(a)}{b - a}$$

を AP 間の**平均変化率**と言う（AP 間の平均的な y の増加率で，直線 AP の傾きである）。ここで，$h = b - a$ としよう。つまり，h は，a と b の

差（a から b への増加分）を表している．したがって，「b が a に近づく」ということは「h が 0 に近づく」ことにほかならない．よって，

$$b - a = h, \quad f(b) - f(a) = f(a+h) - f(a) \quad \text{だから}$$

$$\frac{f(b) - f(a)}{b - a} = \frac{f(a+h) - f(a)}{h} \quad \text{この極限をとり}$$

$$\lim_{b \to a} \frac{f(b) - f(a)}{b - a} = \lim_{h \to 0} \frac{f(a+h) - f(a)}{h} \tag{14.6}$$

となる．この極限値が存在する（収束する）ならば，$x = a$ において $f(x)$ は**微分可能**であると言う．そして，この極限値を $f'(a)$ で表し，$x = a$ における関数 $y = f(x)$ の**微分係数**と言う．つまり，$y = f(x)$ で，

$$f'(a) \text{ は点 } (a, f(a)) \text{ における（瞬間的な）} y \text{ の増加率} \tag{14.7}$$

を表している．$f'(a)$ は，点 $(a, f(a))$ における接線の傾きである．もし $f(x)$ が考えている区間 I に属するすべての x の値において微分可能であるとき，単に $f(x)$ は微分可能（正確には区間 I で微分可能）と言う．

また，$f'(a)$ が存在するとき，(14.6) より，

$$\lim_{h \to 0} \frac{f(a+h) - f(a)}{h} = f'(a) \quad \text{ここで } f'(a) \text{ を左辺に移項して} \tag{14.8}$$

$$\lim_{h \to 0} \frac{f(a+h) - f(a)}{h} - f'(a) = \lim_{h \to 0} \frac{f(a+h) - (f(a) + h f'(a))}{h} = 0 \tag{14.9}$$

ここで $f(a+h) - (f(a) + h f'(a))$ は図 14.4 に示した部分で，（$h \to 0$ にしたがって）この値が（h に比べて）はるかに小さくなることを示している．この意味において $(f(a) + h f'(a))$ を $f(a+h)$ の近似とみることができる．

さらに，$y = f(x)$ において，x が a から b まで変化すると，これに対応する y の値は $f(a)$ から $f(b)$ まで変化する．

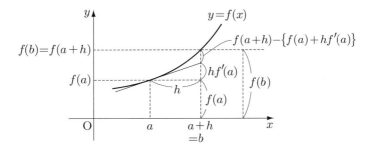

図 14.4

$b - a = h$ は，x が増加した分で，これを **x の増分** と呼び Δx で表す。そして，$f(b) - f(a) = f(a+h) - f(a)$ を，(x の増分 Δx に対する) **y の増分** と呼び Δy で表す。すると，(14.6) は，
$$\lim_{\Delta x \to 0} \frac{\Delta y}{\Delta x} \quad (14.10)$$
と表される。この最後の式は，y の増分 Δy と x の増分 Δx の比 (すなわち平均変化率 $\frac{\Delta y}{\Delta x}$)，この極限が微分係数を表すことを示している。

$f'(a)$ が存在する (すなわち (14.6) の極限が収束する) としよう。(14.6) の分母は 0 に収束するから，(この極限値が収束するためには) 分子も 0 に収束しなければならない (そうでなければ (14.6) の値は発散してしまう)。すなわち，$\lim_{b \to a}\{f(b) - f(a)\} = 0$

$$\left(\text{同じことであるが } \lim_{h \to 0}\{f(a+h) - f(a)\} = 0\right) \quad (14.11)$$

つまり $\lim_{b \to a} f(b) = f(a)$ $\left(\lim_{h \to 0} f(a+h) = f(a)\right)$ これは (14.12) $f(x)$ は点 $(a, f(a))$ で連続であることを示している。よって (14.13) $f'(a)$ が存在すれば，$f(x)$ は点 $(a, f(a))$ で連続である。 (14.14)

(14.10) の記述を用いれば，$\Delta x \to 0$ ($h \to 0$ のこと) のとき $\Delta y \to 0$

($f(a+h) - f(a) \to 0$ のこと) と言うことである。

14.2 導関数 (A)

(14.6) で定義される $f'(a)$ において，a は任意の数であったから (例 14.1 でもみたように) a を入力変数 x に書き変えて $y = f'(x)$ を関数としてみて，これを，もとの関数 $y = f(x)$ の**導関数**と言う。したがって，導関数 $f'(x)$ は，(14.6) において a を x で置き換えた式

$$f'(x) = \lim_{b \to x} \frac{f(b) - f(x)}{b - x} = \lim_{h \to 0} \frac{f(x+h) - f(x)}{h} \tag{14.15}$$

で求められる。上式で x は (変数ではあるが極限の計算が終わるまでは) 固定して考え，b (や h) を変化させ極限を求めていることに注意しよう。

例 14.2 関数 $y = f(x) = x^2$ の導関数を，(14.15) の定義にしたがって求めよう。例 14.1 における $f'(a)$ の計算と同じである (比べてみよ)。

$$\begin{aligned} f'(x) &= \lim_{h \to 0} \frac{f(x+h) - f(x)}{h} = \lim_{h \to 0} \frac{(x+h)^2 - x^2}{h} \\ &= \lim_{h \to 0} \frac{2xh + h^2}{h} = \lim_{h \to 0} (2x + h) = 2x \end{aligned}$$

関数 $f(x)$ の導関数 $f'(x)$ を求めることを，$f(x)$ を (x について) **微分する**と言う。関数 $y = f(x)$ の導関数は

$$f'(x),\ y',\ \frac{dy}{dx},\ \frac{d}{dx}f(x) \text{ 等で表される。} \tag{14.16}$$

(14.10) の記法を用いれば，$\displaystyle\lim_{\Delta x \to 0} \frac{\Delta y}{\Delta x} = \frac{dy}{dx}$ と書け，記号の変化が分かりやすい。例えば，$y = f(x) = x^2$ の導関数は $f'(x) = 2x$, $(x^2)' = 2x$, $y' = 2x$, $\dfrac{dy}{dx} = 2x$, $\dfrac{d}{dx}f(x) = 2x$ と表される。

例 14.3 c を定数として，$y = f(x) = c$ の導関数は，

$$f'(x) = \lim_{h \to 0} \frac{f(x+h) - f(x)}{h} = \lim_{h \to 0} \frac{c-c}{h} = 0 \qquad (14.17)$$

これは x 軸に平行な直線 $y = c$ の傾き 0 に等しい。次に関数 $y = f(x) = x$ の導関数を，(14.15) の定義にしたがって求めよう。

$$f'(x) = \lim_{h \to 0} \frac{f(x+h) - f(x)}{h} = \lim_{h \to 0} \frac{(x+h) - x}{h} = 1 \qquad (14.18)$$

これは直線 $y = x$ の傾き 1 に等しい。一般に，n を自然数として，関数 $f(x) = x^n$ の導関数は

$$f'(x) = nx^{n-1} \qquad (14.19)$$

となる（証明は次節参照）。すなわち導関数は，指数 n を前に出して，さらに n から 1 を引いた $n-1$ が x の指数部分にくる。$n = 0$ のときは，この公式を用いると，$f'(x) = 0 \cdot x^{-1} = 0$ となり，先程の結果 (14.17) と一致する。$n = 1$ のときは，この公式を用いると，$f'(x) = 1 \cdot x^0 = 1$ となり，やはり (14.18) と一致する。$n = 2$ のときは，この公式を用いると，$f'(x) = 2 \cdot x^{2-1} = 2x$ となり，例 14.2 の結果と一致する。

コメント 14.2 関数 f が $x = f(y)$ と表示されているならば，$f'(y)$ は，$f(y)$ を y について微分するということを意味し，(14.15) は

$$f'(y) = \lim_{b \to y} \frac{f(b) - f(y)}{b - y} = \lim_{h \to 0} \frac{f(y+h) - f(y)}{h}$$

となり，導関数の計算自体は (14.15) と同じである。ただ，$f'(x)$ での入力変数 x が，y に変わっただけである。$x = f(y)$ の導関数は (14.16) の表記法を使うと，$f'(y)$, x', $\frac{dx}{dy}$, $\frac{d}{dy} f(y)$ などと表される。

14.3　導関数の計算（B）

例 14.4　関数 $f(x) = x^3$ の導関数を計算してみよう．まず，命題2.4-(v) [p.44] を書き直して，

$$b^n - x^n = (b-x)(b^{n-1} + b^{n-2}x + b^{n-3}x^2 + \cdots$$
$$+ b^2 x^{n-3} + bx^{n-2} + x^{n-1})$$

特に，$b^3 - x^3 = (b-x)(b^2 + bx + x^2)$

となることを確認しよう．すると，

$$\begin{aligned}
f'(x) &= \lim_{b \to x} \frac{f(b) - f(x)}{b - x} = \lim_{b \to x} \frac{b^3 - x^3}{b - x} \\
&= \lim_{b \to x} \frac{(b-x)(b^2 + bx + x^2)}{b - x} = \lim_{b \to x}(b^2 + bx + x^2) = 3x^2
\end{aligned}$$

となり $f'(x) = 3x^2$ である．一般に，$n \geq 1$ を自然数として，$f(x) = x^n$ の導関数を求めよう．

$$\begin{aligned}
f'(x) &= \lim_{b \to x} \frac{f(b) - f(x)}{b - x} = \lim_{b \to x} \frac{b^n - x^n}{b - x} \\
&= \lim_{b \to x} \frac{(b-x)(b^{n-1} + b^{n-2}x + b^{n-3}x^2 + \cdots + b^2 x^{n-3} + bx^{n-2} + x^{n-1})}{b - x} \\
&= \lim_{b \to x}(b^{n-1} + b^{n-2}x + b^{n-3}x^2 + \cdots + b^2 x^{n-3} + bx^{n-2} + x^{n-1}) \\
&= nx^{n-1}
\end{aligned}$$

となり，$f'(x) = nx^{n-1}$ である．

例 14.5　$n \geq 0$ のとき，$(x^n)' = nx^{n-1}$ を別の方法として数学的帰納法で求めよう．$n = 0$ のとき成り立つことはすでに (14.17) でみた．帰納法の仮定で $n = k$ のとき，$(x^k)' = kx^{k-1}$ が成り立つと仮定する．すると x^{k+1} の導関数は，(14.15) より

$$\lim_{h \to 0} \frac{(x+h)^{k+1} - x^{k+1}}{h} = \lim_{h \to 0} \left\{ \frac{(x+h)^k - x^k}{h}(x+h) + x^k \right\}$$
$$= (x^k)'x + x^k = kx^{k-1}x + x^k = (k+1)x^k$$

より，$(x^{k+1})' = (k+1)x^k$ となり，$n = k+1$ のときも求める式が成り立つ。よって，数学的帰納法で，$n \geq 1$ のとき，$(x^n)' = nx^{n-1}$ となる。

14.4　接線の方程式（A）

曲線 $y = f(x)$ 上の点 A の座標を $(a, f(a))$ とすると，点 A における微分係数 $f'(a)$ は，点 A での接線の傾きを表すから，点 A を通る接線の方程式は，(8.14) より，

$$y = f'(a)(x - a) + f(a) \tag{14.20}$$

で求められる。

練習 14.1　関数 $y = x^2$ 上の点 $(2, 4)$ における接線の方程式を求めよ。

解答　$f(x) = x^2$ のとき，$f'(x) = 2x$　よって，$f'(2) = 4$ でこれが，求める接線の傾きである。この接線は，点 $(2, 4)$ を通るから，(8.14) より $y = 4(x - 2) + 4$　すなわち $y = 4x - 4$ である。

14.5　e の定義その2（A）

13.10 節 [p.257] で e を定義したが，ここでは直感的な e の定義を考えよう。まず，9.6 節 [p.167] での指数関数のグラフを振り返ってみよう。

a を 1 でない正の数とする。関数 $y = f(x) = a^x$ のグラフは，a の値によってその形状を変えるが（$x = 0$ のとき $y = a^0 = 1$ であるから）点 $(0, 1)$ を通るということは同じである。そこで，点 $(0, 1)$ 付近のグラフを描いてみよう。

$y = \left(\dfrac{11}{10}\right)^x$ は，点 $\left(-1, \dfrac{10}{11}\right)$, $\left(1, \dfrac{11}{10}\right)$ を通る。

$y = 2^x$ は，点 $\left(-1, \dfrac{1}{2}\right)$, $(1, 2)$ を通る。

$y = 3^x$ は，点 $\left(-1, \dfrac{1}{3}\right)$, $(1, 3)$ を通る。

これを参考に，上の3つの関数のグラフを描くと右図のようになる。これを見てわかるように点 (0, 1) 付近では，a が 1 に近いと，グラフはなだらかで，a の値が 1 より大きくなるにつれて，グラフは急な増加を示している。とくに，点 (0, 1) における

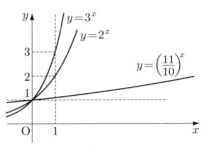

図 14.5

(3つの関数の) 接線の傾きを考えると，a が 1 に近いと，傾きは 0 に近く，a の値が 1 より大きくなるにつれて，傾きの値は大きくなっていく。

そこで，関数 $y = a^x$ において (a の値を 1 より大きくしていって) 点 (0, 1) における接線の傾きがちょうど 1 になるような a の値，これを e と名付けることにする。すると，点 (0, 1) における関数 $y = f(x) = e^x$ の接線の傾きは 1 となるから，(14.15) より，

$$1 = f'(0) = \lim_{h \to 0} \frac{f(0+h) - f(0)}{h} = \lim_{h \to 0} \frac{e^h - 1}{h}$$

すなわち，$\displaystyle\lim_{h \to 0} \frac{e^h - 1}{h} = 1$ \hfill (14.21)

という関係式が成り立つ。

14.6 補足（C）

(14.21) を使って幾つかの性質を導こう．この節では対数の底は e とする．まず，$\lim_{h \to 0} \dfrac{a^h - 1}{h}$ を求めよう．(4.11) [p.74] より，

$a = e^{\log a}$ だから，$a^h = \left(e^{\log a}\right)^h = e^{h \log a}$ となる．

$h \log a = k$ とおくと，$h \to 0$ のとき $k \to 0$ だから，

$$\lim_{h \to 0} \frac{a^h - 1}{h} = \lim_{h \to 0} \frac{e^{h \log a} - 1}{h} = \lim_{h \to 0} \log a \cdot \frac{e^{h \log a} - 1}{h \log a}$$
$$= \log a \lim_{k \to 0} \frac{e^k - 1}{k} = \log a \qquad (14.22)$$

また，(14.21) において，

$e^h - 1 = k$ とおくと $e^h = 1 + k$ より $h = \log(1 + k)$ となる．
よって，$\dfrac{h}{e^h - 1} = \dfrac{\log(1+k)}{k} = \log(1+k)^{\frac{1}{k}}$

ここで，$h \to 0$ のとき，$k \to 0$ だから，
$\lim_{h \to 0} \dfrac{h}{e^h - 1} = \lim_{k \to 0} \log(1+k)^{\frac{1}{k}} = 1$
よって $\lim_{k \to 0} (1+k)^{\frac{1}{k}} = e$

ここで，$k = \dfrac{1}{t}$ とおく．k を正の数をとりながら 0 に近づけたとき，$t \to \infty$ となるし，また k を負の数をとりながら 0 に近づけたとき，$t \to -\infty$ となるから，上の最後の式を書き換えて，

$$\lim_{k \to 0} (1+k)^{\frac{1}{k}} = \lim_{t \to \infty} \left(1 + \frac{1}{t}\right)^t = \lim_{t \to -\infty} \left(1 + \frac{1}{t}\right)^t = e \qquad (14.23)$$

となり，13.10 節の e の定義 (13.16) [p.257] と一致する．

14.7 指数関数と対数関数の導関数（A）

$a > 0$, $a \neq 1$ とする。R から $(0, \infty)$ への指数関数 $y = f(x) = a^x$，また逆関数として $(0, \infty)$ から R への対数関数 $y = \log_a x$，これらの導関数は，

$$(a^x)' = a^x \log_e a \quad \text{とくに } a = e \text{ とおくと, } (e^x)' = e^x$$

$$(\log_a x)' = \frac{1}{x \log_e a} \quad \text{とくに } a = e \text{ とおくと, } (\log_e x)' = \frac{1}{x}$$

となる（証明は次節以降参照）。とくに $a = e$ とおけば，微分の式が簡単になる。これ以降，$\log x$ と対数の底を省略して書いたときは，$\log_e x$ を表すものとする。e を底とする対数 $\log$ を，**自然対数**と言う。

14.8 指数関数の導関数の証明（C）

R から $(0, \infty)$ への指数関数 $y = f(x) = e^x$ の導関数を定義に立ち戻って求めよう。$e^{x+h} = e^x e^h$ だから，(14.21) を使って，

$$\begin{aligned} f'(x) &= \lim_{h \to 0} \frac{f(x+h) - f(x)}{h} = \lim_{h \to 0} \frac{e^{x+h} - e^x}{h} \\ &= \lim_{h \to 0} e^x \cdot \frac{e^h - 1}{h} = e^x \lim_{h \to 0} \frac{e^h - 1}{h} = e^x \end{aligned} \quad (14.24)$$

すなわち $(e^x)' = e^x$ というシンプルな関係が成り立つ。ここに e を定義した意味がある。一般に，R から $(0, \infty)$ への指数関数 $y = f(x) = a^x$ の導関数を求めると，(14.22) を使って，

$$\begin{aligned} f'(x) &= \lim_{h \to 0} \frac{f(x+h) - f(x)}{h} = \lim_{h \to 0} \frac{a^{x+h} - a^x}{h} \\ &= \lim_{h \to 0} a^x \cdot \frac{a^h - 1}{h} = a^x \lim_{h \to 0} \frac{a^h - 1}{h} = a^x \log a \end{aligned} \quad (14.25)$$

となる。

14.9 対数関数の導関数の証明(C)

$(0, \infty)$ から R への対数関数 $y = f(x) = \log_a x$ の導関数 $f'(x)$ を求めよう。対数の性質 (4.16) [p.74] を使う。$\dfrac{x}{h} = k$ とおくと,

$$\frac{f(x+h) - f(x)}{h} = \frac{\log_a(x+h) - \log_a x}{h} = \frac{\log_a \dfrac{x+h}{x}}{h}$$

$$= \frac{1}{h} \log_a \left(1 + \frac{h}{x}\right) = \frac{1}{x} \cdot \frac{x}{h} \log_a \left(1 + \frac{h}{x}\right)$$

$$= \frac{1}{x} \log_a \left(1 + \frac{h}{x}\right)^{\frac{x}{h}} = \frac{1}{x} \log_a \left(1 + \frac{1}{k}\right)^k$$

ここで, コメント 13.5 を思い出そう。$h \to +0$ のとき $k \to \infty$ だから,

$$\lim_{h \to +0} \frac{f(x+h) - f(x)}{h} = \lim_{k \to \infty} \frac{1}{x} \log_a \left(1 + \frac{1}{k}\right)^k$$

$$= \frac{1}{x} \lim_{k \to \infty} \log_a \left(1 + \frac{1}{k}\right)^k \quad (14.26)$$

また, $h \to -0$ のとき $k \to -\infty$ だから,

$$\lim_{h \to -0} \frac{f(x+h) - f(x)}{h} = \lim_{k \to -\infty} \frac{1}{x} \log_a \left(1 + \frac{1}{k}\right)^k$$

$$= \frac{1}{x} \lim_{k \to -\infty} \log_a \left(1 + \frac{1}{k}\right)^k \quad (14.27)$$

ここで, (14.23) を使うと,

$$\lim_{k \to \infty} \left(1 + \frac{1}{k}\right)^k = \lim_{k \to -\infty} \left(1 + \frac{1}{k}\right)^k = e \text{ だから,}$$

$$\lim_{k \to \infty} \log_a \left(1 + \frac{1}{k}\right)^k = \lim_{k \to -\infty} \log_a \left(1 + \frac{1}{k}\right)^k = \log_a e$$

となる。よって, (14.26), (14.27) より,

$$\lim_{h \to +0} \frac{f(x+h)-f(x)}{h} = \lim_{h \to -0} \frac{f(x+h)-f(x)}{h} = \frac{1}{x}\log_a e = \frac{1}{x\log_e a}$$

となる。ここで，(4.17) [p.76] より，$\log_a e = \dfrac{1}{\log_e a}$ を使った。

よって，（コメント 13.5 [p.252] より）

$$f'(x) = \lim_{h \to 0} \frac{f(x+h)-f(x)}{h} = \frac{1}{x\log_e a}$$

14.10　三角関数に関する極限（A）

下左図で，三角比の定義 (9.12) [p.176] より，

$\sin\theta = y,\ \cos\theta = x$　だから

$\theta \to 0$ のとき，$\sin\theta \to 0,\ \cos\theta \to 1$ \hfill (14.28)

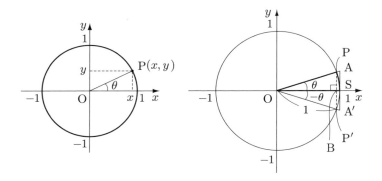

図 14.6

また，次の式が成り立つ（証明は次節参照）。

$$\lim_{\theta \to 0} \frac{\theta}{\sin\theta} = 1 \tag{14.29}$$

上右図で半径 1 中心角 θ の扇形 OSP を考える。弧 PP' の長さは中心

角 2θ の扇形 OPP' の周の長さだから，2θ。また，$2\sin\theta$ は弦 $\overline{PP'}$ を表す。よって，上式は，弧と弦の長さの比 $\dfrac{\theta}{\sin\theta}$ は，θ が 0 に近づくにつれて，1 に近づくことを示している。別の言い方として θ が 0 に近づくにつれて，$\overline{PB}$ の長さ $\sin\theta$ と弧 PS の長さ θ はほぼ等しくなるとみなせることを示している。また，$\theta \to 0$ のとき (14.28) より，$\sin\theta \to 0$，$\cos\theta \to 1$ だから，(14.29) を使うと，

$$\frac{1-\cos\theta}{\theta} = \frac{(1-\cos\theta)(1+\cos\theta)}{\theta(1+\cos\theta)} = \frac{(1-\cos^2\theta)}{\theta(1+\cos\theta)} = \frac{\sin\theta}{\theta} \cdot \frac{\sin\theta}{1+\cos\theta}$$

より，$\displaystyle\lim_{\theta\to 0}\frac{1-\cos\theta}{\theta} = \lim_{\theta\to 0}\frac{\sin\theta}{\theta} \cdot \frac{\sin\theta}{1+\cos\theta} = 0$ (14.30)

これは弧 PS の長さ θ が 0 に近づくにつれ，$\overline{BS}\,(=\overline{OS}-\overline{OB})$ の長さ $1-\cos\theta$ は θ よりはるかに小さくなり，そしてその比は 0 に近づくことを示している。

例 14.6 $2\theta = x$, $3\theta = y$ とおくと，$\theta \to 0$ のとき $x \to 0$, $y \to 0$ より，

$$\lim_{\theta\to 0}\frac{\sin 2\theta}{2\theta} = \lim_{x\to 0}\frac{\sin x}{x} = 1$$

$$\lim_{\theta\to 0}\frac{\sin 3\theta}{3\theta} = \lim_{y\to 0}\frac{\sin y}{y} = 1$$

$$\lim_{\theta\to 0}\frac{\sin 2\theta}{3\theta} = \lim_{\theta\to 0}\frac{2}{3}\cdot\frac{\sin 2\theta}{2\theta} = \frac{2}{3}\lim_{\theta\to 0}\frac{\sin 2\theta}{2\theta} = \frac{2}{3}$$

$$\lim_{\theta\to 0}\frac{\sin 2\theta}{\sin 3\theta} = \lim_{\theta\to 0}\frac{2}{3}\cdot\frac{\sin 2\theta}{2\theta}\cdot\frac{3\theta}{\sin 3\theta} = \frac{2}{3}$$

$$\lim_{\theta\to 0}\frac{\tan 2\theta}{2\theta} = \lim_{\theta\to 0}\frac{\sin 2\theta}{2\theta}\cdot\frac{1}{\cos 2\theta} = 1$$

最後の式では，(9.12) の式 $\tan\theta = \dfrac{\sin\theta}{\cos\theta}$，また $\theta \to 0$ のとき $\cos 2\theta \to 1$ を使った。

14.11　式(14.29) の証明（B）

$0 < \theta < \dfrac{\pi}{2}$ とし，図 14.6 の右図で，

$\overline{\mathrm{PB}} < $ 弧 $\mathrm{PS} < \overline{\mathrm{AS}}$　よって， (14.31)

$\sin\theta < \theta < \tan\theta$　ここで両辺を $\sin\theta$ で割って，

$$1 < \frac{\theta}{\sin\theta} < \frac{1}{\cos\theta}$$

$\theta \to 0$ のとき，$\cos\theta \to 1$ だから，はさみうちの原理より，

$$\lim_{\theta \to 0} \frac{\theta}{\sin\theta} = 1$$

上式で $\theta \to 0$ としたが，正確には図 14.6 では，θ は正の値をとりながら 0 に近づく場合を考えていることになる（すなわち $\theta \to +0$ である。コメント 13.5 [p.252] 参照）。θ が負の値をとりながら 0 に近づく（すなわち $\theta \to -0$) 場合は図 14.6 の右図によって，同様に求められる ($\sin\theta$, $\tan\theta$ が負の値をとることに注意すればよい）。

練習 14.2　$\theta \to -0$ の場合についても実際に証明せよ。

解答　$\theta < 0$, $\sin\theta < 0$, $\tan\theta < 0$ に注意しよう。図 14.6 右図で，

$\overline{\mathrm{P'B}} < $ 弧 $\mathrm{P'S} < \overline{\mathrm{A'S}}$　よって，

$-\sin\theta < -\theta < -\tan\theta$　ここで両辺を $-\sin\theta > 0$ で割って，

$$1 < \frac{\theta}{\sin\theta} < \frac{1}{\cos\theta}$$

$\theta \to -0$ のとき，$\cos\theta \to 1$ だから，はさみうちの原理より，

$$\lim_{\theta \to -0} \frac{\theta}{\sin\theta} = 1$$

14.12　弧 PS < $\overline{\mathrm{AS}}$ の補足（C）

　前節の (14.31) で，弧 PS < $\overline{\mathrm{AS}}$ が明らかとは言いづらい。このことについて考えよう。まず下左図のように，△OCD の斜辺 $\overline{\mathrm{OD}}$ と，△OCE の斜辺 $\overline{\mathrm{OE}}$ を比べよう。共通の底辺 $\overline{\mathrm{OC}}$ を x の増加分と考える。そして $\overline{\mathrm{CD}}$ と $\overline{\mathrm{CE}}$ を y の増加分と考える。すると y の増加分を比べると $\overline{\mathrm{CD}} < \overline{\mathrm{CE}}$ であるから，$\overline{\mathrm{OD}} < \overline{\mathrm{OE}}$ が言える（実際，三平方の定理を使えばこの事が言える）。つまり，y の増加分が大きいほど，斜辺の長さも長くなる。まずこれを確認しよう。

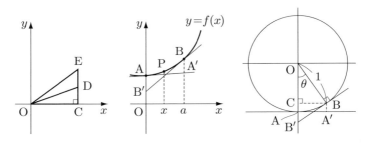

図 14.7

　次に，上中図で曲線 $y = f(x)$ 上の 2 点 AB 間の曲線の長さ（これを弧 AB と呼ぼう）を考える。点 P$(x, f(x))$ が曲線上を A から B へ動くとき（x が 0 から a まで変化すると），P における微分係数 $f'(x)$ の値（点 P での接線の傾き）は徐々に増加している。ここで $f'(x)$ は (14.7) より（点 x での）y の増加率を表しているが，この y の増加率が大きい方が，弧 AB の長さへの寄与度が大きい。同様に考え，接線 AA′ また BB′ 上の各点での微分係数（傾き）はそれぞれ $f'(0), f'(a)$（この場合一定）で，この値が線分 AA′, BB′ の長さに寄与している。このことを考慮す

ると，区間 $[0, a]$ で考えて，$0 \leq x \leq a$ とすると

　接線 AA' 上の各点での微分係数（傾き）$= f'(0) \leq f'(x)$ より，

　　$\overline{AA'} <$ 弧 AB

　接線 BB' 上の各点での微分係数（傾き）$= f'(a) \geq f'(x)$ より，

　　$\overline{BB'} >$ 弧 AB

　よって，$\overline{AA'} <$ 弧 AB $< \overline{BB'}$

となる [*1]。これを使う。すなわち図 14.7 の右図でも同じように，

$$\overline{AA'} < 弧 AB < \overline{BB'}$$

　ここで $\triangle$OBC を考えれば，$\overline{AA'} = \overline{BC} = \sin\theta$

　また $\triangle$OBB' を考えれば，$\overline{BB'} = \tan\theta$　よって

$$\sin\theta < \theta < \tan\theta$$

となる（弧 AB $= \theta$ である）。

　この考えを円周全体でみてみよう。下左図のように，円に外接する正 n 多角形の周囲の長さ L_n は円周の長さ（これを C としよう）より大きい。

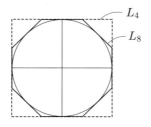 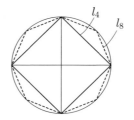

図 14.8

[*1] 弧 AB（曲線）の長さとは何かということまで問題にするのであれば，この式は弧 AB の長さというものがどういう範囲にあるべきかを示す条件式とみることもできる。この意味において (14.31) は（成り立つというより）条件式と思ってもよい。

そして $L_n > L_{n+1}$ すなわち単調減少である。また図 14.8 の右図のように，内接する正 n 多角形の周囲の長さを l_n とすれば $l_n < C$ で，$l_n < l_{n+1}$
すなわち単調増加となる。よって，

$$\cdots < l_n < l_{n+1} < \cdots < C < \cdots < L_{n+1} < L_n < \cdots$$

で，$n \to \infty$ での l_n や L_n の極限として円周の長さ C が求められる。

14.13　三角関数の導関数（A）

三角関数の導関数は次のようになる。

$$(\sin x)' = \cos x \qquad (\cos x)' = -\sin x$$

14.14　証　明（C）

加法定理を使う。

$$\frac{\sin(x+h) - \sin x}{h} = \frac{\sin x \cos h + \cos x \sin h - \sin x}{h}$$
$$= \cos x \cdot \frac{\sin h}{h} + \sin x \cdot \frac{\cos h - 1}{h}$$

ここで，(14.29), (14.30) より，

$$(\sin x)' = \lim_{h \to 0} \left(\cos x \cdot \frac{\sin h}{h} + \sin x \cdot \frac{\cos h - 1}{h} \right) = \cos x$$

また，

$$\frac{\cos(x+h) - \cos x}{h} = \frac{\cos x \cos h - \sin x \sin h - \cos x}{h}$$
$$= \cos x \cdot \frac{\cos h - 1}{h} - \sin x \cdot \frac{\sin h}{h}$$

ここで，(14.29), (14.30) より，

$$(\cos x)' = \lim_{h \to 0} \left(\cos x \cdot \frac{\cos h - 1}{h} - \sin x \cdot \frac{\sin h}{h} \right) = -\sin x$$

例 14.7　$f(x) = \sin x$ の $x = 0$ における微分係数は，

$f'(x) = \cos x$ だから $f'(0) = \cos 0 = 1$

一方，微分の定義に立ち戻って計算すると，(14.29) より，

$$f'(0) = \lim_{h \to 0} \frac{\sin h - \sin 0}{h} = \lim_{h \to 0} \frac{\sin h}{h} = 1$$

最後の式より，(14.29) で示した $\lim_{h \to 0} \dfrac{\sin h}{h} = 1$ は，$f(x) = \sin x$ の $x = 0$ での微分係数（接線の傾き）$f'(0)$ が 1 になる事を示していると言える。

15 | 積　　分

《目標＆ポイント》 最初に導関数の諸性質を解説する。次に，積分とは何かを解説する。曲線で囲まれた部分の面積をどう求めるかという問題を通して，定積分の考え方を理解する。最後に微分積分学の基本定理を解説する。
《キーワード》 不定積分，定積分，リーマン和，微分積分学の基本定理

15.1 微分の計算（A）

以下の定理が成り立つ。証明は後で行う。

定理 15.1 $f(x)$, $g(x)$ を微分可能な関数とする。
(i) $\{f(x)+g(x)\}' = f'(x)+g'(x)$
(ii) c を定数として，$\{cf(x)\}' = cf'(x)$
(iii) $\{f(x)g(x)\}' = f'(x)g(x)+f(x)g'(x)$ **（積の微分公式）**
(iv) $\left\{\dfrac{f(x)}{g(x)}\right\}' = \dfrac{f'(x)g(x)-f(x)g'(x)}{\{g(x)\}^2}$ とくに $f(x) = 1$ とおけば，$\left\{\dfrac{1}{g(x)}\right\}' = -\dfrac{g'(x)}{\{g(x)\}^2}$ **（商の微分公式）**

ただし，(iv) では $g(x) \neq 0$ とする。

例 15.1 $(cx)' = c(x)' = c$

$$\left(\frac{1}{2}x^2\right)' = \frac{1}{2}(x^2)' = \frac{1}{2} \cdot 2x = x$$
$$\left(\frac{1}{3}x^3\right)' = \frac{1}{3}(x^3)' = \frac{1}{3} \cdot 3x^2 = x^2$$
$$(x^2+x)' = (x^2)'+(x)' = 2x+1$$

$$(x^2 + x + 1)' = (x^2)' + (x)' + (1)' = 2x + 1$$
$$\{(x+1)(x+2)\}' = (x+1)'(x+2) + (x+1)(x+2)'$$
$$= (x+2) + (x+1) = 2x + 3$$
$$\{(x^2+1)(x+1)\}' = (x^2+1)'(x+1) + (x^2+1)(x+1)'$$
$$= 2x(x+1) + (x^2+1) = 3x^2 + 2x + 1$$
$$(-\cos x)' = -(\cos x)' = -(-\sin x) = \sin x$$
$$(2\sin x)' = 2(\sin x)' = 2\cos x$$
$$(x\sin x)' = (x)'\sin x + x(\sin x)' = \sin x + x\cos x$$
$$(x + \sin x)' = (x)' + (\sin x)' = 1 + \cos x$$

x についての多項式関数

$$f(x) = a_n x^n + a_{n-1} x^{n-1} + \cdots + a_1 x + a_0 \text{ の導関数は,}$$
$$f'(x) = na_n x^{n-1} + (n-1)a_{n-1} x^{n-2} + \cdots + 2a_2 x + a_1$$

例 15.2 n を正の整数としたとき $(x^{-n})' = -nx^{-n-1}$ が成り立つことをみよう (すなわち負の数 $-n$ における x^{-n} の導関数は, 指数 $-n$ を前に出して, さらに $-n$ から 1 を引いた $-n-1$ が x の指数部分にくる。

$$(x^{-n})' = \left(\frac{1}{x^n}\right)' = -\frac{nx^{n-1}}{(x^n)^2} = -n \cdot \frac{x^{n-1}}{x^{2n}} = -nx^{n-1-2n} = -nx^{-n-1}$$

例 14.3 [p.269] と合わせて,

α が整数のときは, $(x^\alpha)' = \alpha x^{\alpha-1}$ が成り立つ。

例 15.3 $(\tan x)'$ を計算しよう。

$$(\tan x)' = \left(\frac{\sin x}{\cos x}\right)' = \frac{(\sin x)' \cos x - \sin x \cdot (\cos x)'}{\cos^2 x}$$

$$= \frac{\cos^2 x + \sin^2 x}{\cos^2 x} = \frac{1}{\cos^2 x}$$

15.2 補足（B）

例 15.4　n を正の整数としたとき公式 $(x^n)' = nx^{n-1}$ が成り立つことは，例 14.3 [p.269]（と 14.3 節）と例 14.5 [p.270] でみた。ここでは，この公式を積の微分公式と n についての数学的帰納法を使って別に証明しよう。

$n = 1$ のときは公式が成り立つことはすでにみた。次に帰納法の仮定で，$n = k$ のとき公式が成り立つと仮定する：$(x^k)' = kx^{k-1}$

これと積の微分より，

$(x^{k+1})' = (x \cdot x^k)' = (x)'x^k + x(x^k)' = x^k + x \cdot kx^{k-1} = (k+1)x^k$

で $n = k+1$ のときも成り立つ。よって，数学的帰納法で $(x^n)' = nx^{n-1}$ が成り立つ。

例 15.5　例 15.4 と同じ考え方で，n を正の整数としたとき $\{f(x)^n\}' = nf(x)^{n-1}f'(x)$ が成り立つことを，n についての数学的帰納法で証明しよう。積の微分を使う。

$n = 1$ のとき，$1 \cdot f(x)^{1-1}f'(x) = f'(x)$ で上式が成り立つ。

$n = k$ のとき成り立つと仮定する：$\{f(x)^k\}' = kf(x)^{k-1}f'(x)$。

$\{f(x)^{k+1}\}' = \{f(x) \cdot f(x)^k\}' = f'(x)f(x)^k + f(x)\{f(x)^k\}'$
$= f'(x)f(x)^k + f(x) \cdot kf(x)^{k-1}f'(x) = (k+1)f(x)^k f'(x)$

で $n = k+1$ のときも成り立つ。よって，数学的帰納法で，$\{f(x)^n\}' =$

$nf(x)^{n-1}f'(x)$ が成り立つ。

15.3 定理 15.1 の証明（C）

(i) $a(x) = f(x) + g(x)$ とおくと，

$$\frac{a(x+h) - a(x)}{h} = \frac{\{f(x+h) + g(x+h)\} - \{f(x) + g(x)\}}{h}$$

$$= \frac{f(x+h) - f(x)}{h} + \frac{g(x+h) - g(x)}{h} \text{ より}$$

$$a'(x) = \lim_{h \to 0} \frac{a(x+h) - a(x)}{h}$$

$$= \lim_{h \to 0} \frac{f(x+h) - f(x)}{h} + \lim_{h \to 0} \frac{g(x+h) - g(x)}{h} = f'(x) + g'(x)$$

(ii) $a(x) = cf(x)$ とおくと，

$$\frac{a(x+h) - a(x)}{h} = \frac{cf(x+h) - cf(x)}{h} = c \cdot \frac{f(x+h) - f(x)}{h} \text{ より}$$

$$a'(x) = \lim_{h \to 0} \frac{a(x+h) - a(x)}{h} = \lim_{h \to 0} c \cdot \frac{f(x+h) - f(x)}{h} = cf'(x)$$

(iii) $a(x) = f(x)g(x)$ とおくと，

$$a(x+h) - a(x) = f(x+h)g(x+h) - f(x)g(x)$$
$$= f(x+h)g(x+h) - \{f(x)g(x+h) - f(x)g(x+h)\} - f(x)g(x)$$
$$= \{f(x+h)g(x+h) - f(x)g(x+h)\} + \{f(x)g(x+h) - f(x)g(x)\}$$
$$= \{f(x+h) - f(x)\}g(x+h) + \{g(x+h) - g(x)\}f(x) \text{ より}$$

$$a'(x) = \lim_{h \to 0} \frac{a(x+h) - a(x)}{h}$$

$$= \lim_{h \to 0} \frac{f(x+h) - f(x)}{h} g(x+h) + \lim_{h \to 0} \frac{g(x+h) - g(x)}{h} f(x)$$

$$= f'(x)g(x) + f(x)g'(x)$$

(iv) $a(x) = \dfrac{f(x)}{g(x)}$ とおくと，$f(x) = g(x)a(x)$ となり両辺を（x について）微分すると，(iii) を使って，

$$f'(x) = g'(x)a(x) + g(x)a'(x) \text{ より,}$$

$$a'(x) = \frac{f'(x) - g'(x)a(x)}{g(x)} = \frac{f'(x) - g'(x) \cdot \dfrac{f(x)}{g(x)}}{g(x)}$$

$$= \frac{f'(x)g(x) - g'(x)f(x)}{\{g(x)\}^2}$$

15.4 平均値の定理（B）

　右図で関数 $y = f(x)$ は微分可能とする。そして $a < b$ とし，2 点 P$(a, f(a))$ と Q$(b, f(b))$ を考える。すると，(図のように) $y = f(x)$ のグラフ上のある点 R$(c, f(c))$ が存在して，点 R における接線が直線 PQ と平行になる。すなわち，ある $c, a < c < b$ が存在して，点 $(c, f(c))$ における接線

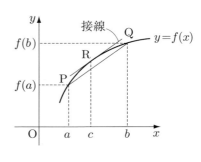

図 15.1

の傾き $f'(c)$ が直線 PQ の傾きと等しくなる。言い換えると，ある $c, a < c < b$ が存在して $f'(c) = \dfrac{f(b) - f(a)}{b - a}$ となる。　　　　(15.1)

これを**平均値の定理**と言う。

　(14.17) [p.269] より，定数関数 $f(x) = c$ の導関数は $f'(x) = 0$ である。逆に

定理 15.2 すべての x で $f'(x) = 0$ ならば，$f(x)$ は定数関数である。

証明 まず b をとり固定する。任意の $a\ (< b)$ において，平均値の定理から，ある $c,\ a < c < b$ が存在して $\dfrac{f(b) - f(a)}{b - a} = f'(c)$ となる。ところが，$f'(c)$ は 0 であるから，$f(a) = f(b)$。同様に，任意の $a\ (> b)$ において，平均値の定理から，ある $c,\ b < c < a$ が存在して $\dfrac{f(a) - f(b)}{a - b} = f'(c)$ となる。$f'(c)$ は 0 であるから，$f(a) = f(b)$。いずれにせよ任意の a において $f(a) = f(b)$　これは $f(x)$ が定数関数であることを示している。

系 15.1 関数 $y = f(x),\ y = g(x)$ は微分可能とする。もし，すべての x で $f'(x) = g'(x)$（すなわち $f'(x) - g'(x) = 0$）ならば，$f(x) - g(x)$ は定数関数である。

証明 関数 $h(x) = f(x) - g(x)$ とすると，$h'(x) = f'(x) - g'(x) = 0$ だから，定理より $h(x)$ は定数である。

15.5　積分とは（A）

関数 $F(x)$ と $f(x)$ において，$F(x)$ を微分して $f(x)$ となるとき，$f(x)$ を**積分**して $F(x)$ となると言う。$f(x)$ は $F'(x)$ と書かれ，$F(x)$ の導関数と呼ばれるが，$F(x)$ を $\displaystyle\int f(x)\,dx$ と書き，$f(x)$ の**原始関数**（あるいは**不定積分**）と呼ぶ。まとめると，$F'(x) = f(x)$ のとき，$F(x) = \displaystyle\int f(x)\,dx$ である。

よって，導関数を求めることを「微分する」と言うが，不定積分を求めることを**積分する**と言う。このように，微分することと積分することは互いに逆の演算である。

例 15.6 $\frac{1}{2}x^2$ を微分して x となるから，x を積分して $\frac{1}{2}x^2$ となる。$\frac{1}{2}x^2$ の導関数は x であり，x の原始関数（不定積分）は $\frac{1}{2}x^2$ である。式で書くと，$\left(\frac{1}{2}x^2\right)' = x$ であり，$\int x\,dx = \frac{1}{2}x^2$ である。

ここで，次の例で示すように注意することがある。

例 15.7 例えば，$\left(\frac{1}{2}x^2\right)' = \left(\frac{1}{2}x^2 + 5\right)' = x$ であるから，$\int x\,dx = \frac{1}{2}x^2$ とも，$\int x\,dx = \frac{1}{2}x^2 + 5$ とも書ける。つまり $\frac{1}{2}x^2$ も $\frac{1}{2}x^2 + 5$ も共に，x の原始関数である。このように，x の原始関数は 1 つに決まらない。つまり，原始関数の定数部分を決めることができないのである（この意味で原始関数を 不定 積分とも言うのである）。一般に，C を定数として，$\left(\frac{1}{2}x^2 + C\right)' = x$ であるから，x の原始関数は $\frac{1}{2}x^2 + C$ という形に書くことができる。このことから，$\int x\,dx = \frac{1}{2}x^2 + C$ と書くこともできる。

この例を一般的に言い直そう。

$F'(x) = f(x)$ のとき，$F(x)$ は $f(x)$ の原始関数の 1 つであるが，他の原始関数 $G(x)$ は，C を定数として $G(x) = F(x) + C$ という形に書ける[*1]。$f(x)$ の原始関数を（総称して）$\int f(x)\,dx$ で表すものとすれば，C を任意の定数として $\int f(x)\,dx = F(x) + C$ と書くことができる。

---

*1 $f(x)$ の原始関数は（存在する場合に）1 つに限らない。しかし，もし $F'(x) = f(x)$，$G'(x) = f(x)$ ならば，$F'(x) = G'(x)$ だから，系 15.1 によれば，$F(x)$ と $G(x)$ の間には定数の差しかない。よって，C を定数として，$G(x) = F(x) + C$ と書くことができる。

すなわち $F'(x) = f(x)$ ならば，$\int f(x)\,dx = F(x) + C$ である。
C を**積分定数**と呼ぶ。

以上の事を理解した上で，今後は<u>あえて</u>積分定数 C を省略し，$\int f(x)\,dx = F(x)$ と書くことにする。すなわち，

$$F'(x) = f(x) \text{ ならば，} \int f(x)\,dx = F(x) \text{ である。} \qquad (15.2)$$

よって，$\int x\,dx = \dfrac{1}{2}x^2$ と書いても，$\int x\,dx = \dfrac{1}{2}x^2 + 1$ と書いてもよいが，通常は定数は省く。

例 15.8 例 15.1，例 15.2，例 15.3 を思い出そう。

$(cx)' = c$ より $\int c\,dx = cx$

$\left(\dfrac{1}{2}x^2\right)' = x$ より $\int x\,dx = \dfrac{1}{2}x^2$

$\left(\dfrac{1}{3}x^3\right)' = x^2$ より $\int x^2\,dx = \dfrac{1}{3}x^3$

$\left(\dfrac{1}{n+1}x^{n+1}\right)' = x^n$ より $\int x^n\,dx = \dfrac{1}{n+1}x^{n+1}$

$(\log x)' = \dfrac{1}{x}$ より $\int \dfrac{1}{x}\,dx = \log x$

$(e^x)' = e^x$ より $\int e^x\,dx = e^x$

$(\sin x)' = \cos x$ より $\int \cos x\,dx = \sin x$

$(-\cos x)' = \sin x$ より $\int \sin x\,dx = -\cos x$

$(2\sin x)' = 2\cos x$ より $\int 2\cos x\,dx = 2\sin x$

$$(\tan x)' = \frac{1}{\cos^2 x} \ \text{より} \ \int \frac{1}{\cos^2 x}\,dx = \tan x$$

ただし，関数 $y = \log x$ は $x > 0$ のとき定義されるから，上式で $y = \dfrac{1}{x}$ の定義域を正の数に限定する。

次に，不定積分において次が成り立つ（証明は次節参照）。

$$\int cf(x)\,dx = c \int f(x)\,dx \tag{15.3}$$

$$\int \{f(x) + g(x)\}\,dx = \int f(x)\,dx + \int g(x)\,dx \tag{15.4}$$

例 15.9

$$\int (3x+1)\,dx = 3\int x\,dx + \int 1\,dx = \frac{3}{2}x^2 + x$$

$$\int (2x^2 + 3x + 4)\,dx = 2\int x^2\,dx + 3\int x\,dx + 4\int 1\,dx$$

$$= \frac{2}{3}x^3 + \frac{3}{2}x^2 + 4x$$

$$\int (x + \sin x)\,dx = \int x\,dx + \int \sin x\,dx = \frac{1}{2}x^2 - \cos x$$

$\int 1\,dx$ は $\int dx$ とも書かれる。

15.6　式(15.3)，(15.4)の証明（B）

(15.3) の証明。

$F'(x) = f(x)$ ならば $\int f(x)\,dx = F(x)$ より，$c\int f(x)\,dx = cF(x)$

$\{cF(x)\}' = cf(x)$ だから定義 (15.2) より，$\int cf(x)\,dx = cF(x)$

よって，$\displaystyle\int cf(x)\,dx = cF(x) = c\int f(x)\,dx$

(15.4) の証明。

$F'(x) = f(x),\ G'(x) = g(x)$ ならば，
$$\int f(x)\,dx = F(x),\ \int g(x)\,dx = G(x)$$
$\{F(x) + G(x)\}' = f(x) + g(x)$ だから (15.2) より，
$$\int \{f(x) + g(x)\}\,dx = F(x) + G(x) = \int f(x)\,dx + \int g(x)\,dx$$

15.7 定積分 (A)

$y = f(x)$ は連続関数とする。区間 $[a,\ b]$ で $f(x) > 0$ なる曲線 $y = f(x)$ が図のように与えられているとする。$a < b$ とし，x 軸，$x = a$[*2]，$x = b$，$y = f(x)$ とで囲まれた部分の面積 S を求めよう。

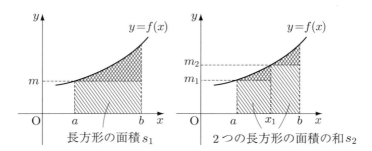

図 15.2

上左図を見よう。区間 $[a,\ b]$ での，$f(x)$ の最小値を m とする。長方形の面積 $s_1 = m(b - a)$ は S の内部に収まるから，
$$s_1 = m(b - a) < S$$

[*2] $x = a$ は，y の値にかかわらず x の値が常に a ということで，これは点 $(a,\ 0)$ を通り y 軸に平行な直線を表す。

となる。S を $m(b-a)$ で近似していると思えば，その誤差 $S-m(b-a)$ は図 15.2 の左図の影の部分（すなわち長方形の上側と曲線 f の下側とではさまれた部分でこれを「隙間」と呼ぼう）である。次に図 15.2 の右図のように，$[a, b]$ 内に一点 x_1 をとり，区間 $[a, b]$ を2つの小区間 $[a, x_1]$, $[x_1, b]$ に分割する。区間 $[a, x_1]$ における，$f(x)$ の最小値を m_1 とする。また区間 $[x_1, b]$ における，$f(x)$ の最小値を m_2 とする。長方形の面積 $m_1(x_1-a)$ と $m_2(b-x_1)$ の和 s_2 を考えると，

$$s_1 \leq s_2 = m_1(x_1-a) + m_2(b-x_1) < S$$

となる。S を s_2 で近似していると思えば，その誤差 $S-s_2$ は図 15.2 の右図の影の部分（すなわち2つの長方形の上側と曲線 f の下側とではさまれた隙間）であり，図 15.2 の場合，2つの区間に分けた方が，誤差（隙間）が小さくなっていることがわかる。

このように，区間 $[a, b]$ を細かく分割して，（先程のように）各小区間での長方形の面積の和をとれば，S との誤差はいくらでも小さくなると考えられる。すなわち，区間 $[a, b]$ 内に，$n+1$ 個の点 $x_0, x_1, x_2, \cdots, x_{n-1}, x_n$ を

$$a = x_0 < x_1 < x_2 < \cdots < x_{n-1} < b = x_n$$

となるようにとる。そして，$[a, b]$ を n 個の小区間に分割する：

$$[a, x_1], [x_1, x_2], [x_2, x_3], \cdots, [x_{n-1}, b]$$

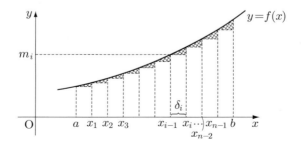

図 15.3

各小区間 $[x_{i-1}, x_i]$ において，$f(x)$ の最小値を m_i とし，小区間の幅を $x_i - x_{i-1} = \delta_i$ とする。各小区間における長方形の面積 $m_i(x_i - x_{i-1}) = m_i \delta_i$ の和 s_n を考えると，

$$s_n = \sum_{i=1}^{n} m_i \delta_i < S$$

となる。各小区間の幅 δ_i がすべて 0 に近づくように，分割数 n を大きくっていけば（$\delta(n)$ を n 分割した各小区間の幅 δ_i のなかの最大値（$\delta(n) = \max_{1 \leq i \leq n} \delta_i$ と書く）とすれば，これは $\delta(n) \to 0$ と書ける）誤差 $S - s_n$ はいくらでも小さくなる。すなわち分割数を多くすると，各小区間における長方形が（細長くなって横に）敷き詰められていき，これにより敷き詰められた長方形の上側と曲線 f の下側とではさまれた「隙間」はいくらでも小さくすることができる（また，上の議論では，各小区間の端の点 $x_1, \cdots, x_{n-1}$ をどこにとるかは考慮せず，δ_i の値を小さくすることにより誤差をいくらでも小さくできる。これにも留意しよう）。そして s_n の極限値は，面積 S に等しくなる。まとめると，

$$m(b-a) = s_1 \leq s_2 \leq \cdots \leq s_n \leq \cdots \leq S \text{ で，} \lim_{\delta(n) \to 0} s_n = S$$

より詳しく書けば $\quad \max_{1 \leq i \leq n} \delta_i \to 0$ のとき $s_n = \sum_{i=1}^{n} m_i \delta_i \to S$

これは面積 S を求めるのに，S の内側に（細長い）長方形を敷き詰めていって，それらの長方形の和で「内側から」近似していくという考え方である。今度は S を「外側から」近似してみよう。考え方は同様である。

まず，図 15.4 の左図を見よう。区間 $[a, b]$ における，$f(x)$ の最大値を M とする。長方形の面積 $S_1 = M(b-a)$ を考えれば，

$$S_1 = M(b-a) > S$$

となる。S を $M(b-a)$ で近似していると思えば，その誤差 $M(b-a) - S$

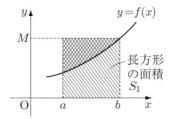 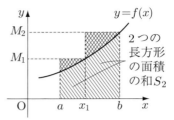

図 15.4

は図 15.4 の左図の影の部分（すなわち長方形が曲線 f の上部に「はみ出した部分」）である。次に，図 15.4 の右図のように，$[a, b]$ 内に一点 x_1 をとり，区間 $[a, b]$ を 2 つの小区間 $[a, x_1]$，$[x_1, b]$ に分割する。区間 $[a, x_1]$ における，$f(x)$ の最大値を M_1 とする。また，区間 $[x_1, b]$ における，$f(x)$ の最大値を M_2 とする。長方形の面積 $M_1(x_1 - a)$ と $M_2(b - x_1)$ の和 S_2 を考えると，

$$S_1 \geq S_2 = M_1(x_1 - a) + M_2(b - x_1) > S$$

となる。S を S_2 で近似していると思えば，その誤差 $S_2 - S$ は図 15.4 の右図の影の部分（2 つの長方形が曲線 f の上部に「はみ出した部分」）であり，図 15.4 の場合 2 つの区間に分けた方が，誤差が小さくなる。

このように，区間 $[a, b]$ を細かく分割して，（先程のように）各小区間での長方形の面積の和をとれば，S との誤差はいくらでも小さくなると考えられる。すなわち，区間 $[a, b]$ 内に，$n+1$ 個の点 $x_0, x_1, x_2, \cdots, x_{n-1}$，$x_n$ を

$$a = x_0 < x_1 < x_2 < \cdots < x_{n-1} < b = x_n$$

となるようにとる。そして，$[a, b]$ を n 個の小区間に分割する；

$$[a, x_1], [x_1, x_2], [x_2, x_3], \cdots, [x_{n-1}, b]$$

各小区間 $[x_{i-1}, x_i]$ において $f(x)$ の最大値を M_i とし，区間 $[a, b]$ を

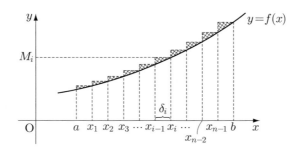

図 15.5

n 個に細分した各小区間の幅を $x_i - x_{i-1} = \delta_i$ とする。これら小区間の幅を全て加えると，もとの区間 $[a, b]$ の幅が得られる，すなわち

$$\sum_{i=1}^{n} \delta_i = \sum_{i=1}^{n}(x_i - x_{i-1}) = b - a \tag{15.5}$$

各小区間での長方形の面積 $M_i(x_i - x_{i-1}) = M_i \delta_i$ の和 S_n は，

$$S_n = \sum_{i=1}^{n} M_i \delta_i > S$$

となる。各小区間の幅 δ_i がすべて 0 に近づくように，分割数 n をどんどん大きくとっていくと（各小区間の端の点 $x_1, \cdots, x_{n-1}$ をどこにとるかによらず），誤差 $S_n - S$ はいくらでも小さくなる。(すなわち，δ_i の値を小さくすることは，長方形を（細長くして横に）敷き詰めていくことになる，これにより敷き詰めた長方形が曲線 f から「はみ出した部分」はいくらでも小さくすることができる。) そして S_n の極限値は，面積 S に等しくなる。まとめると，$\delta(n) = \max_{1 \leq i \leq n} \delta_i$ として，

$$M(b-a) = S_1 \geq S_2 \geq \cdots \geq S_n \geq \cdots \geq S, \quad \text{で}, \quad \lim_{\delta(n) \to 0} S_n = S$$

詳しく書けば $\max_{1 \leq i \leq n} \delta_i \to 0$ のとき $S_n = \sum_{i=1}^{n} M_i \delta_i \to S$

これは面積 S を求めるのに，S を含めるように（細長い）長方形を敷き詰めていって，それらの長方形の和で「外側から」近似していくという考え方である．以上を2つの議論をまとめて次の式を得る．

$$\lim_{\delta(n)\to 0} s_n = \lim_{\delta(n)\to 0} S_n = S \tag{15.6}$$

（細長の）長方形の面積 $m_i\delta_i$ や $M_i\delta_i$ を考えこれらの和 s_n, S_n で S を近似した．m_i, M_i は区間 $[x_{i-1}, x_i]$ における最小値，最大値である．こんどは小区間 $[x_{i-1}, x_i]$ 内に任意の数 μ_i をとり，長方形の面積 $f(\mu_i)\delta_i$ を用いて近似してみよう．

$m_i \leq f(\mu_i) \leq M_i$ より，各項に δ_i をかけて i に関する和をとると，
$s_n = \sum_{i=1}^{n} m_i\delta_i \leq \sum_{i=1}^{n} f(\mu_i)\delta_i \leq \sum_{i=1}^{n} M_i\delta_i = S_n$ この極限をとり，

$$\lim_{\delta(n)\to 0} s_n \leq \lim_{\delta(n)\to 0} \sum_{i=1}^{n} f(\mu_i)\delta_i \leq \lim_{\delta(n)\to 0} S_n \text{ で } \lim_{\delta(n)\to 0} \sum_{i=1}^{n} f(\mu_i)\delta_i = S \tag{15.7}$$

となる．

$\sum_{i=1}^{n} f(\mu_i)\delta_i$ を区間 $[a, b]$ における**リーマン和**と言う．そして (15.8)

リーマン和の極限 $\lim_{\delta(n)\to 0} \sum_{i=1}^{n} f(\mu_i)\delta_i$ を $\int_a^b f(x)\,dx$ と書き，(15.9)

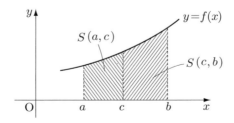

図 15.6

区間 $[a, b]$ における $f(x)$ の **定積分** と言う。(15.7), (15.9) より $\int_a^b f(x)\,dx$ は，x 軸，$x = a$，$x = b$，$y = f(x)$ とで囲まれた部分の面積 S を表す。これを $S(a, b)$ としよう。$a < c < b$ とすれば，$S(a, c)$，$S(c, b)$ も同様に考えることができ，$S(a, b) = S(a, c) + S(c, b)$ が成り立つ。つまり

$$\int_a^b f(x)\,dx = \int_a^c f(x)\,dx + \int_c^b f(x)\,dx \tag{15.10}$$

コメント 15.1 (i) リーマン和 (15.8) において，各小区間 $[x_{i-1}, x_i]$ で $f(\mu_i) = m_i$ なる μ_i をとれば，リーマン和として s_n が得られる。同様に $f(\mu_i) = M_i$ なる μ_i をとれば，S_n が得られる。

(ii) (15.9) で，$\int$ は $\sum$ を（細長に）変形したもので，また $f(x)$ は $f(\mu_i)$ に，dx は δ_i に対応している。なお $\int_a^b f(x)\,dx$ は，関数 f と a，b が決まれば 1 つの数値として定まる。したがって，変数 x は他の文字，例えば z や t などに置き換えても意味は同じである。すなわち，

$$\int_a^b f(x)\,dx = \int_a^b f(z)\,dz = \int_a^b f(t)\,dt \cdots$$

である。つまり，関数 f として，$f(x)$，$f(z)$，$f(t)$，$\cdots$ のどれを選ぶかは表記の違いにすぎない。

(iii) 区間 $[a, b]$ で $f(x) \leq 0$ のときにも，$\int_a^b f(x)\,dx$ をリーマン和の極限 (15.9) で定義する。この値は負であり，x 軸，$x = a$，$x = b$，$y = f(x)$ とで囲まれた部分の面積にマイナスの符号を付けたものとなる。

15.8 補 足 (B)

$a < b$ また $f(x) \geq 0$ のときに，定積分 $\int_a^b f(x)\,dx$ を（図を参考に面積

を考えながら）定義した．一般に（正や負の値をとる）連続関数 $f(x)$ についても（図形的な意味を離れて），$\int_a^b f(x)\,dx$ をリーマン和の極限 (15.9) によって定義する．また，$\int_b^a f(x)\,dx = -\int_a^b f(x)\,dx$ と定義する．さらに，$\int_a^a f(x)\,dx = 0$ と定義する．これによって任意の連続関数 $f(x)$，任意の a, b において，$\int_a^b f(x)\,dx$ が定義されたことになる．

$a < c < b$ として，区間 $[a, c]$ のリーマン和と，区間 $[c, b]$ のリーマン和を考える．これらのリーマン和の極限はそれぞれ，$\int_a^c f(x)\,dx$, $\int_c^b f(x)\,dx$ となる．また，この 2 つのリーマン和を加えると，新たに区間 $[a, b]$ におけるリーマン和が得られる．そして，この区間 $[a, b]$ におけるリーマン和の極限は $\int_a^b f(x)\,dx$ となる．この関係を式で表すと，

$[a, c]$ のリーマン和 + $[c, b]$ のリーマン和 = $[a, b]$ のリーマン和

で，これらリーマン和の極限をとると，

$$\int_a^c f(x)\,dx + \int_c^b f(x)\,dx = \int_a^b f(x)\,dx$$

が得られ，

$$\int_a^c f(x)\,dx - \int_a^b f(x)\,dx = -\int_c^b f(x)\,dx = \int_b^c f(x)\,dx \quad (15.11)$$

この性質は（$a < c < b$ とは限らない）任意の a, b, c で成り立つ．

区間 $[a, b]$ 全体での $f(x)$ の最小値を $f(c_1)$，最大値を $f(c_2)$ とすれば ((13.13) [p.256] 参照)，(15.8) のリーマン和の表記において，

$f(c_1) \leq f(\mu_i) \leq f(c_2)$ の各項に δ_i をかけ i に関する和をとると，(15.5) を使い，

$$f(c_1)(b-a) = \sum_{i=1}^{n} f(c_1)\delta_i \leq \sum_{i=1}^{n} f(\mu_i)\delta_i \leq \sum_{i=1}^{n} f(c_2)\delta_i = f(c_2)(b-a)$$

極限をとり，$f(c_1)(b-a) \leq \displaystyle\int_a^b f(x)\,dx \leq f(c_2)(b-a)$ \hfill (15.12)

15.9 面積の計算（B）

$y = f(x) = x^2$，x 軸，$x = a$ とで囲まれた部分の面積 S を (15.9) の方法で求めよう。まず，区間 $[0, a]$ を n 等分して等しい幅 $\dfrac{a}{n}$ の n 個の小区間に分割する；

$$\left[0, \frac{a}{n}\right],\ \left[\frac{a}{n}, \frac{2a}{n}\right],\ \left[\frac{2a}{n}, \frac{3a}{n}\right],\ \cdots,\ \left[\frac{(n-1)a}{n}, a\right]$$

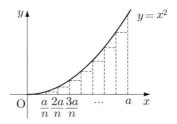

図 15.7

i 番目の小区間 $\left[\dfrac{(i-1)a}{n}, \dfrac{ia}{n}\right]$ の幅 $\delta_i = \dfrac{a}{n}$ で，小区間内に μ_i として左端 $\dfrac{(i-1)a}{n}$ をとると，$f(\mu_i) = f\left(\dfrac{(i-1)a}{n}\right) = \dfrac{(i-1)^2 a^2}{n^2}$ \hfill (15.9)

において，$\delta(n) = \displaystyle\max_{1 \leq i \leq n} \delta_i = \dfrac{a}{n}$ で，$n \to \infty$ のとき $\delta(n) \to 0$ だから，

$$S = \lim_{\delta(n) \to 0} \sum_{i=1}^{n} f(\mu_i)\delta_i = \lim_{n \to \infty} \sum_{i=1}^{n} \frac{(i-1)^2 a^2}{n^2} \cdot \frac{a}{n} = \lim_{n \to \infty} \frac{a^3}{n^3} \sum_{i=1}^{n} (i-1)^2$$

$$= \lim_{n \to \infty} \frac{a^3}{n^3} \sum_{i=1}^{n-1} i^2 = \lim_{n \to \infty} \frac{a^3}{n^3} \cdot \frac{1}{6}(n-1)n(2n-1)$$

$$= a^3 \lim_{n \to \infty} \frac{(n-1)(2n-1)}{6n^2} = a^3 \lim_{n \to \infty} \frac{1}{6}\left(1 - \frac{1}{n}\right)\left(2 - \frac{1}{n}\right) = \frac{a^3}{3}$$

となる。ここで，上の最初の行の式変形は (12.10) [p.233] を使った。

15.10 積分の平均値の定理（A）（C）

下図で，$\int_a^b f(x)\,dx$ で表される部分の面積は，底辺 $b-a$ 高さ $f(a)$ の長方形の面積 $f(a)(b-a)$ より大きいが，高さを $f(b)$ とした長方形の面積 $f(b)(b-a)$ よりは小さい。したがって a と b の間に c （$f(a)$ と $f(b)$ の間に高さ $f(c)$）をうまくとれば，

$$f(c)(b-a) = \int_a^b f(x)\,dx \quad \text{よって} \quad f(c) = \frac{\int_a^b f(x)\,dx}{b-a} \qquad (15.13)$$

となる。上2式を積分の**平均値の定理**と言う。（図に頼らず）一般の連続関数 $f(x)$ の場合には次のように議論する。$f(x)$ の区間 $[a, b]$ での最小値を $f(c_1)$，最大値を $f(c_2)$ （$a \leq c_1, c_2 \leq b$）とする。(15.12) より，

$$f(c_1)(b-a) \leq \int_a^b f(x)\,dx \leq f(c_2)(b-a)$$

$$\text{よって} \quad f(c_1) \leq \frac{\int_a^b f(x)\,dx}{b-a} \leq f(c_2)$$

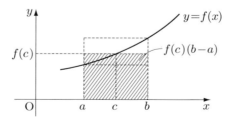

図 15.8

すると (13.14) [p.256] によって，区間 $[a, b]$ 内にある c が存在して，(15.13) の右側の等式が成り立つ．

15.11　微分積分学の基本定理（A）

コメント 15.1-(ii) より，連続関数 $y = f(x)$ において（t を使った）定積分 $\int_a^b f(t)\, dt$ を採用しよう．ここで，a, b は区間 $[a, b]$ の端の点である．この b を変数 x に置き換えた式を $F(x)$ とする．すなわち $F(x)$ は区間 $[a, x]$ における $f(t)$ の定積分であり，x は区間の端点と見ている．

この $F(x)$ を x の関数とみよう．すると，

$$F(x) = \int_a^x f(t)\, dt \text{ のとき } F'(x) = f(x) \text{ が成り立つ．} \qquad (15.14)$$

これを**微分積分学の基本定理**（易しいという意味ではない）と言う（証明は本章の 15.13 節参照．大雑把にいうならば，$F(x)$ は $f(x)$ を積分した格好になっており，したがって，$F(x)$ を微分すれば，もとの $f(x)$ に戻る）．したがって，$F(x)$ は $f(x)$ の不定積分（原始関数）である．この定理を使うと（記法として $G(b) - G(a)$ を $\bigl[G(x)\bigr]_a^b$ と書いて），

$G(x)$ を $f(x)$ の<u>任意の原始関数</u>として，

$$\int_a^b f(t)\, dt = \bigl[G(x)\bigr]_a^b = G(b) - G(a) \qquad (15.15)$$

が成り立つ（詳細は次節参照）．15.7 節でみたように，曲線で囲まれた面積を求めるのに定積分 $\int_a^b f(t)\, dt$ を計算する必要があり，本章の 15.9 節でその（一般には複雑な）計算方法の 1 つを示した．しかし，(15.15) により（次の例で示す通り）不定積分を用い極めて簡単に定積分（面積）を求めることができるようになった．このことが最初に世に知れ渡った当時（17 世紀後半）は，驚異的な出来事として受け止められた．（不定積

分は微分の逆演算として,一方,定積分はリーマン和の極限として定義
された。似た言葉ではあるが違う概念である。この2つを結びつけるの
が (15.14),(15.15) である。)

例 15.10 定積分を求めるには,積分される関数の不定積分(原始関数)
をまず求め (15.15) を使う。そこで例 15.8 を思い出そう。$a > 1$ とする。

$$\int_0^a x^2\, dx = \left[\frac{1}{3}x^3\right]_0^a = \frac{1}{3}a^3, \qquad \int_0^a e^x\, dx = \left[e^x\right]_0^a = e^a - 1,$$

$$\int_1^a \frac{1}{x}\, dx = \left[\log x\right]_1^a = \log a, \qquad \int_0^{\frac{\pi}{2}} \cos x\, dx = \left[\sin x\right]_0^{\frac{\pi}{2}} = 1,$$

$$\int_0^{\pi} \sin x\, dx = \left[-\cos x\right]_0^{\pi} = 2$$

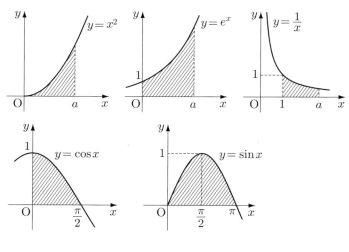

図 15.9

上の計算結果は上図の各面積を表す。また (15.3),(15.4) を用いて,

$$\int (x^2 + e^x)\, dx = \int x^2\, dx + \int e^x\, dx = \frac{1}{3}x^3 + e^x \text{ より,}$$

$$\int_0^a (x^2 + e^x)\, dx = \left[\frac{1}{3}x^3 + e^x\right]_0^a = \frac{1}{3}a^3 + e^a - (0 + e^0) = \frac{1}{3}a^3 + e^a - 1$$

$$\int (\sin x + 2\cos x)\, dx = \int \sin x\, dx + 2\int \cos x\, dx = -\cos x + 2\sin x$$

より，

$$\int_0^a (\sin x + 2\cos x)\, dx = \left[-\cos x + 2\sin x\right]_0^a$$
$$= (-\cos a + 2\sin a) - (-\cos 0 + 2\sin 0) = -\cos a + 2\sin a + 1$$

15.12 解 説 (B)

微分積分学の基本定理 (15.14) を仮定して，(15.15) を証明しよう。$f(x)$ の原始関数を勝手にとって $G(x)$ としよう。すると $G'(x) = F'(x) = f(x)$。ここで系 15.1 によると，上の $F(x)$ と $G(x)$ とは定数の違いしかない。つまり，ある C が存在して，

$$F(x) = G(x) + C \tag{15.16}$$

となる。上式で $x = a$ とすると，左辺は (15.14) より $F(a) = \int_a^a f(t)\, dt = 0$　よって，右辺 $G(a) + C = 0$ より $C = -G(a)$　よって，

$$\int_a^x f(t)\, dt = F(x) = G(x) + C = G(x) - G(a)$$

より，$x = b$ として $\int_a^b f(t)\, dt = G(b) - G(a)$

ここで，$G(x)$ は $f(x)$ の任意の原始関数でよかったから，(15.15) が証明された。

15.13 証 明 (C)

微分積分学の基本定理 (15.14) を証明しよう．$F'(x)$ を調べるため，$F(x+h) - F(x)$ を，(15.11) を使って変形すると，

$$F(x+h) - F(x) = \int_a^{x+h} f(t)\,dt - \int_a^x f(t)\,dt = \int_x^{x+h} f(t)\,dt$$

となる ($F(x+h) - F(x)$ は区間 $[x, x+h]$ における $f(x)$ の定積分（下図では斜線部分の面積）を表す)．

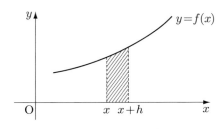

図 15.10

すると，区間 $[x, x+h]$ での積分の平均値の定理 (15.13) を使うと，ある c $(x \leq c \leq x+h)$ が存在して，

$$f(c) = \frac{\int_x^{x+h} f(t)\,dt}{h} = \frac{F(x+h) - F(x)}{h} \quad (15.17)$$

となる．ここで，$h \to 0$ とすれば，$c \to x$ だから

$$\lim_{h \to 0} \frac{F(x+h) - F(x)}{h} = \lim_{c \to x} f(c) = f(x)$$

これは $F'(x) = f(x)$ を示している．

コメント 15.2 上の証明は正確には $h \to +0$ とした場合を証明したことになる．ここで $h \to -0$ の場合も同様である．$h < 0$ なら，区間 $[x, x+h]$ の代わりに区間 $[x+h, x]$ を考えることになる．したがって，上の c は $x+h \leq c \leq x$ なる数となる．コメント 13.5 [p.252] 参照．

索引

●配列は五十音順である。

●あ 行

余り 89
e 257, 272
1次不等式 93
1次方程式 80
1対1 130
一般角 175
一般項 222
因子 91
因数 32, 38, 91
因数分解 38, 91
上への写像 130
鋭角三角形 184
x 座標 140
x（軸）方向 139
x 切片 150
x についての方程式を解く 80
x の増分 267
n 乗根 68
円周角 114

●か 行

開区間 119
外項 51
階差数列 232
階乗 200
外接円 110
回転角 174

解の公式 83
傾き 147, 149
加法定理 189, 190
加法の結合法則 14
加法の交換法則 13
可約 92
関数 127, 136
奇数 32
逆関数 161
逆写像 132
逆数 48
既約多項式 92
級数 246
狭義の単調減少 163, 244
狭義の単調増加 162, 244
極限値 234
虚数単位 77
虚部 77
空集合 120
偶数 32
組み合わせ 206
グラフ 125
係数 80, 86
原始関数 288
弧 97
項 86
公差 223
合成写像 130

合同　102
恒等写像　129
公倍数　33
公比　224
公約数　33
コサイン曲線　192
弧長　97
弧度法　174

●さ　行

最小公倍数　33
最大公約数　33
サイン曲線　192
差集合　121
錯角の関係　98
座標　140
座標平面　140
三角関数　195
三角関数の合成　196
三角比　170
3 乗根　67
三平方の定理　111
式を展開展開する　37
シグマ記号　211
指数　21
次数　86
指数関数　167
指数法則　21, 52
自然数　11

自然対数　274
実数　61
実数解　83
実部　77
写像　127, 128
写像 f のグラフ　128
写像 f を定める　128
重解　84
集合　118
収束　234, 246, 249
従属変数　135
出力変数　135
循環小数　59
瞬間的な速度　263
順序対　122
順序列　122
順列　205
商　89
条件式　119
商の微分公式　283
乗法の結合法則　14
乗法の交換法則　14
初項　222
真数　74
垂線　99
垂直二等分線　109
数学的帰納法　217
数直線　58
数列　222
数列の和　225

正弦　170
正弦曲線　192
正弦定理　185
整数　15
正接　170
正の整数　15
正の方向　58, 139
積集合　121
積の微分公式　283
積分　288
積分する　288
積分定数　290
接線　264
接線の傾き　264
絶対値　28
全射　130
全単射　131
素因数　32
素因数分解　32
増加分　144
相加平均　63
増加率　144
相似　104
相似比　105
相乗平均　63
速度　152, 264
素数　32

● た　行

対数　74

代数学の基本定理　92
対数関数　168
対頂角の関係　98
互いに素　33
多項式　86
たすきがけの方法　39
単位円　176
単項式　86
単射　130
単調減少　163
単調減少な数列　234
単調増加　163
単調増加な数列　234
値域　126, 129
中間値の定理　256
中心角　114
稠密性　67
直積　123
通分　48
底　74
底角　104
定義域　126, 129
定数　80
定数項　86
定積分　298
定点　97
展開　37
同位角の関係　98
導関数　265, 268
動径　97

等号　12
等差数列　223
等式　12
同値　26
動点　97
等比数列　224
独立変数　135
度数法　173
鈍角三角形　184

●な 行

内角　98
内項　51
内分　141
二項定理　212
2次関数　163
2次不等式　93
2次方程式　80
2乗根　62
二等分線　104
入力変数　135

●は 行

場合の数　201
倍数　32
背理法　65
はさみうちの原理　241, 254
発散　235, 246, 250
発散速度　236
半開区間　119

反比例関数　148
判別式　84
比　51
等しい（集合が）　120
微分可能　266
微分係数　266
微分する　268
微分積分学の基本定理　302
比例関数　148
複素数　77
複素数解　84
不定元　86
不定積分　288
不等号　23
不等式　23, 93
負の方向　58
部分集合　120
分子　46
分配法則　14
分母　46
平均速度　263
平均値の定理　287, 301
平均変化率　265
閉区間　119
平方完成　83
平方根　62
変換公式　75
変数　118, 134
方程式　80
方程式の解　80

方程式の解を求める　80
方程式を x について解く　80
補集合　121

....

●ま　行

未知数　80
無限集合　118
無限小数　59
無限数列　222
無理数　61

....

●や　行

約数　32
約分　46
有界　244
有限小数　59
有理数　46
要素　118

余弦　170
余弦曲線　192
余弦定理　186

....

●ら　行

ラジアン　174
リーマン和　297
立方根　67
累乗　21
連続　255

....

●わ　行

y 座標　140
y（軸）方向　139
y 切片　149
y の増分　267
和集合　120

著者紹介

隈部　正博（くまべ・まさひろ）

1962 年	長崎県に生まれる
1985 年	早稲田大学理工学部数学科卒業
1990 年	シカゴ大学大学院数学科博士課程修了
	ミネソタ大学助教授を経て
現在	放送大学教授，Ph.D.
専攻	数学基礎論
主な著書	数学基礎論（放送大学教育振興会）
	入門線型代数（放送大学教育振興会）
	初歩からの数学（放送大学教育振興会）
	線型代数学（放送大学教育振興会）
	計算論（放送大学教育振興会）

放送大学教材　1160028-1-1811（テレビ）

改訂新版　初歩からの数学

発　行　　2018 年 3 月 20 日　第 1 刷
　　　　　2024 年 1 月 20 日　第 5 刷
著　者　　隈部正博
発行所　　一般財団法人　放送大学教育振興会
　　　　　〒105-0001　東京都港区虎ノ門 1-14-1　郵政福祉琴平ビル
　　　　　電話　03（3502）2750

市販用は放送大学教材と同じ内容です。定価はカバーに表示してあります。
落丁本・乱丁本はお取り替えいたします。

Printed in Japan　ISBN978-4-595-31899-3　C1341